KRANKHEITEN DURCH SCHIMMELPILZE BEI MENSCH UND TIER

VORTRÄGE DER
3. WISSENSCHAFTLICHEN TAGUNG DER DEUTSCHSPRACHIGEN
MYKOLOGISCHEN GESELLSCHAFT IN WIESBADEN
AM 6. u. 7. JULI 1963

HERAUSGEGEBEN VON

PROF. DR. HEINZ GRIMMER
STÄDT. HAUTKLINIK, WIESBADEN

UND

DR. HANS RIETH
HAMBURG

MIT 85 TEXTABBILDUNGEN

SPRINGER-VERLAG
BERLIN · HEIDELBERG · NEW YORK
1965

Alle Rechte, insbesondere das der Übersetzung in fremde Sprachen, vorbehalten
Ohne ausdrückliche Genehmigung des Verlages ist es auch nicht gestattet, dieses
Buch oder Teile daraus auf photomechanischem Wege (Photokopie, Mikrokopie)
oder auf andere Art zu vervielfältigen

© by Springer-Verlag Berlin · Heidelberg 1965

Library of Congress Catalog Card Number 65-22421

ISBN 978-3-540-03344-8   ISBN 978-3-642-87236-5 (eBook)
DOI 10.1007/978-3-642-87236-5

Die Wiedergabe von Gebrauchsnamen, Handelsnamen, Warenbezeichnungen usw. in diesem Werk berechtigt auch ohne besondere Kennzeichnung nicht zu der Annahme, daß solche Namen im Sinn der Warenzeichen- und Markenschutz-Gesetzgebung als frei zu betrachten wären und daher von jedermann benutzt werden dürften

Druck: Joh. Roth sel. Ww., München

Titel-Nr. 1267

Vorwort

Das Thema „Krankheiten durch Schimmelpilze bei Mensch und Tier" wirft Fragen auf, deren Beantwortung nur gelingt, wenn alle Fachrichtungen der Medizin, Tiermedizin und Biologie die Probleme gemeinsam bearbeiten.

Dieser Erkenntnis folgend, vereinte die 3. wissenschaftliche Tagung der „Deutschsprachigen Mykologischen Gesellschaft" am 6. und 7. Juli 1963 in Wiesbaden namhafte Vertreter des In- und Auslandes, um im Diskussionsgespräch zu klären, welche Bedeutung bestimmten Pilzen zukommt, die als „Saprophyten" von toter organischer Substanz leben und in der Umgebung von Mensch und Tier weit verbreitet sind.

Da diese schimmelartig aussehenden Pilze jedoch nicht nur als „Anflugkeime" oder als „Kontaminanten" bei mikroskopischer oder kultureller mykologischer Untersuchung aufgefunden werden können, sondern — primär oder sekundär — auch in der Pathogenese von Dermatomykosen und insbesondere von inneren Mykosen eine Rolle spielen, ist es dringend geboten, alle wesentlichen Tatsachen leicht zugänglich zu machen.

Diesem Zweck dient die vorliegende Zusammenstellung, die sich an die Vorträge und Diskussionsbemerkungen der Wiesbadener Tagung anlehnt und in übersichtlich geordneter Form Grundbegriffe, experimentell gewonnene Ergebnisse, Klinik, Diagnostik und Therapie der „Schimmelpilzerkrankungen" aus der Sicht des Arztes, des Tierarztes und des Biologen behandelt.

Möge die kleine Schrift es dem Leser erleichtern, sich in einem Gebiet zu orientieren und zurechtzufinden, dessen Grenzen sich mehr und mehr abzuzeichnen beginnen! So richtig es ist, gerade auf dem Gebiet der „Schimmelpilze" vorsichtig abwägend zu urteilen, so sehr muß andererseits verlangt werden, daß sich ein solches Urteil nicht auf Dogmen und Annahmen, sondern auf exakte Befunde und beweisbare Tatsachen stützt.

Wiesbaden und Hamburg, Frühjahr 1965   H. Grimmer   H. Rieth

Inhaltsverzeichnis

Vorwort III

A. Systematik und Pathogenitätsprobleme 1

Synopsis der Schimmelpilzinfektionen bei Mensch und Tier. Von Dr. H. RIETH, Hamburg 1

Systematische Probleme um einige Pilze, die als Krankheitserreger bekannt oder dafür verdächtig sind. Von Dr. W. LOEFFLER, Basel. Mit 2 Textabbildungen 4

Zur Problematik der Schimmelpilze als pathogene Organismen. Von Prof. Dr. H. GÖTZ, Essen 9

Zum Pathogenitäts-Problem der Schimmelpilze in der Dermatologie. Von Prof. Dr. R. KADEN, Berlin 13

Penicillium-Arten auf gesunder Haut. Von Priv.-Doz. Dr. C. SCHIRREN, Hamburg 16

Häufigkeit und Bedeutung von Anflugschimmeln. Von Doz. Dr. W. ADAM und Dr. H.-J. LUCKE, Tübingen 19

Über das Vorkommen von Schimmelpilzinfektionen in nordischen Ländern. Von Dr. H. PALDROK, Stockholm 22

B. Experimentelle Mykologie 29

Experimentelle Aspergillose beim Menschen. Von Dr. A. R. MEMMESHEIMER jun., Hamburg. Mit 2 Textabbildungen 29

Keratinophile Schimmelpilze im Tierexperiment. Von Dr. W. MEINHOF, Hamburg. Mit 5 Textabbildungen 32

C. Klinik und Diagnostik der Aspergillose 37

Zur Klinik und Mykologie der Aspergillosen. Von Dr. D. JANKE, Fulda. Mit 5 Textabbildungen 37

Zur Behandlung einer in die Siebbeinzellen eingebrochenen disseminierten knotigen Aspergillose der Haut. Von Prof. Dr. TH. GRÜNEBERG und Dr. J. THEUNE, Halle-Wittenberg. Mit 1 Textabbildung 42

Das klinisch-röntgenologische Bild der pulmonalen Aspergillose. Von Obermed.-Rat Dr. W. FAASS, Tönsheide. Mit 5 Textabbildungen . . . 45

Zur Morphologie von Aspergillus-Arten im Untersuchungsmaterial Kranker. Von Priv.-Doz. Dr. Dr. F. STAIB, Würzburg. Mit 6 Textabbildungen . 53

Fehlerquellen bei der Diagnostik der Lungenaspergillose des Menschen. Von Prof. Dr. H. P. R. SEELIGER, Bonn. Mit 5 Textabbildungen 59

Inhaltsverzeichnis

Zum Bilde des Pseudo-Myzetoms. Von Med.-Rat Dr. P. SKOBEL, Marienheide/Bezirk Köln. Mit 3 Textabbildungen 66
Aspergillose der Kieferhöhle. Von Dr. H. J. SCHOLER, Priv.-Doz. Dr. F. GLOOR und Dr. E. EGGENSCHWILER, Basel. Mit 8 Textabbildungen 71
Über das histochemische und färberische Verhalten von Aspergillus fumigatus FRESENIUS in Gewebe und Kultur. Von Dr. M. THIANPRASIT, Marburg. Mit 2 Textabbildungen 78

D. *Oto- und Ophthalmomykologie* 85

Über die Bedeutung von Schimmelpilzen bei der Otitis externa. Von Prof. Dr. P. ZIERZ, Ludwigshafen/Rhein 85
Aspergillose der Paukenhöhle. Von Prof. Dr. K. WULF, Kassel. Mit 3 Textabbildungen 89
Schimmelpilzinfektionen des Auges und der Orbita. Von Dr. D. H. HOFFMANN, Hamburg. Mit 3 Textabbildungen 92

E. *Schimmelmykosen im Anogenitalbereich* 99

Sekundäre Aspergillose in perianalen Fistelgängen. Von Dr. O. MALE, Wien. Mit 2 Textabbildungen 99
Mykosen durch Schimmelpilze im Genitalbereich. Von Dr. H. MALICKE, Hamburg 102

F. *Animale Mykologie* 104

Vorkommen von Schimmelpilzerkrankungen der inneren Organe bei Säugetieren. Von Priv.-Doz. Dr. B. MEHNERT und Dr. B. SCHIEFER, München . 104
Verticillium- und Alternaria-Befall der Haut bei Pferd und Hund. Von Doz. Dr. H. KRAFT, München 108
Nachweis von Schimmelpilzen im Gehörgang von Katzen und Hunden. Von Dr. H. DREISÖRNER und Dr. H. RIETH, Hamburg 109
Spontane Aspergillose und Mucormykose des Kaninchens. Von Dr. H. J. SCHOLER und Dr. R. RICHLE, Basel. Mit 11 Textabbildungen 111
Lungenaspergillose beim Schwan (Cygnus olor). Von Dr. M. THIANPRASIT, Marburg. Mit 1 Textabbildung 120
Differenzierung von Schimmelpilz- und Sproßpilzinfektionen bei Säugetieren im histologischen Schnittpräparat. Von Dr. B. SCHIEFER und Priv.-Doz. Dr. B. MEHNERT, München. Mit 5 Textabbildungen 123
Die Therapie der Aspergillose des Geflügels. Von Priv.-Doz. Dr. E. GREUEL, Bonn 129

G. *Chromomykose, Mucormykose und weitere Mykosen durch schimmelartige Pilze* 131

Beobachtung einer Chromomykose. Von Dr. W. SEIPP, Darmstadt, Prof. Dr. F. FEGELER und Dr. H. REICH, Münster. Mit 3 Textabbildungen ... 131
Über das Vorkommen von Pilzen aus der Gattung Chrysosporium auf der Haut und Diskussion ihrer systematischen Stellung. Von Priv.-Doz. Dr. L. KREMPL-LAMPRECHT, München. Mit 3 Textabbildungen 136

Scopulariopsis und Cephalosporium als Erreger von Dermatomykosen. Von
    Prof. Dr. F. FEGELER, Münster. Mit 2 Textabbildungen 141

Vorkommen von Schimmelpilzen bei Hand- und Fußmykosen. Von Dr.
    P. D. BLANDIN, Ludwigshafen 147

H. Verschiedene aktuelle mykologische Fragen 150

Wirkung von Röntgenweichstrahlen auf Schimmelpilze und Dermatophyten. Von Prof. Dr. W. KNOTH und Frau Dr. R. C. KNOTH-BORN, Gießen.
    Mit 4 Textabbildungen 150

Zur Resistenz von Schimmelpilzen gegen Cycloheximid. Von Doz. Dr. W.
    ADAM und L. SCHWANKL, Tübingen. Mit 4 Textabbildungen 155

Über den Nutzen einer mykologischen Grundausrüstung für die Allgemeinpraxis. Von Dr. G. MARTIN, Wiesbaden 159

I. Filme 162

Candida. Von Dr. SH. MIZUNO, Tokyo (Japan) 162

Mikrokinematographische Beobachtung des Überganges vom Parasitismus zum Saphrophytismus bei einem aus einer Lunge herauswachsenden Aspergillus fumigatus. Von Dr. H. RIETH, Hamburg, Dr. K. H. HÖFLING und H. H. HEUNERT, Göttingen 162

Behandlung der Candida-Infektionen mit Moronal. Von Dr. Edouard
    DROUHET, Paris 163

Namenverzeichnis 165

Sachverzeichnis 167

A. Systematik und Pathogenitätsprobleme

Aus der Universitäts-Hautklinik Hamburg-Eppendorf
(Direktor: Prof. Dr. Dr. J. Kimmig)

Synopsis der Schimmelpilzinfektionen bei Mensch und Tier

Von

H. Rieth, Hamburg

Die Mannigfaltigkeit der in der Umgebung von Mensch und Tier vorkommenden Schimmelpilze ist zwar von vielen Terrain- und Klimafaktoren abhängig, insgesamt gesehen aber so überwältigend groß, daß der Nachweis eines solchen Pilzes in Krankheitserscheinungen der Körperdecke oder in Körperhöhlen, die mit der Außenwelt in Verbindung stehen, größter Kritik hinsichtlich einer etwaigen Pathogenität bedarf.

In der überwiegenden Mehrzahl aller Fälle, in denen kulturell irgendwelche Schimmelpilze nachgewiesen werden, handelt es sich um Pilzkolonien, die sich aus angeflogenen Pilzsporen entwickelt haben.

Die meisten Schimmelpilze sind ausgesprochene Saprophyten, d.h. sie leben von bereits abgestorbener organischer Substanz. Ein Teil dieser Pilze ist jedoch befähigt, unter besonderen Umständen wie z.B. Krankheit oder Gewebsschädigung diese Gelegenheit auszunutzen und nunmehr auch das lebende, allerdings vorgeschädigte Gewebe anzugreifen. Man nennt sie deshalb Opportunisten oder auch Nosoparasiten.

Nur ein sehr kleiner Teil der Schimmelpilze kann primär gesundes menschliches und tierisches Gewebe angreifen, ist aber andererseits befähigt, fakultativ zu jeder Zeit allein oder zusätzlich von bereits totem organischen Material zu leben. Dabei kann es vorkommen, daß ein Teil des Pilzes das lebende Gewebe befällt, z.B. die Lunge, dabei in der Gewebsform auftritt und das lebende Gewebe zerstört; das nekrotische Gewebe bietet nun dem Pilz die Gelegenheit, auch in der saprophytären Phase zu wachsen. Parasitäre und saprophytäre Phase können also dicht nebeneinander vorkommen.

Vor wenigen Jahren noch schien es so, daß die meisten pathogenen Pilze so sehr spezialisiert seien, daß z.B. pflanzenpathogene Pilze niemals zu Erkrankungen bei Mensch und Tier führen können. Das Überwechseln von Pilzen, die bei Insekten Krankheiten hervorrufen, auf höhere Tiere oder gar auf den Menschen schien schwer vorstellbar.

Tabelle. *Bei Mensch und Tier vorkommende Schimmelpilzinfektionen*

Krankheitsbezeichnung	isolierte Pilzarten	befallene Körperteile									
		A	C	H	N	O	R	V	Z	M	G
Aspergillose	Aspergillus-Arten	A	C		N	O	R	V	Z	M	G
Cephalosporiose	Cephalosporium-Arten	A	C		N	O				M	
Cercosporose	Cercospora apii		C								G
Chromo(blasto)mykose	Hormodendrum pedrosoi und andere Pilze		C						Z		G
Cladosporiose	Cladosporium trichoides u. a.		C						Z	M	G
Geotrichose	Geotrichum-Arten		C				R	V			
Hemisporose	Hemispora stellata		C								G
Keratitis mykotica	Curvularia geniculata	A									
	„ lunata	A									
	Fusarium-Arten	A									
	Fusidium terricola	A									
	Gibberella fujikuroi	A									
	Glenospora graphii	A									
	Neurospora sitophila	A									
	Volutella cinerescens und andere Pilze	A									
Maduromykose	Madurella-Arten		C							M	
	Indiella-Arten		C							M	
	Aleurisma-Arten		C							M	
	Chrysosporium-Arten		C							M	
	Coremiella cuboidea		C							M	
	Leptosphaeria senegalensis		C							M	
	Phialophora jeanselmei		C							M	
	Pyrenochaeta romeroi und andere Pilze		C							M	
Monosporiose (= Allescheriose)	Monosporium apio-spermum (= Allescheria boydii)	A	C			O				M	
Mucormykosen (Teil der Phykomykosen)	Mucor-Arten	A	C				R		Z		G
Penicilliose	Penicillium spinulosum und andere	A	C		N	O	R			M	G
Peyronellaeose	Peyronellaea species		C				R				
Phykomykose	Absidia corymbifera		C							M	
	Basidiobolus-Arten		C								
	Rhizopus-Arten und andere Phykomyzeten		C							M	
Piedra nigra	Piedraia hortai			H							
Scopulariopsidose	Scopulariopsis-Arten	A	C		N					M	G
Tinea nigra	Cladosporium-Arten		C								
Verticilliose	Verticillium-Arten	A	C							M	

Tabelle (Fortsetzung)

Krankheitsbezeichnung	isolierte Pilzarten	befallene Körperteile A C H N O R V Z M G
Adiasporomykose	Emmonsia crescens	R
Beauveria-Mykose	Beauveria bassiana	R
Fusariose	Fusarium-Arten	C
Mortierella-Mykose	Mortierella species	R
Paecilomykose	Paecilomyces-Arten	R
Phykomykose	Entomophthora coronata	C

Zeichen für pilzbefallene Körperteile:
A = Augen, C = Cutis, H = Haar, N = Nagel, O = Ohr, R = Respirationstrakt, V = Verdauungstrakt, Z = Zentralnervensystem, M = Mycetombildung, G = Generalisierung

Seitdem jedoch undogmatisch und auf breiter Basis untersucht wird, wandelt sich das Bild. Insbesondere seitdem VANBREUSEGHEM gewissermaßen das Startsignal zu einer Durchforschung des Erdbodens in medizinischer und veterinärmedizinischer Hinsicht gegeben hat, sind nicht nur die Dermatophyten, sondern auch zahlreiche Bodenpilze interessant geworden, die zu den gewöhnlichen Schimmelpilzen gerechnet werden.

Bei zahlreichen Tieren sind inzwischen Schimmelpilzinfektionen aufgeklärt worden, bei denen diesen Pilzen eindeutig eine primär oder sekundär pathogene Bedeutung zukommt. In diesem Zusammenhang darf darauf hingewiesen werden, daß die sekundären Mykosen eine schlechtere Prognose haben als die primären. Die sekundären treffen nämlich auf eine meist schwere Grundkrankheit auf, zudem ist durch Antibiotica- oder Corticosteroidbehandlung oft die Toleranzgrenze (SCHIRREN-RIETH-KOCH) für fakultativ pathogene Pilze entscheidend herabgesetzt; die meisten primären Mykosen heilen dagegen nach verschieden langer Zeit ohne Behandlung wieder ab.

Um den Überblick über die wichtigsten Schimmelpilzinfektionen bei Mensch und Tier zu erleichtern, sind in der *Tabelle* diejenigen Erkrankungen und ihre Erreger aufgeführt, bei denen der Nachweis der Pathogenität geführt werden konnte. Im oberen Teil der Tabelle befinden sich die Pilze, die sowohl beim Menschen als auch beim Tier gefunden wurden, im unteren Teil der Tabelle solche, die bisher nur beim Tier als Krankheitserreger erkannt und isoliert wurden.

Aus den Angaben über die befallenen Körperteile läßt sich leicht ableiten, welche Organe im Einzelfall bevorzugt zu untersuchen sind.

Dr. HANS RIETH,
Univ.-Hautklinik
2 Hamburg 20
Martinistr. 52

Aus den pharmazeutisch-chemischen Forschungslaboratorien
der Sandoz A.G., Basel (Direktor: Dr. J. Renz)

Systematische Probleme um einige Pilze, die als Krankheitserreger bekannt oder dafür verdächtig sind

Von

W. Loeffler, Basel

Mit 2 Abbildungen

Dieser Diskussionsbeitrag beschränkt sich nicht auf „Schimmelpilze", weil Vorhandensein oder Fehlen von „Schimmel" (= Luftmyzel) bei Pilzkulturen in keinerlei Zusammenhang mit verwandtschaftlichen Beziehungen steht; übrigens kann „Luftmyzel" sowohl einen Rasen steriler Hyphen (*Herpotrichia*), einen Überzug mit fruktifizierenden Konidienträgern (*Penicillium*) oder gar mit Perithecien (behaarter Formen wie *Chaetomium*) bezeichnen; „Schimmel" oder „Luftmyzel" sind also auch als deskriptive Begriffe recht ungenau. Wertet man „Schimmelpilze" hingegen als eine Hilfe zur Abgrenzung gegen „pathogene" und „hefeartige" Pilze und verzichtet auf eine formale Definition und Diskussion, so kann man sich auf dieser Basis recht gut verständigen, ähnlich wie dies auch im vergangenen Jahr mit der Formulierung „opportunistic fungus infections" (Symposium Duke University, Durham (*1*) möglich war. Für pilzsystematische Betrachtungen wäre jedoch eine Beschränkung auf „Schimmelpilze" weder gerechtfertigt noch überhaupt möglich.

Tabelle. *Lebensweise der Pilze*

Verwandtschaftskreis		Pflanzenparasiten		Saprophyten	Menschen- u. Tierparasiten	
		obligate	fakultative		fakultative	obligate
ARCHIMYCETES			*Olpidium* ....? *Synchytrium* (Kartoffelkrebs) ....? *Plasmodiophora* (Kohlhernie)		↑	—
PHYCOMYCETES	Oomycetes		*Albugo* (Weißrost) *Peronospora* (falscher Mehltau)	*Pythium* (Perthophyt) *Phytophthora* (Krautfäule) *Leptomitus*	? *Rhinosporidium* ....? *Coccidioides* — ?	
	Zygomycetes	—	—	*Mortierella Mucor Rhizopus Absidia*	↓ *Empusa* (Fliegenschimmel) *Entomophthora Basidiobolus*	—

Tabelle (Fortsetzung)

Verwandtschaftskreis		Pflanzenparasiten		Saprophyten	Menschen- u. Tierparasiten	
		obligate	fakultative		fakultative	obligate
ASCOMYCETES (einschl. zugehörige Fungi imperfecti)	Taphrinales	— ?	*Taphrina* (Kräuselkrankheit, Narrentaschen, Hexenbesen)		—	—
	Endomycetales	— ?		? *Protomyces* *Spermoph-thora*	*Saccharomyces* *Debaryomyces*	(Kalkbrut) *Pericystis*..........? ←*Pichia*.....? ↑ *Candida* ...	—
	Gymnoascaceae		?	*Byssochlamys* *Arthroderma*⎫ *Nannizzia* ⎬ *Myxotrichum* ⎭	*Thailandia* ? ↓ NF: *Trichophyton* *Keratinomyces*	—
	Eurotiaceae (Aspergillaceae)	—		*Thielavia* *Allescheria*, NF: *Monosporium* *Emericellopsis*, NF: *Cephalospor.* *Cephalotheca*, NF: *Tritirachium* *Pseudeurotium*, NF: *Beauveria* *Aspergillus* (Arten mit grünen Köpfchen = Gießkannen- schimmel) *Penicillium* (Arten mit grünem Konidienrasen = Pinsel- schimmel)		
	verschiedene von den Eurotiales abgeleitete Familien	*Erysippe* *Sphaerotheca* (echteMehl-taupilze)	—	—	—	
	(Asci einfach, früh aufgelöst, „Prototunicatae")	—	*Ceratocystis*, NF: ? *Graphium* (Ulmensterben) *Microascus*, NF: *Scopulariopsis* *Chaetomium*			
	Unitunicatae (Ascohymeniales)		*Phyllachora* (viele Blatt-parasiten)	*Nectria* ⎫ NF: *Sporotrichum* *Hypocrea* ⎬ *Cephalosporium* *Gliocladium* *Fusarium* *Trichoderma* *Claviceps* (Mutterkorn) *Cordyceps*, NF: *Isaria* *Glomerella*, NF: *Colletotrichum* „*Gloeosporium*"		—
	Bitunicatae (Ascoloculares)		+	*Herpotrichia* (schwarzer Schneeschimmel) *Leptosphaeria* .... *Mycosphaerella* .... *Cercospora*		—
BASIDIOMYCETES	Holobasidiomycetes (Basidien unseptiert mit meist 4 Sporen)	— ?	*Corticium* (Rhizoctonia) *Exobasidium* Polyporaceae (Konsolenpilze) Hutpilze, Ziegenbärte Bovisten, Erdsterne		—	—
	Phragmobasidiomycetes — *Tremellales* (Basidien längs geteilt)	— ?	*Exidia* *Tremella* *Herpobasidium*		—	—
	Auriculariales (Basidien quer-septiert)	— ?	*Auricularia* (Judasohr) *Uredinella* (auf Schildläusen) *Septobasidium* (auf Schildläusen)		—	—
	Ustilaginales	— ?	Brandpilze (z. B. *Ustilago zeae*, Maisbrand ? *Sporobolomyces*		—	—
	Uredinales	Rostpilze	—	—	—	

Erläuterung: Gattungsnamen der Hauptfruchtform (sexuelle Phase). NF (Namen in Normaltypen): Formgattungen der zugehörigen Nebenfruchtformen (asexuelle, meist Konidienfruktifikation). — Manche Pilze haben mehrere NF, andererseits kommen formgleiche NF auch bei kaum verwandten Pilzen vor.

Im folgenden (vgl. Tabelle) wollen wir dem Thema durch die Reihenfolge der Anordnung in grober Übereinstimmung mit dem natürlichen System der Pilze gerecht werden und dabei das Augenmerk besonders auf Unterschiede und Ähnlichkeiten in der biologischen Spezialisierung verschiedengradig verwandter Mikroorganismen richten. Pilze, die mangels genauerer Kenntnis ihres Entwicklungsganges keine Probleme lösen helfen (Histoplasma, Blastomyces, Malassezia, „predacious fungi"), sind von Anfang an weggelassen worden. Es sind nur wenige Beispiele behandelt. Illustrationen der meisten erwähnten Pilze finden sich bei GÄUMANN (2).

Niedere Pilze (Archimycetes und Phycomycetes): Die *Archimycetes* zeigen noch viel Ähnlichkeit mit Protozoen und werden nicht immer als eigentliche Pilze angesprochen. *Olpidium* verursacht ein Umfallen von Pflanzenkeimlingen, *Synchytrium* läßt seine Wirte — deren um die Infektionsstellen gelegenen Gewebe hypertrophieren — am Leben. *Phytophthora* (*Oomycetales*) zeigt bereits echtes, wie bei allen *Phycomycetes* im typischen Falle unseptiertes Myzel, allerdings mit Sporangien, welche wie die der niederen Formen bei der Reife unter geeigneten Bedingungen noch Zoosporen entlassen. Diese Fruktifikationsorgane erinnern vielleicht an das wasserbewohnende *Rhinosporidium*. *Plasmopara* und *Peronospora* sind für die Verbreitung ihrer Keime nicht mehr auf ein flüssiges Medium angewiesen, sondern ihre „Sporangien" funktionieren als Konidien, die durch die Luft disloziert werden und mit Hyphen keimen. In dieser Reihe sehen wir neben dem Unabhängigwerden vom Wasser als Verbreitungsmittel zwei weitere Entwicklungstendenzen: *Pythium* tötet seine Wirte, *Phytophthora* nur die vor der Myzelfront liegenden Teile (z. B. des Blattgewebes), *Albugo, Peronospora* und Verwandte erhalten sich den lebenden Wirt als Nährstoffquelle — entsprechend ist in gleicher Reihenfolge ein Übergang vom Saprophytismus und fakultativen Parasitismus zum obligaten Parasitismus festzustellen.

Bei den *Zygomycetes* finden wir in einer Gruppe einige Parasiten von Insekten und Kaltblütlern, in der weitestverbreiteten Gruppe (Ordnung oder Reihe der *Mucorales*) Bodenpilze, darunter die bekannten Köpfchenschimmel (*Mucor* und Verwandte).

Ascomycetes und Fungi imperfecti: *Abb. 1* stellt einen Schnitt durch eine einheitliche Agarkultur von *Aspergillus janus* RAPER et THOM dar; in zwei deutlichen „Etagen" werden zwei Sorten Köpfchen ausgebildet: die unteren, dunkel erscheinenden, sind grün und tragen kompakt gelagerte Konidienketten, die Köpfchen der oberen Etage zeigen lose

Systematische Probleme um Pilze als Krankheitserreger

Abb. 1.
Aspergillus janus,
Schnitt durch eine
Kultur auf Malzagar

Abb. 2.
Aspergillus janus,
Köpfchen der oberen
„Etage" (Vergr.
80 mal resp. 250 mal,
Einzelheiten
vgl. Text)

angeordnete Ketten weißer Kondien, was in *Abb. 2* deutlicher sichtbar wird. Die Ausbildung zweier Konidienfruktifikationen ist hier ein Artmerkmal (*3*), es deutet auf ungelöste genetische Probleme hin. Die nächste Verwandtschaft [*Aspergillus nidulans* (Eidam) Winter] ist genetisch besser untersucht (*4*). Aber bei allen Versuchen mit Mutationen, sexueller und parasexueller Rekombination und anderen Anstrengungen ließen sich weder hier noch bei dem als Krankheitserreger meisterwähnten *Aspergillus*, *A. fumigatus* Fres., Stämme isolieren, deren Pathogenität den Rahmen der natürlichen Variabilität durchbrach. Die pathogenen Eigenschaften gehören offenbar als Merkmal zur Species selbst, wie dies auch für mehrere andere Ascomyceten-Arten nachgewiesen worden ist. Da Beispiele, die das Gegenteil beweisen, fehlen, gibt es keinerlei Grund dafür, daß irgendein Pilz, nur weil er von lebendem tierischem oder menschlichem Gewebe isoliert worden ist, von den morphologisch gleichen, sonstwo in der Natur gefundenen Organismen als Art oder auch nur als Varietät verschieden sein müsse.

In der Gruppe der *Ascomycetes* figurieren zahlreiche geschlossene Verwandtschaftskreise hochspezialisierter, zum Teil obligat phytopathogener Pilze und daneben die meisten Tier- und Menschenparasiten.

Basidiomycetes; Hier trifft man ähnliche Entwicklungen wie bei den vorher erwähnten Verwandtschaftskreisen an: neben weniger bis streng spezialisierten Saprophyten stehen ganze Gruppen zum Teil wirtsspezifischer, fakultativer (z. B. Brandpilze) und obligater Pflanzenparasiten (Rostpilze). Obwohl verschiedene *Basidiomycetes* den Darm von Tieren mit manchmal keimenden Sporen passieren, sind doch nur wenige zu dieser Gruppe gehörende Pilze als Erreger menschlicher oder tierischer Erkrankungen bekanntgeworden.

Der hier mehrfach verwendete Begriff „obligater Parasitismus" hat im Lichte neuerer Resultate etwas an Eindeutigkeit eingebüßt. Es ist nämlich möglich, gewisse Rostpilze zunächst in Gewebekulturen, später auf zellfreien Nährböden zu züchten — in der Natur konnte eine saprophytische Phase jedoch nie beobachtet werden. Deshalb ist als „obligater Parasit" jeder Pilz bezeichnet worden, dessen Existenz in der Natur nach dem gegenwärtigen Stande des Wissens vom Bestehen einer ununterbrochenen Infektkette abhängt. Eine ähnlich strenge Spezialisierung scheint jedoch auch auf toten Substraten vorzukommen, und ein großer Teil der *Ascomycetes* stellt *tatsächlich* in der Natur streng spezialisierte Saprophyten dar. Allerdings sind die Entwicklungs- und Überdauerungsmöglichkeiten nur selten vollständig bekannt. Noch andersartige Schwierigkeiten bei der Beurteilung der biologischen Spezialisierung bietet beispielsweise der Riesenbovist *Calvatia gigantea* (Pers.) Lloyd: unter günstigsten Laboratoriumsbedingungen keimen nur Bruchteile von Promille der Sporen (*5*), die weitere Züchtung von Pilzmyzel ist leicht. Ähnlich liegt vielleicht auch das Problem bei *Malassezia furfur* (Robin) Baill.

Bei *Menschen- und Tierparasiten* scheinen sich nicht, wie bei den Pflanzenparasiten, ganze Verwandtschaftskreise biologisch so stark spezialisiert zu haben. Es handelt sich, von wenigen fragwürdigen Ausnahmen abgesehen, um fakultative Parasiten. Zwar werden einige Haut- und Haarpilze und wenige andere Krankheitserreger häufig von infizierten Tieren verschleppt, doch verfügt der große Teil der menschlichen und tierischen Parasiten unter den Pilzen über ein saprophytisches, natürliches Keimreservoir. Direkte Übertragungen von Mensch zu Mensch gehören zu den Seltenheiten. Der besonders für „Schimmelpilze" typische Infektionsweg führt vom „verseuchten" Milieu (Holzstücke, Heustöcke usw.) zum fakultativen Wirt.

Dieser im Vergleich zu den phytopathogenen Pilzen wenig spezialisierte, gröbere Parasitismus der menschen- und tierparasitären Pilze bedeutet jedoch keinesfalls eine geringere Gefahr für den Betroffenen. Nur das Überleben des Erregers ist wohl nie gefährdet. Die Aufgaben des Arztes sind komplizierter, denn er muß sich neben Prophylaxe und Therapie auch mit sozialhygienischen Maßnahmen befassen.

Literatur

1. Laboratory Investigation **11**, 1015—1241 (1962).
2. Gäumann, Ernst: Die Pilze. 2. Aufl. Verlag Birkhäuser, Basel (1964).
3. Thom, Ch., and K. B. Raper: A Manual of the Aspergilli. Williams & Wilkins Co., Baltimore (1945).
4. z. B. Käfer, Etta: Radiation effects and mitotic recombination in diploids of Aspergillus nidulans. Genetics **48**, 27 ff.
5. Bulmer, G. S., and E. S. Beneke: Studies on Calvatia gigantea. II. Factors affecting basidiospore germination. Mycologia **54**, 34 (1962).

Dr. Wolfgang Loeffler
Basel/Schweiz, Gellertstr. 11a

Aus der Hautklinik des Klinikums Essen der Universität Münster
(Direktor: Prof. Dr. H. Götz)

Zur Problematik der Schimmelpilze als pathogene Organismen

Von

H. Götz, Essen

Der Gedanke, gewöhnliche Schimmelpilze könnten im menschlichen oder tierischen Organismus pathologische Veränderungen auslösen, ist keinesfalls eine Überlegung unserer Gegenwart, die sich erfreulicherweise gegenüber Pilzproblemen in zunehmendem Maße als aufgeschlossen erweist. Ich erinnere hier nur an die bedeutsame Entdeckung des Italieners BASSI, der schon 1837 einen Schimmelpilz als Ursache der gefürchtetsten Krankheit der Seidenraupe, der Muscardine, erkannte. Während aber in den folgenden Jahrzehnten das Interesse an den Schimmelpilzen als pathogene Organismen bei Mensch und Tier auf einen verhältnismäßig kleinen Kreis von Autoren beschränkt blieb, finden sich in den Jahren nach dem zweiten Weltkrieg in der Fachliteratur in erhöhter Zahl Arbeiten, die sich mit diesem Forschungsthema beschäftigen. Liest man die Kasuistik, insbesondere über Schimmelpilzdermatosen, so ist aber in einem Teil der Fälle ein gewisses Unbehagen nicht zu unterdrücken, ob denn der gefundene Pilz tatsächlich als auslösendes Agens für das vorliegende Krankheitsbild entscheidend war.

Einigkeit besteht wohl in der Auffassung, daß die uns im allgemeinen als saprophytische Schimmel bekannten Organismen unter bestimmten Bedingungen durchaus pathologische Reaktionen auslösen können. Einigkeit besteht sicher auch darüber, daß in den meisten Fällen eine der wichtigsten Voraussetzungen für das pathogene Verhalten eines Schimmels die Resistenzminderung des Wirtes ist, sei es durch konsumierende Krankheiten, durch Unterernährung oder bei manchen Patienten durch Arzneimittelmißbrauch. Andererseits muß der betreffende Schimmelpilz in der Lage sein, sich mit seinem Fermentapparat den Milieubedingungen anzupassen, die bei Mensch oder Tier herrschen (z. B. Temperatur, pH-Milieu). Wenn immer wir aus Untersuchungsmaterial gewöhnliche Schimmelpilze züchten, stellt sich uns die Frage, ob es sich um obligate Saprophyten handelt, oder um fakultative Saprophyten, die durch erfüllte günstige Voraussetzungen zum Parasitismus induziert wurden. Man hat solche Schimmel auch Opportunisten genannt. Schon dieses Wort beinhaltet, wie fließend die Grenzen des Saprophytismus zum Parasitismus sind.

Lassen Sie mich nun die hier zur Diskussion stehende Frage an Hand unserer Pilzzüchtungsergebnisse abhandeln, die wir aus Zehen- und Fingernagelmaterial von über 140 Patienten erhalten haben.

Tabelle 1. *Die Pilzflora im Nagelmaterial*

	Schimmelpilze	Dermatophyten	Hefen	kein Wachstum
Zehennägel (110)	47	35	11	39
Fingernägel (30)	7	5	6	13

Aus der Tabelle 1 geht hervor, daß sich Schimmelpilze in auffallend höherer Zahl aus Zehennägeln, in geringerer Zahl aus Fingernägeln züchten lassen. Wenn auch die Patientenzahlen vorerst klein sind, so ist der Unterschied doch schon deutlich. Dieser Befund spricht für den Einfluß des Milieus und der persönlichen Hygiene auf die Häufigkeit isolierter Schimmelpilze überhaupt. Die ubiquitären Sporen setzen sich überall in der Natur auf toten und lebenden Substraten ab. Dieses „sich Absetzen können" und die folgende ungestörte Auskeimung sind überhaupt die Voraussetzung für die Entwicklung von Schimmelpilzdermatosen. Verständlicherweise finden wir die Schimmel aber gehäuft in der Nähe des Erdbodens, und damit gelangen sie begünstigt in das Schuhwerk bzw. unter die Zehennägel. Auch wirken sich die erfahrungsgemäß selteneren Reinigungsmaßnahmen an den Füßen förderlich für das Auflesen von Schimmelpilzsporen aus, im Gegensatz zu den für das Haften nachteiligen häufigen täglichen Waschungen der Hände. Aus diesen Feststellungen dürfen wir folgern, daß mit erhöhter Exposition auch die Wahrscheinlichkeit zunimmt — und dies gilt erfahrungsgemäß auch für ganz bestimmte mit Erdreich und Pflanzen in engem Kontakt stehende Berufe —, durch Schimmelpilze bedingte pathogene Veränderungen aufzudecken.

In der Tabelle 2 haben wir die aus Fußnagelspänen isolierten Schimmelpilze aufgeführt.

Tabelle 2. *Die aus Zehennagelmaterial gezüchteten Schimmelpilze von 110 Patienten*

Gattung, Spezies	insgesamt	nur Schimmel	Schimmel und:		Schimmel und:	
			T. mentagroph.	T. rubrum	C. albicans	andere Hefen
Penicillium....	20	10	5	5	—	—
Aspergillus ...	10	6	2	1	1	—
Alternaria tenuis	3	1	—	2	—	—
Scopulariopsis brevicaulis ...	6	6	—	—	—	—
Cephalosporium	4	3	—	—	—	1 C. parapsilosis
Hormodendrum	1	1	—	—	—	—
Rhizopus	1	1	—	—	—	—
Acremonium ..	2	2	—	—	—	—

Alle diese Schimmelpilze bzw. ihnen nahe stehende Arten sind in der Literatur schon als pathogen angeschuldigt worden, sei es als Erreger von Krankheiten der Lungen oder anderer innerer Organe, der Gehörgänge, Augen, der Nasennebenhöhlen oder insbesondere auch der Haut und der Nägel. Gerade bei der Nagelmykose hat das schnellere Wachstum der Schimmelpilze in der Vergangenheit oft genug den eigentlichen Angreifer — nämlich einen Dermatophyten — überwuchert und so zu Fehlspekulationen Anlaß gegeben. Welche Forderungen müssen wir nun erheben, um einen Schimmelpilz mit Wahrscheinlichkeit als pathogenen Erreger anerkennen zu können?

1. Der verdächtige Pilz muß sich durch geeignete Färbungen mikroskopisch im Untersuchungsmaterial nachweisen lassen.
2. Er muß wiederholt aus den Läsionen isolierbar sein, wobei Züchtungstemperaturen vorzugsweise von 27° C und 37° C zu verwenden sind.
3. In jedem Falle sind Tierversuche durchzuführen, um die Pathogenität des gefundenen Schimmelpilzes zu erhärten.
4. Insbesondere bei Schimmelpilzkrankheiten innerer Organe sollten immunbiologisch-serologische Untersuchungsmethoden herangezogen werden.

Wohl am leichtesten lassen sich die Punkte 1 und 2 erfüllen, wobei aber niemals die Möglichkeit ausgeschlossen ist, daß der gefundene Pilz nur sekundär in bereits aus anderen Gründen erkranktes Gewebe eingewuchert ist. Leider besitzen wir nämlich noch zu wenige Tests, um einen gefundenen Schimmel als sicher pathogen bezeichnen zu können. Der Tierversuch (Punkt 3) wäre hier ein erfolgversprechender Weg, doch erfahrungsgemäß nicht zuverlässig, da mancher Schimmel zwar beim Tier pathogene Reaktionen auslöst, nicht aber beim Menschen, wie auch umgekehrt. Als Versuchstiere verwenden wir am besten Kaninchen, Meerschweinchen, Hamster, Ratten und Mäuse. Bei den größeren Tieren injizieren wir Sporensuspensionen intravenös, bei den kleineren intraperitoneal. Auch mit Kulturfiltraten können wir arbeiten. Unsere Erfahrungen mit den immunbiologisch-serologischen Nachweisverfahren (Punkt 4) sind gerade bei den durch opportunistische Schimmelpilze bedingten Krankheiten noch recht begrenzt, so daß sich hier ein lohnenswertes Betätigungsfeld eröffnet.

Dieser kurze Überblick soll zeigen, welche Lücken unsere derzeitigen schimmelpilzdiagnostischen Kenntnisse aufweisen, wenn es um die Frage der Pathogenität des isolierten Erregers geht. Wenn wir hier weiterkommen wollen, so glaube ich, sollten wir uns mehr als bisher um die Biologie der angeschuldigten Schimmelpilze bemühen. So gelingt es möglicherweise, durch einen Vergleich bestimmter Stoffwechselvorgänge von sicher apathogenen mit sicher pathogenen Schimmelpilzen der gleichen Art Unterschiede aufzudecken. Hier denke ich an chromatographische Studien von Nährsubstraten, die chemisch klar definiert dem Pilz vorgelegt werden und nach gewisser Zeit analysiert werden. Vielleicht führt auch die Prüfung der Enzymaktivität der Pilze weiter, denn es wäre verständlich, daß ein Schimmel, der lebendes Gewebe angreift, beispielsweise auch über stärkere oder spezifische proteolytische Kräfte verfügen muß. Untersuchungen über die Ernährungsbedürfnisse pathogener und nichtpathogener Arten könnten auf den Einfluß bestimmter Bausteine aufmerksam machen, in ähnlicher Weise, wie das bei einigen Dermatophyten erfolgt ist.

Abschließend möchte ich noch eine Empfehlung aussprechen: Mancher von uns isoliert aus bestimmten Krankheitsbildern einen Pilz, den er zwar nicht recht zu klassifizieren vermag, den er aber doch den Umständen nach als pathogen anspricht. Das gilt insbesondere für Schimmelpilze. Bitte, schicken Sie diese Pilze an Untersuchungsstellen, an denen eine exakte Klassifizierung erfolgen kann. Auf diese Weise ermöglichen wir die Erweiterung unserer wissenschaftlichen Kenntnisse und dienen damit dem Fortschritt der medizinischen Mykologie.

Prof. Dr. Hans Götz
Direktor der Hautklinik,
Klinikum Essen der Universität Münster
43 Essen, Hufelandstr. 55

Aus der Hautklinik der Freien Universität im Rudolf-Virchow-Krankenhaus Berlin
(Direktor: Prof. Dr. med. H. W. Spier)

Zum Pathogenitäts-Problem der Schimmelpilze in der Dermatologie

Von

R. Kaden, Berlin

Bei der Unsicherheit im Pathogenitäts-Problem besteht zumindest darüber kein Zweifel, daß zwischen der Häufigkeit der Schimmelpilze als ubiquitäre Anflugpilze und ihrer Seltenheit als Krankheitserreger ein auffälliges Mißverhältnis vorliegt. Die Ansichten über die Anerkennung ihrer Pathogenität sind bisher großen Wechseln unterworfen gewesen. Nach anfänglicher völliger Ablehnung in der 2. Hälfte des vorigen Jahrhunderts schlug das Pendel um die Jahrhundertwende in eine kritiklose Anerkennung aus. Zur Zeit von Bruhns und Alexander (1928) meldeten sich die ersten Zweifel, die schließlich zu einer kritischen Zurückhaltung in der modernen Mykologie führten.

Die vorherrschende Meinung über die Schimmelpilze hat Lucille Georg (1961) trefflich definiert: „A mold is any filamentous fungus, it could be either a saprophyte or a parasite". Es handelt sich demnach um fakultativ pathogene Hyphomyceten, die für gewöhnlich Saprophyten sind und nur *ausnahmsweise Erregercharakter* annehmen.

Zur Erhärtung dieser Ansicht seien im folgenden lediglich 3 Faktoren angeführt:

1. Die kulturelle Schimmelpilzdiagnostik basiert nicht nur auf qualitativem, sondern auch auf quantitativem Wachstum. Zweifellos fällt es jedem Mykologen schwer, an einer Schimmelpilzinfektion zu zweifeln, wenn in

zahlreichen Kulturanlagen überall der gleiche Schimmelpilz sichtbar geworden ist. Ein völlig anderes Bild entsteht aber bei der Verwendung von *Cycloheximid* als schimmelpilzwachstumshemmendem Wirkstoff in den Nährböden. Die kulturelle Ausbeute an pathogenen Fadenpilzen läßt sich dadurch wesentlich vergrößern. In vergleichenden Untersuchungen hat GEORG (1953) beweisen können, wie sehr die Ergebnisse der kulturellen Pilzdiagnostik von der Wirkung des Cycloheximid abhängig sind. Von 120 suspekten Fällen ließen sich ohne Cycloheximid 16mal und mit Cycloheximid 44mal pathogene Pilze gewinnen. Durch Unterdrückung des bekanntlich schnelleren Wachstums der Schimmelpilze wird ein Überwuchern der wesentlich langsamer wachsenden Dermatophyten verhindert; eine signifikant höhere Ausbeute an pathogenen Pilzkulturen ist die Folge. Aus diesen unterschiedlichen Kulturergebnissen darf man mit Recht schließen, daß die Schimmelpilze bei der Mehrzahl aller Fälle lediglich die Rolle von Laboratoriumsverunreinigungen oder saprophytischen Anflugpilzen spielen.

2. Ein ungewöhnliches Bild beim mikroskopischen Pilznachweis sowie ein und derselbe Schimmelpilz in allen Kulturanlagen haben immer wieder einmal zur Diagnose einer vermeintlichen Schimmelmykose geführt. Ein Beispiel für solche Irrtümer veröffentlichte MOORE (1955) anhand einer Onychomykose, die anfänglich wegen bizarrer Pilzhyphen und Sporenketten sowie kulturellen Nachweises von Schimmelpilzen als Cephalosporion-Infektion imponierte, bei *Wiederholung der Pilzlaboruntersuchungen* jedoch eine übliche Onychomykose durch Trichophyton rubrum Castellani ergab.

Bei der sog. Otomykose ist der Wandel zur Skepsis bereits Allgemeingut geworden. Das gleiche Krankheitsbild nennt man jetzt seborrhoisches Ohr-Ekzem oder allenfalls mykotische Otitis externa. Der alte Begriff geht auf die Zeit mykologischer Forschung zurück, in der man zwar Pilzmassen im äußeren Gehörgang bei Ohrfluß tatsächlich feststellte, jedoch fälschlicherweise eine primäre Pilzinfektion daraus folgerte (BENEDEK (1958)). Aus neueren Forschungen weiß man, daß das Talgsekret und die desquamierten Epithelien eines jeden Cerumens einen vorzüglichen Nährboden für die verschiedensten Schimmel- und Sproßpilze abgeben, ohne daß sich daraus eine Pilzinfektion ableiten ließe. Wenn man in wiederholten Kulturkontrollen ein Sammelsurium von *allen möglichen Schimmel- und Sproßpilzen sowie Bakterien* nachweisen kann, ist sicher eine Otomykose auszuschließen und ein seborrhoisches Ohrekzem anzunehmen.

Ähnliche Zurückhaltung ist bei der Beurteilung kultureller Schimmelpilzbefunde bei impetiginisierten Dermatomykosen, insbesondere bei atypischen Pyodermien oder chronischen Ekzemformen angebracht. Zumeist klärt eine wiederholte Laboruntersuchung den wahren Sachverhalt und verweist den anfänglichen Schimmelpilzbefund auf seine sekundäre pathognomonische Bedeutung.

3. Die tierexperimentellen Pathogenitätsversuche helfen bei den Schimmelpilzen wenig und sind mit Vorsicht zu bewerten. Immerhin haben KAPLAN und Mitarb. (1960) die Bedeutung dispositioneller Faktoren für die Pathogenität der Schimmelpilze demonstriert. *Experimentell diabetisch* veränderte Laboratoriumstiere erwiesen sich gegen Mucorinfektionen empfindlich und kamen ad exitum, wogegen die Kontrolltiere nicht erkrankten und überlebten.

Im Hinblick auf die zunehmende Bedeutung der Schimmelpilze als Allergene führten BOCOBO und CURTIS (1954) mit *Schimmelpilzextrakten* Sensibilisierungsversuche an Laboratoriumstieren durch. An den Kontaktstellen mit der Haut bildeten sich schließlich ekzematöse Reaktionen aus, die klinisch den Herden bei anderen Untersuchungen (JANKE und ROOS (1955)) nach experimentellen Einreibungen mit *virulenten Schimmelpilzkulturen* von Aleurisma carnis praktisch glichen. Die außerordentliche Ähnlichkeit der Hautreaktion durch den Extraktivstoff als auch durch den Mikroorganismus selbst ist bemerkenswert. Die Bedeutung *allergischer Faktoren* beim Kontakt mit Schimmelpilzen wird dadurch unterstrichen und führt neuerdings dazu, die Krankheitsbilder der Haut, bei denen kulturell sich fakultativ pathogene Schimmelpilze hervorheben, als Schimmelpilz-Dermatosen (KADEN (1963)) zu bezeichnen.

Abschließende Besprechung

Der Beitrag zum Pathogenitäts-Problem ist bewußt auf eine Auswahl von 3 Faktoren beschränkt worden.

Herausgestellt wurde die wesentliche Veränderung der kulturellen Laboratoriumsbefunde durch Verwendung von *Cycloheximid* im Pilzagar. Hemmung der ubiquitär auftretenden Schimmelpilzsporen ist der Schlüssel für die größere Ausbeute an pathogenen Pilzkulturen aus dem gleichen Untersuchungsmaterial.

Durch *wiederholte Überprüfung* der Pilzlaboratoriumsbefunde und der klinischen Hautveränderungen sind fälschliche Schimmelpilzinfektionen als Dermatomykosen, seborrhoische Ekzeme oder impetiginisierende Dermatosen schließlich entlarvt worden.

Tierexperimentelle Untersuchungen weisen auf die Bedeutung der *Prädisposition* des Organismus und auf *Sensibilisierungseffekte* hin.

Bei der Bewertung positiver Kulturbefunde ist deshalb kritische Zurückhaltung und sorgfältige Abwägung der jeweiligen Terrainfaktoren angezeigt. Die gleiche konditional-pathogenetische Denkungsweise, wie sie für die Candida-Mykose von GRIMMER (1954) und KÄRCHER (1960) aufgestellt worden ist, hat auch hier ihre Gültigkeit. Die Pathogenitätsfrage muß unter diesen Aspekten praktisch unbeantwortet bleiben, und die fakultativ-pathogenen Schimmelpilze sind weiterhin als ausgesprochene Opportunisten anzusehen.

Literatur

BENEDEK, T.: Pilzinfektionen. In GRUMBACH, A. und W. KIKUTH: Die Infektionskrankheiten des Menschen und ihre Erreger, Bd. II. Stuttgart: Thieme (1958).

BOCOBO, F. C., and A. C. CURTIS: Studies on Fungi Encountered in the Atmosphere. I. The Presence of Fungous Spores and of Pollens in KOH Preparations. J. Investigat. Dermat., Baltimore **23**, 479 (1954).

BRUHNS, C., u. A. ALEXANDER: Allgemeine Mykologie. In J. JADASSOHN, Hdb. d. Haut- u. Geschl. Krkh. Bd. XI. Berlin: J. Springer 1928.

GEORG, L. K.: Use of a cycloheximide medium for isolation of dermatophytes from clinical materials. Arch. Derm. Syph. (Chicago) **67**, 355 (1953).

— Persönl. Mitteilung (1961).

GRIMMER, H.: Antibiotika und Pilzerkrankungen der Haut und Schleimhaut. Antibiot. et Chemother. (Basel) **1**, 180 (1954).

JANKE, D., u. G. ROOS: Durch Aleurismaarten verursachte Dermatophytien. Zschr. Haut-Geschl. krkh. **19**, 105 (1955).

KADEN, R.: Die Schimmelpilzdermatosen. In MARCHIONINI, A.: Handb. d. Haut- u. Geschl. Krkh., Erg.werk, Bd. IV/4. Berlin, Göttingen, Heidelberg: Springer 1963.

KÄRCHER, K. H.: Zur Pathogenese der Candidamykose. Mykosen **3**, 31 (1960).

KAPLAN, W., L. J. GOSS, L. AJELLO, and M. S. IVENS: Pulmonary Mucormycosis in a Harp Seal Caused by Mucor Pusillus. Mycopathologia (Haag) **12**, 101 (1960).

MOORE, M.: Onychomycosis caused by species of three separate genera. Report of a case with a study of a species of Hyalopus (Cephalosporium). J. Invest. Dermat., Baltimore **24**, 489 (1955).

Prof. Dr. R. KADEN
Oberarzt der Hautklinik der Freien Universität
1 Berlin N 65, Augustenburger Platz 1

Aus der Universitäts-Hautklinik Hamburg-Eppendorf
(Direktor: Prof. Dr. Dr. J. KIMMIG)

Penicillium-Arten auf gesunder Haut

Von

C. SCHIRREN, Hamburg

Im Rahmen einer seit längerem durchgeführten Grundlagenforschung über die Besiedlung der gesunden und der kranken Haut mit Pilzorganismen haben wir uns auch mit der Frage auseinandergesetzt:

Findet man auf der gesunden Haut Penicillium-Arten?

Gemeinsam mit E. LEUTNER wurden entsprechende Untersuchungen bei 500 Personen beiderlei Geschlechtes durchgeführt. Es wurden hierzu nur solche Patienten der Hautklinik herangezogen, die keinerlei ekzematöse Veränderungen aufwiesen, sondern z. B. an einer Urtikaria, an Heufieber oder an Basaliom u. ä. m. litten. Jeweils 125 Personen entfielen auf eine Gruppe. Es wurde zudem nach ambulanten und stationären Patienten unterteilt. Das Untersuchungsmaterial wurde aus den Ohren, von den Händen, den Füßen und vom Nabel entnommen. Züchtung auf Kimmig-Agar. Differenzierung auf Czapek-Agar. Bestimmung der Artdiagnose nach RAPER und THOM (1949).

Aus der Tabelle 1 geht die Häufigkeit der positiven Befunde bei dem untersuchten Personenkreis hervor. Es fällt dabei auf, daß bei den ambulanten Patienten der Befall sehr viel höher liegt als bei den stationären Patienten. Die Männer sind darüberhinaus stärker befallen als die Frauen.

Tabelle 1. *Die Häufigkeit von Penicillium-Arten auf gesunder Haut bei 500 Personen*

Männer	Gruppe I	ambulant	Penicillium-Befall in 70% =	87
	Gruppe II	stationär	Penicillium-Befall in 28% =	35
Frauen	Gruppe III	ambulant	Penicillium-Befall in 55% =	68
	Gruppe IV	stationär	Penicillium-Befall in 27% =	34
			Penicillium-Befall in 45% =	224

Tabelle 2 zeigt, wie hoch der Prozentsatz an den einzelnen Abnahmestellen liegt. Es ergibt sich hier — ähnlich wie bei den Hefebefunden, über die wir vor 1 Jahr in Hamburg berichtet haben — ein hoher Anteil von Penicillium-Arten an den Füßen, während der Nabel am geringsten befallen ist.

Tabelle 2. *Penicillium-Befall verschiedener Körperregionen (gesunde Haut)*

	Ohren %	Hände %	Füße %	Nabel %
Gruppe I	24	23	49	4
Gruppe II	33	12	45	10
Gruppe III	34	25	35	6
Gruppe IV	24	43	26	7

Wenn wir die Befunde nach den einzelnen Stämmen aufschlüsseln, dann ergibt sich ein sehr hoher Prozentsatz bei P. lanosum (29,1%) und bei P. aurantio-virens (11,9%), während die anderen Stämme demgegenüber sehr zurücktreten.

Tabelle 3. *Die häufigsten Penicillium-Arten auf gesunder Haut*

Monoverticillata

P. decumbens	2,3%
P. chermesinum	4,3%

Asymmetrica

P. commune	6,2%
P. lanosum	29,1%
P. aurantio-virens	11,9%
P. viridicatum	4,3%
P. expansum	5,5%
Übrige	33,2%

Biverticillata

P. herquei	1,4%

Von Interesse erschien es weiterhin, festzustellen, inwieweit zwischen den saprophytierenden Penicillium-Arten und allergischen Reaktionen auf Penicillin ein Zusammenhang bestand. Es wurden hierzu alle untersuchten Personen eingehend darüber befragt, ob sie früher einmal Penicillin erhalten hatten und ob dabei bestimmte Reaktionen aufgetreten waren. Von 500 Personen gaben 162 an, daß sie bei früheren Erkrankungen Penicillin von ihrem Arzt erhalten hatten. 142 hatten das Penicillin reaktionslos vertragen, während es bei 20 Personen zu einem Aufflammen bestehender Mykosen, Juckreiz, Schwellungen im Gesicht, Dyshidrosis u. a. m. geführt hatte. Von diesen 20 Patienten ließen sich in 6 Fällen Penicillium-Arten nachweisen (P. lanosum, P. variabile, P. expansum, P. granulatum, P. cyclopium, P. i. d. Citrinumserie). Kein einziges Mal wurde also eine Penicillium-Art isoliert, die Penicillin bildet; hierfür kommen lediglich die 4 Arten der Chrysogenum-Serie in Betracht. Ein Zusammenhang mit den Penicillin-Gaben ist also aufgrund dieser mykologischen Befunde nicht herzustellen.

Es war Sinn der vorliegenden Untersuchungen, über das Vorkommen von Penicillium-Arten auf der gesunden Haut zu berichten. Hieraus kann keine Aussage über die Bedeutung dieser Schimmelpilze für bestimmte krankhafte Veränderungen oder über ihre Pathogenität abgeleitet werden. Es ist aber bemerkenswert, in welch hohem Prozentsatz bereits auf der gesunden Haut (45%!) Penicillium-Arten nachzuweisen sind.

Priv. Doz. Dr. C. Schirren
Oberarzt der Univ. Hautklinik
2 Hamburg 20,
Martinistr. 52

Aus der Universitätshautklinik Tübingen
(Direktor: Professor Dr. W. Schneider)

Häufigkeit und Bedeutung von Anflugschimmeln

Von

W. Adam und H.-J. Lucke, Tübingen

Die Anflugschimmel stellen bisher in der Diskussion um mögliche pathogene Eigenschaften der Schimmelpilze eine unbekannte Größe dar. Ebenso wie bei den Hefen bildet bei den Schimmeln ihr ubiquitäres Vorkommen, ihre in den meisten Fällen gesicherte Harmlosigkeit das größte Hindernis für eine bündige Stellungnahme zur Pathogenitätsfrage bei einem Fund auf der kranken Haut und damit ein stets betontes Argument der Autoren, die den Schimmeln pathogene Eigenschaften im wesentlichen absprechen wollen. Andererseits geht man davon aus, daß die als Anflugkeime aufzufassenden Schimmel *auf* der Haut, d. h. bei unversehrter Oberfläche auf dem Stratum corneum liegen und nicht invasiv sind. Daraus ergibt sich die Forderung, vor Abnahme von Untersuchungsmaterial zur mikroskopischen und kulturellen Prüfung auf die Anwesenheit von pathogenen Pilzen die Hautoberfläche gründlich zu entfetten, zu reinigen und dadurch so weit wie möglich zu entkeimen. Eine derartige Reinigung stößt aber auf pathologisch veränderter, besonders auf zerklüfteter, aufgelockerter oder mit Auflagerungen bedeckter Haut auf Schwierigkeiten; die Wirkung der Reinigung dürfte unter solchen Bedingungen gemindert sein.

Mit der vorliegenden Untersuchung sollten systematische Feststellungen darüber getroffen werden, *in welchem Umfang* es gelingt, pathologisch veränderte Haut oder Nagelkeratin durch gründliche Entfettung und physikalische Reinigung von oberflächlich liegenden Anflugkeimen zu befreien, oder umgekehrt, wie weit auch nach sorgfältiger Behandlung der nicht intakten Haut damit gerechnet werden muß, daß Oberflächenschimmel mit in das für Nativpräparat und Kulturversuche bestimmte Untersuchungsmaterial gelangen. Diesem Zweck entsprechend wurden in die Untersuchung Hautstellen einbezogen, die klinisch auf das Vorliegen einer Fadenpilzmykose verdächtig waren, ferner Nagelkeratin, vor allem aber Hautveränderungen nicht mykotischer Verursachung, wie hyperkeratotische vulgäre Ekzeme.

Es wurden jeweils zwei korrespondierende und/oder unmittelbar benachbarte Areale ausgewählt; von einem wurde jeweils mit dem sterilen Skalpell oder dem scharfen Löffel Material ohne vorangehende Oberflächenbehandlung abgekratzt, von dem anderen nach mehrmaliger Reinigung mit einem Gemisch aus 70%igem Äthylalkohol und Aether zu gleichen Teilen. Gleich viele und möglichst gleich große Partikel wurden auf Maltose-Pepton-Agar eingesät, der einen Zusatz von 0,5 mg/ml Neomycinsulfat enthielt.

Die mit Material von unbehandelten Körperstellen beimpften Kulturen sind im folgenden mit U, die von gereinigten Partien mit R bezeichnet. Das Schimmelpilzwachstum wurde quantitativ nach der Zahl der beobachteten Kolonien bewertet:

+ .... 1—3 Kolonien
++ .... 4—6 Kolonien
+++ ...... 6—8 Kolonien
++++ .... > 8 oder rasche Überwucherung der Kultur.

Ergebnis: Insgesamt wurden 242 Vergleichskulturen von 121 Fällen angelegt, die Auswertung ist in der folgenden Tabelle 1 dargestellt:

Tabelle 1. *Schimmelwachstum auf Vergleichskulturen*

I.	U = R: kein Wachstum	10
	U = R: + bis ++++	35
		45
II.	U > R:	58
	U < R:	18
		76
III.	U > R: Differenz 1 Stufe:	34
	> 1 Stufe:	24
	U < R: Differenz 1 Stufe:	14
	> 1 Stufe:	4

In 10 Fällen blieben U- und R-Kulturen in gleicher Weise steril; in 35 weiteren Fällen bestand hinsichtlich der Kolonienzahl der gewachsenen Schimmel kein Unterschied zwischen U und R (I.).

Stärkeres Schimmelwachstum auf U ließ sich in 58 Fällen feststellen, nur 18 mal waren demgegenüber die U-Kulturen schwächer bewachsen als R (II.). Dieser Unterschied ist statistisch (nach der Vierfelder-Methode) gesichert[1]. Ein anderes Bild ergab sich aber (vergl. III.), wenn die Stärke des jeweiligen Bewuchses berücksichtigt wurde, indem man innerhalb der U- und der R-Serie 2 Gruppen aus den Kulturen bildete, bei denen die Differenz zur jeweiligen Vergleichskultur *eine* Ablesungsstufe und *mehr als eine* Stufe betrug. Es zeigte sich dann nämlich, daß innerhalb der 58 Fälle, die auf den U-Kulturen stärkeres Schimmelwachstum aufwiesen als auf R, eine Gruppe von 34 Fällen entstand, bei denen die Differenz zwischen dem Wachstum auf U und R jeweils nur eine Stufe betrug (entsprechend dem

---

[1] Für die Durchführung der statistischen Prüfung bin ich Herrn Dozent Dr. G. GRIESSER, Chirurgische Universitäts-Klinik Tübingen (Direktor: Hofrat Prof. Dr. W. DICK), zu Dank verpflichtet.

oben angegebenen quantitativen Bewertungsmaßstab). Es blieben also nur 24 Fälle übrig, in denen ein deutlicher Unterschied zwischen U und R („zugunsten" von R) bestand.

Andererseits ergab eine nach den gleichen Gesichtspunkten durchgeführte Aufteilung der 18 Fälle, in denen das Schimmelwachstum auf den U-Kulturen schwächer war als auf R, ein Zahlenverhältnis von 14 (Differenz nur 1 Ablesestufe) zu 4 (mehr als 1 Stufe). Auch hieraus ergibt sich u. E., daß nur die stärkeren Bewuchsdifferenzen für die endgültige Beurteilung herangezogen werden können.

Ähnliche Verhältnisse wie für die Schimmelpilze wurden bei der Prüfung des Hefewachstums auf den Parallelkulturen gefunden; die Zahlen sind aus der Tabelle 2 ersichtlich.

Tabelle 2. *Hefewachstum auf Vergleichskulturen*

I.	U = R: kein Wachstum	48
	U = R: + bis ++++	17
		65
II.	U > R:	48
	U < R:	8
		56
III.	U > R: Differenz 1 Stufe:	30
	> 1 Stufe:	18
	U < R: Differenz 1 Stufe:	5
	> 1 Stufe:	3

Es ergab sich bei den Hefen zwar eine etwas größere Gruppe von 65 Fällen, in denen sich auf den U- und R-Kulturen kein Unterschied im Bewuchs feststellen ließ und dementsprechend eine kleinere Anzahl von Fällen für die Differenzbewertung (48:8). Jedoch machten auch beim Hefebewuchs die Kulturen, die sich nur um 1 Stufe zwischen U und R unterschieden, insgesamt 35 von 56 Fällen aus.

Zusammenfassend läßt sich als Ergebnis der dargelegten Untersuchungen feststellen, daß es mit gründlicher Entfettung und Reinigung nicht unversehrter Haut zwar gelingt Oberflächenschimmel und Hefen zu reduzieren, daß aber doch in erheblichem Umfang damit gerechnet werden muß, daß Anflugschimmel und Sproßpilze mit in ein im Anschluß daran entnommenes Untersuchungsmaterial gelangen.

Doz. Dr. WILHELM ADAM
Oberarzt der Univ.-Hautklinik
und Dr. H.-J. LUCKE
74 Tübingen

Aus dem Staatlichen Bakteriologischen Laboratorium, Stockholm/Schweden

Über das Vorkommen von Schimmelpilzinfektionen in nordischen Ländern

Von

H. PALDROK, Stockholm

Als nordische Länder werden zusammengefaßt die skandinavischen Staaten Dänemark, Norwegen, Schweden und Finnland, und außerdem das Inselreich Island. Der einheitlichen geographischen Lage, wie auch des dichten Kontaktes wegen unter den Bevölkerungen der vier erstgenannten Länder, ist das Bedürfnis entstanden, hier gewisse Probleme, u. a. auch viele medizinisch-hygienische Fragen, von einem vereinigten Standpunkt aus zu behandeln.

Was durch Schimmelpilze bedingte Schäden anbelangt, liegt schon aus der Mitte des vorigen Jahrhunderts aus Schweden ein Bericht vor über eine Massenintoxication infolge von Verzehrung von Brot, bereitet aus importiertem, durch *Fusarium heterosporium* verdorbenem Roggen *(33, 47, 48, 86)*. Später ist in Finnland mit *F. roseum* infiziertes Futter als Verursacher von Verdauungsstörungen bei Haustieren angeführt worden *(71)*. Neulich konnte in Schweden ein Fall von Nagelinfektion mit *F. oxysporum* beobachtet werden *(61)*.

In der zweiten Hälfte des genannten Jahrhunderts folgten Berichte über Infektionen mit Aspergillen. Die ersten Berichte stammten aus Norwegen *(53)* und Finnland *(22, 49, 50, 78)*, und betrafen Infektionen des äußeren Gehörganges mit *A. glaucus (53)* und *A. flavescens (22, 49, 50, 78)*. Später ist in Finnland aus einer Otomycose auch ein *A. niger* isoliert worden *(58)*. In Schweden werden Infektionen des Gehörganges, sowie von postoperativen Cavitäten hauptsächlich durch *A. niger* verursacht. Im Gehörgang sind aber auch *A. fumigatus*, und *A. flavipes* angetroffen worden *(60)*. Berichte über eine Haut- *(43)* und eine disseminierte subcutane Infektion *(60)* mit *A. niger* liegen aus Norwegen *(43)* und Schweden *(60)* vor. In dem letztgenannten Falle handelte es sich um einen 54jährigen Mann mit herabgesetzten Körperkräften, der seit Jahren an einem rezidivierenden seborrhoischen Ekzem gelitten hatte. Die Pilzinfektion war hier wahrscheinlich vom äußeren Gehörgang aus in ein später entstandenes Analekzem übertragen worden, von wo aus es sich dann in das Unterhautgewebe der genito-hypogastrischen Region verbreiten konnte. Eine Untersuchung aus Norwegen hat gezeigt, daß *A. niger* nur eine geringfügige Pathogenität besitzt *(44)*. In Finnland ist *A. niger* aus Nägeln gezüchtet worden *(58)*. In Schweden ließen sich aus mikroskopisch pilzpositivem Nagelmaterial verschiedene Aspergillusarten isolieren, wie z. B. *A. candidus*, *A. unguis (60)*, *A. repens (62)*, *A. terreus (63)*.

Als Erreger von Lungenmykose in den nordischen Ländern hat sich
A. fumigatus erwiesen, und zwar sowohl beim Menschen (*7, 8, 9, 11, 17, 23,
24, 56*) als auch bei Schafen (*30, 31, 32*), Hasen (*35*) und wilden Vögeln
(*29, 35, 42*). Nur einmal wurde in Norwegen aus den Lungen eines Hasen
ein *A. sydowi* ähnlicher Pilz gezüchtet (*83*).

Es wäre hier von Interesse zu erwähnen, daß in einer Untersuchung
über die Lungenaspergillose in einer größeren Anzahl von Schafen angeführt worden ist, daß *A. fumigatus* nicht für eine Cavernenbildung verantwortlich gemacht werden darf (*32*).

A. fumigatus ist aber aus Finnland auch als Erreger einer Keratitis (*45,
46*) und aus Dänemark einer maxillären Sinusitis (*1*) erwähnt worden. Bei
Haustieren liegen Berichte vor über Aborte, hervorgerufen durch *A. fumigatus*, z. B. aus Norwegen bei einer Stute (*36*) und aus Dänemark bei Kühen
(*5, 69*). Bei Kühen sind aber auch noch andere Aspergillusarten als Verursacher von Abort angeführt worden, sowie *A. flavus* und *A. versicolor* (*69*).

Fälle von Berufserkrankungen der oberen Luftwege im Anschluß an
staubige Arbeit mit pflanzlichem Material, hervorgerufen durch *A. fumigatus* und *A. niger*, aber auch *A. flavus* und zwar allein, oder zusammen mit
Rhizopus arrhizus (Syn. *R. nodosus*), sind aus Norwegen (*2, 74*) und Schweden (*15, 25*) berichtet worden.

Außerdem liegen aus allen nordischen Ländern Berichte vor über histopathologisch, oder mittels Züchtung diagnostizierter Fälle von Aspergillusinfektion der Lungen (*18, 51, 57, 88*), Bronchien (*77*) oder Sinus
maxillaris (*4*). Eine nähere Artbestimmung des Pilzes konnte in diesen
Fällen nicht durchgeführt werden.

Was Penicillien anbelangt, sind in Norwegen (*16, 34*) und Schweden
(*3*) Luftsackmykosen bei Pferden, verursacht durch *Penicillium*, beobachtet
worden. Es wäre auch von Interesse zu erwähnen, daß die erste Beschreibung des penicillinbildenden Pilzes, *Penicillium notatum*, 1911 aus Norwegen
herstammt (*87*).

Scopulariopsis brevicaulis ist aus Dänemark (*13, 14, 72, 73*) und Norwegen
(*75*) als Verursacher von Nagelmykosen angeführt worden. In Schweden
konnte der Pilz vom Verfasser öfters aus infizierten Nägeln, aber auch den
angrenzenden hyperkeratotischen Hautpartien an den Zehen und Füßen,
gezüchtet werden (*60*).

Berichte über einen Fall von Nagelmykose durch *Isaria cretacea* (*59*) sowie einen Fall von Fußmykose, verursacht durch *Alternaria* (*58*), liegen aus
Finnland vor.

Weiter sind in Finnland Fälle von außerordentlich langsam verlaufender
Chromoblastomykose, verursacht durch *Hormodendrum pedrosoi*, angetroffen
worden (*79, 80, 81*).

Aleurisma (Syn. *Chrysosporium*) wurde in Finnland aus klinischen Fällen,
zusammen mit anderen Pilzarten, gezüchtet (*58*). In Schweden hat der Ver-

fasser Gelegenheit gehabt durch *Aleurisma carnis* (Syn. *Chrysosporium pannorum*) verursachte Hautveränderungen am Menschen zu beobachten. Das Krankheitsbild glich der einer tiefen Trichophytie, und auch therapeutisch sprachen die Veränderungen gut auf eine für Dermatophytien übliche Lokalbehandlung an (*60*).

Adiaspiromykose oder Haplomykose wird in nordischen Ländern durch *Emmonsia crescens* (Syn. *Chrysosporium parvum var. crescens*) verursacht, und ist dort in Nagetieren, aber auch kleineren Raubtieren, wie Otter (*40*), angetroffen worden. Der Grundtyp des Erregers, *Emmonsia crescens*, wurde von JELLISON, USA, aus einer aus Norwegen herstammenden Nagetierlunge gezüchtet (*21*).

Untersuchungen eingefangener Tiere in Norwegen (*39, 41*), Schweden (*10, 36, 39, 40, 65*) und Finnland (*38, 39*) zeigten, daß in den entsprechenden Ländern 1%, 3%, bis 7% des gesamten Bestandes der wildlebenden Nagetiere befallen waren.

Infektionen mit Mucoraceen scheinen in nordischen Ländern nicht zu den Seltenheiten zu gehören. Dieses gilt für Infektionen sowohl beim Menschen, als auch bei Tieren.

Bei Tieren ist die Mucormykose überhaupt zum ersten Male grundlegend geschildert worden von einem dänischen Verfasser, der 1922/29 Gelegenheit hatte, die Erkrankung an Hand einer größeren Anzahl befallener Schweine zu studieren (*19, 20, 55*). Weiter liegen aus Dänemark Berichte vor über Mucormykose in Pelztieren wie Nerz (*52*), über eine Kieferhöhleninfektion beim Pferde (*54*), sowie durch Mucorinfektionen verursachte Aborte bei Kühen (*5, 69*). In Schweden wurde ein Mucorpilz einmal neben *A. fumigatus* aus den Eingeweiden eines Auerhahnes gezüchtet (*35*).

Über Infektionen beim Menschen liegen Berichte vor, aus Finnland über Fälle von Mucormykose der Genitalien (*66, 67*), und aus Schweden über Infektionen der Lungen (*26, 27, 64*), aber möglicherweise auch des Darmkanales (*70*) und des Gehirns (*28*). In den zwei letzteren Fällen liegt nur eine histo-pathologische Diagnose vor.

Als Verursacher der Mucormykosen in nordischen Ländern sind *Absidia*-, *Mucor*- und *Rhizopus*arten angeführt worden: *Absidia corymbifero* (Syn. *A. lichtheimi, M. corymbifer*) (*52, 64, 69*), *A. ramosa* (*5, 19, 20, 55, 69*), *Mucor pusillus* (*69*), *M. spinosus* (*54*), *Rhizopus arrhizus* (Syn. *R. bovinus*) (*69, 85*), *R. cohnii* (Syn. *R. equinus*) (*19*).

R. arrhizus (Syn. *R. nodosus*) ist, wie unter Aspergillusinfektionen schon erwähnt, zusammen mit Aspergillen auch als Verursacher von Berufserkrankungen der oberen Luftwege angeführt worden (*2, 15, 25*).

Befall von Fischen mit *Saprolegnia* ist in Schweden in Fischzuchten im Anschluß an Massensterben von jungen Exemplaren beobachtet worden. Aus Süd-Schweden liegt ein Bericht vor über eine Sekundärinfektion der Nasengruben bei einjährigen Karpfen (*6*), und der Verfasser hat Gelegenheit gehabt, 1952 in Nord-Schweden in einer Lachszucht Wucherungen von *Saprolegnia* an Kiemen von toten ein- bis zweijährigen Lachsen festzustellen (*60*).

Aus Finnland ist ein Vorschlag gemacht worden, *Myxomyceten* als Erreger des Lymphogranuloma venereum in Betracht zu ziehen (*68*).

Geotrichum ist als Verursacher einer Familienendemie von Lungen-Geotrichose in Norwegen angeführt worden (*82, 84*). In Schweden hat der Verfasser aus laufenden Sputum- und Faecesproben *Geotrichum candidum* züchten können (*60*).

Literatur

1. ANDERSEN, H. C., u. A. STENDERUP: Aspergillosis of the maxillary sinus. Report of a case. Acta Otolaryng. (Stockholm), **46**, 471—473 (1956).
2. ANDERSEN, O.: Soppinfeksjon i åndedrettsorganene. T. Norsk Laegeforen., **70**, 477—479; 482 (1950).
3. ANDERSSON, A.: Luftsäcksmykos hos häst med förblödning. Skand. Vet. T., **20**, 175—187 (1930).
4. BATT, F.: Aspergillosis and other mycoses in the sinuses of the nose. Acta Otolaryng. (Stockholm), **29**, 129—137 (1941).
5. BENDIXEN, H.C., u. N. PLUM: Schimmelpilze (Aspergillus fumigatus und Absidia ramosa) als Abortursache beim Rinde. Acta Path. Microbiol. Scand., **6**, 252—322 (1929).
6. BERGMAN, A.M.: Anteckningar om fisksjukdomar. I. Katarr i näsgroparne på ensomriga karpar. Skand. Vet. T., **5**, 301—313 (1915).
7. BERGMAN, R.: Mögelsvampinfektion i lungan. T. Milit. Hälsov., **54**, 186—187 (1929).
8. — C.G. DANIELSON, u. Å. SCHNELL: Ytterligare bidrag till kännedomen om lungmykoser i Sverige. 1. Fall med Aspergillus fumigatus. Nord. Hyg. T., **14**, 1—20 (1933).
9. —, u. HENSCHEN: Zur Kasuistik der Lungenaspergillose. Beitr.Klin. Tuberk., **73**, 463—484 (1929/30).
10. BERGSTRÖM, U., H. PALDROK u. B. ZETTERBERG: In Vorbereitung.
11. BJÖRKLUND, Å.: Ett fall av pneumonomykos. A case of aspergillus pneumonomycosis combined with a cirrhotic cavernous tuberculosis. Hygiea (Stockholm), **103**, nr. 52, in Nord. Med., **12**, 3737—3741 (1941).
12. BØE, J., O. HARTMANN u. T. THJØTTA: A serological study of Aspergillus fumigatus. Acta Path. Microbiol. Scand., **16**, 178—186 (1939).
13. BONNEVIE, P.: 3 Tillfaelde af Onychomycose framkaldt af Scopulariopsis brevicaulis. Hospitalstidende (København), **77**, Bilaga, Dansk Derm. Selsk. Forhandl. 1933. S. 2—3 (1934).
14. — Aetiologie und Pathogenese der Ekzemkrankheiten. Dissertation, Copenhagen, 1939. Leipzig: J. Ambrosius Barth, 1939.
15. BRUCE, T.: Pneumonomykos — med särskild hänsyn till dess yrkesmedicinska betydelse. Nord. Hyg. T., **25**, 101—113 (1944).
16. BUER, A.W.: Über Luftsackmykose beim Pferd. Skand. Vet. T., **32**, 593—609 (1942).

17. BUHL, K., u. A. STENDERUP: The Occurence of Fungi in the Bronchial Section and Report of a Case of localised Pulmonary Aspergillosis. Acta Tuberc. Scand. Suppl., **47**, 55—59 (1959).
18. CHRISTENSEN, E.: Destruktiv form af aspergillosis pulmonis. Nord. Med., **64**, 49, 1566—1567 (1960).
19. CHRISTIANSEN, M.: General Mucormykose hos Svin. Kgl. Vet.- og Landbohøjskoles Aarsskrift, København 1922. S. 133.
20. — Mucormykose beim Schwein. I. Mitteilung. Virchows Arch. Path. Anat., **273**, 829—863 (1929).
21. EMMONS, C.W., u. W.L. JELLISON: Emmonsia crescens sp. n. and Adiaspiromycosis (Haplomycosis) in mammals. Ann. N. Y. Acad. Sci., **89**, Art. 1, 91—101 (1960).
22. ESSEN, V.: Aspergillus flavescens i hörselgången. Finsk Läkaresällsk. Handl., **25**, 398 (1883).
23. FORS, B., u. J. SÄÄF: Localized pulmonary mycosis. A problem of diagnosis. (Report of 4 cases treated by resection). Acta Chir. Scand., **119**, 3, 212—229 (1960).
24. FOUGNER, K., u. E. GJONE: Aspergillom ved et tilfelle av Sarcoidosis Boeck. Nord. Med., **59**, 303—305 (1958).
25. FRYKHOLM, K.O.: Discussion zu T. BRUCE: Om olika typer av mögelsvampinfektioner i lungorna. Nord. Med., **23**, 1407—1408 (1944).
26. HAFSTRÖM, T.: Fall av mycosis pulmonum. Svenska fören. invärtes med. förhandl. 1930. S. 203—214.
27. — Fall av lungmykos. Diskussionsinlägg till DANIELSSON, C. G.: Fall av pneumomykos. Svensk Läkaresällsk. Förhandl. 1933. S. 389—414.
28. —, SJÖQUIST, O. u. F. HENSCHEN: Zur Kenntnis der mykotischen Veränderungen des Gehirns. Acta Chir. Scand., **85**, 115—128 (1941).
29. HARTMANN, O., u. I. REICHBORN-KJERNERUD: Infeksjon med Aspergillus fumigatus hos ryper i fangenskap. Oslo, 1937. Cit. nach BØE, J., HARTMANN, O. u. T. THJØTTA, 1939.
30. HELLENS, V.O.: Pneumonomycosis aspergillina hos däggdjur. Maanedsskr. Dyrlaeger, **14**, 512—520 (1900/1903).
31. — Till kännedomen om genom Aspergillus fumigatus framkallade förändringar i lungorna. C.R. Congr. Natur. Méd. du Nord, Helsingfors, 7—12 Juillet 1902. Pp. 43—44.
32. — Zur Kenntnis der durch Aspergillus fumigatus in den Lungen hervorgerufenen Veränderungen. Arb. Path. Inst. Univ. Helsingfors (Finland), **1**, 313—343 (1905).
33. HÖK: Fusarium heterosporium-demonstration. Hygiea (Stockholm), **14**, 752 (1852).
34. HORNE, H.: En eiendommelig luftposelidelse hos hesten, ledsaget av intermitterende, oftest dødelig forløpende blødning gjennem naese og mund. Norsk Vet. T., **29**, 97—109; 136—145 (1917).
35. HÜLPERS, G., u. K. LILLEENGEN: Mögelsvampinfektion, aspergillos, hos hare och vilt levande fågel. Svensk Vet. T., **52**, 235—239; 243—262 (1947).
36. IVERSEN, L., u. H. RØED: Et tilfelle av abort hos storfe forårsaket av Aspergillus fumigatus. Nord. Vet. Med., **2**, 992—996 (1950).

37. JELLISON, W.L.: Haplomycosis in Sweden. Nord. Vet. Med., 6, 504—506 (1956).
38. — M. HELMINEN u. J.W. VINSON: Presence of a Pulmonary Fungus in Rodents in Finland. Ann. Med. Exp. Fenn., 38, 361—366 (1960).
39. —, u. J.W. VINSON: The distribution of Emmonsia crescens in Europe. Mycologia, 53, 524—535 (1961).
40. JELLISON, W.L., J.W. VINSON u. K. BORG: Adiaspiromycosis (Haplomycosis) in Sweden. Acta Vet. Scand., 2, 178—184 (1961).
41. —, J.W. VINSON u. E. HOLAGER: Haplomycosis in Norway. Acta Path. Microbiol. Scand., 49, 480—484 (1960).
42. JENSEN, C.O.: Discussion zu v. HELLENS, Pneumonomycosis aspergillina hos däggdjur. Maanedsskr. Dyrlaeger, 14, 520 (1902/03).
43. JOHAN-OLSEN, O.: Hudsygdom, frembragd ved en Mugsop, voxende i en Lister's Bandage. Norsk Mag. Laegevidensk., 47, 244—248 (1886).
44. —, u. F.G. GADE: Undersögelser over Aspergillus subfuscus som patogen mugsop. Nord. Med. Ark., 18, 1—52 (1886).
45. KANERVA, A.: Keratitis aspergillina. Ein Fall von Keratitis aspergillina. Duodecim, 47, 1004—1008 (1931).
46. — Ein Fall von Keratitis aspergillina. Acta Ophtal. (Kobenhavn), 10, 376—381 (1931).
47. LEVIN, P.A.: Om en i Nerke nu gängse endemisk sjukdom uppkommen genom den osunda beskaffenheten af förra årets rågskörd. Hygiea (Stockholm), 14, 76—82 (1852).
48. — Sjukdom i Nerke efter förtärandet af ny råg. Hygiea (Stockholm), 14, 308—309 (1852).
49. LILJENROTH, A.: Sex fall av Aspergillus flavescens i yttre hörselgången. Hygiea (Stockholm), 33, Bilaga, 248—249 (1871).
50. — Om otomykosis. Nord. Med. Ark., 4, 1—15 (1872).
51. LUND, T., u. A. STENDERUP: Aspergillosis pulmonum. Ugeskr. Laeg., 123, 1429—1431 (1961).
52. MOMBERG-JÖRGENSEN, H.C.: Enzoötic mycosis in mink. Amer. J. vet. Res., 11, 334—338 (1950).
53. NICOLL: Tilfaelde af otomykosis. Norsk Mag. Laegevidensk., 3 Raekke, 2, 265—266 (1872).
54. NIELSEN, M.: Skimmelvegetation i Kindhulen hos en Hest. Maanedsskr. Dyrlaeg., 14, 622—624 (1902/03).
55. — Mucormykose beim Schwein. II. Mitteilung. Beschreibung der isolierten Pilze. Virchows Arch. Path. Anat., 273, 859—863 (1929).
56. NORDÉN, Å.: Lungaspergillos. Pulmonary aspergillosis. Hygiea (Stockholm), in: Nord. Med., 39, 1683—1685 (1948).
57. OITTINEN, K.S.: Das Lungen-Aspergillom. Ann. Chir. Gynaec. Fenn., 49, 428—436 (1960).
58. PÄTIÄLÄ, R., u. S. HÄRÖ: Review of Fungi Found on the Skin on the Basis of the 1948 Material. II. Fungi Found on the Skin Not Included in Dermatophytes Proper. (Pp. 56—59). Karstenia (Helsinki), 1, 48—59 (1950).
59. —, u. T. RAUTAVAARA: Isaria cretacea van Beyma isolated from human nail in Finland. Karstenia (Helsinki), 1, 83—84 (1950).

60. PALDROK, H.: In Vorbereitung.
61. —, u. B. BÄFVERSTEDT: In Vorbereitung.
62. —, u. G. ERIKSSON: In Vorbereitung.
63. —, u. E. HOLLSTRÖM: Onychomycosis due to Aspergillus terreus Thom. Acta Dermatovener. (Stockholm), **32**, Suppl. 29, 255—260 (1952).
64. — I. STÅHLE u. S. LIDMAN: In Vorbereitung.
65. —, u. B. ZETTERBERG: A contribution to the study on the occurrence of Adiaspiromycosis (Haplomycosis) in rodents in Sweden. Acta Path. Microbiol. Scand., **56**, 65—69 (1962).
66. PIRILÄ, P.: Eine Mucormykose der äußeren Genitalien. — Über Schimmelpilze als Ursache von Hautkrankheiten. Acta Dermatovener. (Stockholm), **22**, 377—396 (1941).
67. — Cases of Mucor Mycosis of the Skin and Lymph Glands Observed in Man. Acta Dermatovener. (Stockholm), **28**, 186—200 (1948).
68. — Is the Lymphogranuloma venereum (Lymphogranuloma inguinale) caused by a Virus or a Slimemold? Dermatologica (Basel), **106**, 14—25 (1953).
69. PLUM, N.: Verschiedene Hyphomyceten-Arten als Ursache sporadischer Fälle von Abortus beim Rind. Acta Path. Microbiol. Scand., **9**, 150—157 (1932).
70. QUENSEL, U.: Multipla plasmacellsinfiltrat i tunntarmen. Egenartad mykotisk (?) sjukdomsform. Multiple Plasmazelleninfiltrate im Dünndarm. Eine eigenartige mycotische (?) Krankheitsform. Finsk Läkaresällsk. Handl., **71**, 661—671 (1929).
71. RAINIO, A. J.: Fusarium roseum som förorsakare av matsmältningsstörningar hos husdjur. Finsk Vet. T., **39**, 101—107 (1933).
72. RASCH, C.: En Skimmelsvamp, Scopulariopsis brevicaulis var. hominis Brumpt & Langeron 1910, som Aarsag til Neglelidelse. Hospitalstidende (København), **68**, Bilaga, S. 19—21 (1925).
73. — Ein Schimmelpilz, Scopulariopsis brevicaulis var. hominis Brumpt & Langeron 1910, als Ursache eines Nagelleidens. Derm. Wschr., **82**, 551 (1926).
74. REIERSØL, S.: Om eksposisjon for visse sopparter hos arbeidere utsatt for plantefiberstov. Fungus Infection in Workers exposed to Plant Fiber Dust. T. Norsk Laegeforen., **72**, 343—347 (1952).
75. — Mycologic investigation of diseased nails and skin in 131 patients. Acta Path. Microbiol. Scand., **54**, 30—38 (1962).
76. RÖHRT, T.: Mykotisk maxillarsinusitt. Mycotic maxillary sinus. Nord. Med., **52**, 1312—1313 (1954).
77. RYGVOLD, O.: Bronchiektatisk aspergillom (Mycetom). T. Norsk. Laegeforen., **82**, 515—517; 522 (1962).
78. SCHULTÉN, af: Aspergillus flavescens i yttre hörselgången. Finsk Läkaresällsk. Handl., **20**, 317—318 (1878).
79. SONCK, C. E.: Chromoblastomycos (förelöpande meddelande). Finsk Läkaresällsk. Handl., **97**, 37—45 (1954).
80. —: Zur Kasuistik der Chromoblastomykose. Vier Fälle aus Finnland. Arch. klin. exp. Dermatol., **209**, 223—242 (1959).
81. —: Chromoblastomycosis. Five cases from Finland. Acta Dermatovener. (Stockholm), **39**, 300—309 (1959).

82. SUNDEGAARD, G., T. THJØTTA u. K. URDAL: Familiaer opptreden av geotrichosis pulmonum. Endemic occurrence of geotrichosis pulmonum. Norsk Mag. Laegevidensk., in: Nord. Med., **43**, 434—437 (1950).
83. THJØTTA, T.: Pneumomycose som dødsårsak hos hare. Norsk Vet. T. **45**, 275—279 (1933).
84. —, u. K. URDAL: A family endemic of Geotrichosis pulmonum. Acta Path. Microbiol. Scand., **26**, 673—681 (1949).
85. VAN BEYMA THOE KINGMA, F.H.: Über einen neuen Rhizopus, Rhizopus bovinus nov. spec. Verh. Koninkl. Akad. Wetensch. Amsterdam, Afd. Natuurk., 2 Sect., **29**, 2, 38—40 (1931).
86. WAHLBERG: Om en i Nerke nu gängse endemisk sjukdom uppkommen genom den osunda beskaffenheten af förra årets rågskörd. Hygiea (Stockholm), **14**, 83—86 (1852).
87. WESTLING, R.: Über die grünen Spezies der Gattung Penicillium. Ark. Bot., **11**, 1—156 (1911).
88. ZETTERGREN, L., u. B. SJÖSTRÖM: Disseminated Mycosis after Treatment with Antibiotics. Report of Two Cases Reaching Autopsy. Acta Med. Scand., **147**, 203—212 (1953).

Dr. HEITI PALDROK
Karolinska Institutet
Stockholm 60, Schweden

B. Experimentelle Mykologie

Aus der Universitäts-Hautklinik Hamburg-Eppendorf
(Direktor: Prof. Dr. Dr. J. KIMMIG)

Experimentelle Aspergillose beim Menschen

Von

A. R. MEMMESHEIMER jun., Hamburg

Mit 2 Abbildungen

Die Schimmelpilze der Gattung Aspergillus sind ubiquitär in unserer Umwelt vorhanden und sind bei mykologischen Laboratoriumsuntersuchungen als häufige und oft unangenehme Verunreinigungen von Pilzkulturen gefürchtet. Andererseits sind Aspergilli als Erreger von Lungenerkrankungen schon seit VIRCHOW 1856 (zit. nach KALKOFF und JANKE) bekannt. Neben der Lungenaspergillose sind auch Fälle von Bronchusaspergillose, Nasenaspergillose sowie von Aspergillusinfektionen der

Nasennebenhöhlen und des äußeren Gehörganges und sogar des Zentralnervensystems bekannt geworden (CONANT, KADEN, KALKOFF und JANKE, POLEMANN). In der Dermatologie sind Aspergillusarten als Erreger von Onychomykosen bezeichnet worden (BERESTON, BERESTON und WARNING, CONANT, KABEN, KALKOFF und JANKE, POLEMANN). Jedoch sind primäre Aspergillosen der Haut, wenn wir von Infektionen des äußeren Gehörgangs einmal absehen, eine ausgesprochene Rarität.

Meist treten die primären Aspergillosen der Haut unter dem Bilde knotiger, granulomatöser, teilweise ulcerierter Effloreszenzen mit oder ohne Schwellung der regionalen Lymphknoten auf (JANKE und THEUNE, PIRILÄ, KARRENBERG, LESCYNSKI und EPLER), jedoch sind auch verruköse Hautaspergillosen (JANKE, BAZEX und BESSIÈRE und PARANT) und solche unter dem Bilde eines Ekzems (HILGERMANN, SCHNAPKA) oder einer randbetonten oberflächlichen Trichophytie (KABEN und RIETH, KELLER) beschrieben worden.

Diese Seltenheit primärer Hautaspergillosen ist eigentlich verwunderlich; denn in den Pilzkulturen der Haut wachsen häufig Schimmelpilze der Gattung Aspergillus. Wie wir dem Vortrage von H. GÖTZ (s. S. 9) entnehmen konnten, stand Aspergillus in seinen Pilzkulturen der Haut in der Häufigkeit der gezüchteten Schimmelpilzarten an 2. Stelle.

Handelt es sich in diesen Fällen immer nur um „Verunreinigungen", oder können bestimmte Aspergillusarten doch gelegentlich die Ursache einer oberflächlichen Dermatomykose sein? Um das Problem der Hautpathogenität von Aspergillus zu untersuchen, wurden folgende Versuche durchgeführt:

Aspergillus fumigatus FRESENIUS wurde auf Grütz-Kimmig-Agar gezüchtet. Vom Pilzrasen wurden etwa $^1/_2$ qcm große Stückchen herausgeschnitten, direkt auf die Haut gelegt und mit Testpflastern fixiert. Nach 4 Tagen wurden die Testpflaster entfernt und die Haut mit Aceton gereinigt.

Insgesamt wurden 20 Versuchspersonen auf diese Weise mit A. fumigatus beimpft. Bei 16 Versuchspersonen war das Ergebnis negativ, d. h. die Haut war trotz einer massiven direkten Beimpfung unverändert geblieben.

Bei 4 Personen jedoch fanden sich nach Entfernung der Testpflaster im Bereich der mit A. fumigatus beimpften Hautstellen vereinzelte hirsekorngroße, erhabene, gerötete und mäßig scharf begrenzte Herde, die in den folgenden 3 Tagen an Größe und Umfang zunahmen und ineinander übergingen (Abb. 1). In einem Fall trug einer dieser papulösen Herde eine stecknadelkopfgroße Pustel (Abb. 2). 3 bzw. 4 Tage nach Entfernung der Testpflaster, nachdem die Herde nochmals intensiv mit Alkohol gereinigt worden waren und eine der Versuchspersonen in der Zwischenzeit ein Vollbad genommen hatte, wurde von den papulösen Effloreszenzen Material für eine Pilzkultur abgenommen. In allen 4 Fällen war kulturell wiederum A. fumigatus nachweisbar. Im gleichzeitig angelegten Nativpräparat konnte jedoch kein Mycel nachgewiesen werden. Die Hauterscheinungen heilten dann innerhalb einer Woche ohne Therapie von alleine ab.

Wie unsere Untersuchungen zeigen, konnten nach massiver tagelanger Beimpfung von menschlicher Haut mit A. fumigatus bei 4 von 20 Personen pathologische Hauterscheinungen provoziert werden, die dann in 7—10

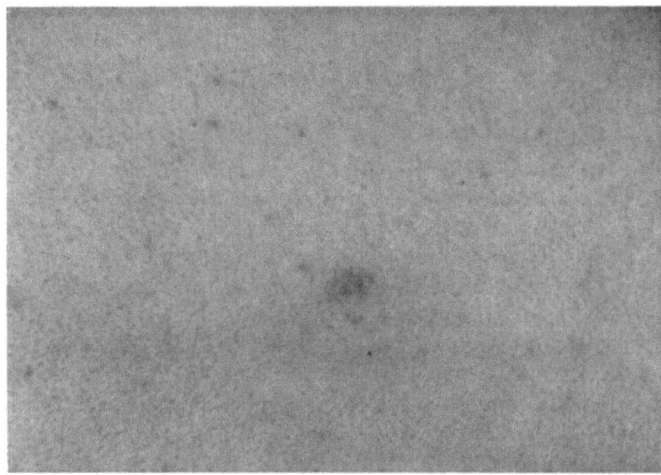

Abb. 1. Papulöser Herd am Rücken nach experimenteller Infektion mit Aspergillus fumigatus (7. Tag)

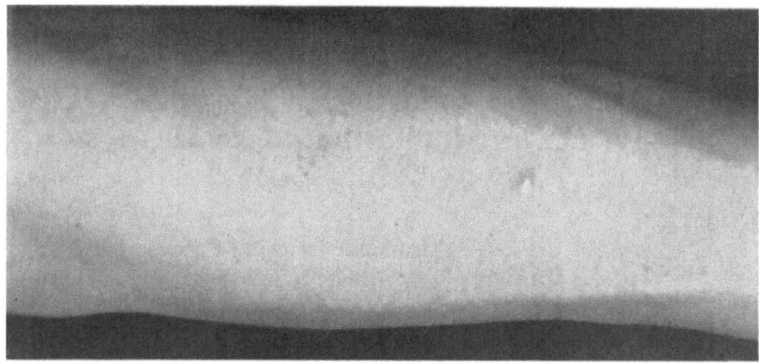

Abb. 2. Papulo-pustulöser Herd am Unterarm nach experimenteller Infektion mit Aspergillus fumigatus (8. Tag)

Tagen nach Entfernung der Noxe ohne Therapie abheilten. Dies spricht dafür, daß A. fumigatus in seltenen Fällen pathogen sein kann, daß aber die Pathogenität fakultativ ist. Die Tatsache, daß in den Herden zwar kulturell Pilze nachweisbar waren, im Nativpräparat jedoch kein Mycel demonstriert werden konnte, obwohl Krankheitserscheinungen vorhanden waren, erlaubt die Schlußfolgerung, daß es bei einer massiven Schimmelpilzinfektion zu einer Schädigung der Haut kommen kann, ohne daß Pilzfäden in der Epidermis wachsen.

Literatur

BASEX, BESSIÈRE et PARANT: Bull. Soc. Franç. Derm. **62**, 252 (1955), zit.: Zbl. H.- u. Geschlkrkh. **94**, 44 (1956).
BERESTON, E. S.: South. Med. Journal (Birmingham, Alabama), **43**, 489 (1950).
—, and WARNING: Arch. Dermat. (Chicago) **54**, 552 (1946).
CONANT, N. F. SMITH, BAKER, CALLAWAY and MARTIN: Manual of Clinical Mycology. Philadelphia: W. B. Saunders Co. 1959.
HILGERMANN, M.: Arch. für Derm. u. Syph. (Berlin) **171**, 593 (1935).
JANKE, D.: Hautarzt **4**, 387 (1953).
—, u. I. THEUNE: Hautarzt **13**, 145 (1962) und Hautarzt **13**, 193 (1962).
KABEN, U.: Zschr. Haut- u. Geschlkrkh. **32**, 50 (1962).
—, u. H. RIETH: Mykosen **5**, 108 (1962).
KADEN, R.: Schimmelpilzdermatosen. In Handbuch der Haut- und Geschlechtskrankheiten, Ergänzungswerk von A. MARCHIONINI, Bd. IV/4, Berlin-Göttingen-Heidelberg: Springer 1963.
KALKOFF, K. W., u. D. JANKE: Mykosen der Haut, in: H. A. GOTTRON und W. SCHÖNFELD: Dermatologie und Venerologie, Bd. II, 2, Stuttgart: Thieme 1958.
KARRENBERG, C. L.: Derm. Wschr. **88**, 89 (1929).
KELLER, Ph.: Derm. Wschr. **87**, 1831 (1928).
LESCYNSKI, R. von, u. R. EPLER: Derm. Wschr. **82**, 181 (1926).
PIRILÄ, P.: Acta derm.-ven. **22**, 377 (1941).
POLEMANN, G.: Klinik und Therapie der Pilzkrankheiten, Stuttgart: Thieme 1961.
SCHNAPKA, O.: Z. Haut- und Geschlkr. **18**, 159 (1955).

Dr. ALOIS R. MEMMESHEIMER
Hautklinik
35 Kassel, Möncheberg-Str. 41–43

Aus der Universitäts-Hautklinik Hamburg-Eppendorf
(Direktor: Prof. Dr. Dr. J. KIMMIG)

Keratinophile Schimmelpilze im Tierexperiment

Von

W. MEINHOF, Hamburg

Mit 5 Abbildungen

Schimmelpilzmykosen sind selten. Es müssen offenbar besondere Voraussetzungen erfüllt werden, damit eine derartige Mykose entstehen kann. Es lag uns daran, im Tierexperiment zu prüfen, ob sich Bedingungen herausfinden lassen, unter denen es zu einer Mykose durch Schimmelpilze kommen kann.

In einer ersten, vorbereitenden Versuchsserie wurde bei 15 verschiedenen Schimmelpilzarten geprüft, ob sie in der Lage sind, in vitro menschliche oder tierische Haare zu befallen. Bei dieser Untersuchung wurde nicht so sehr Wert darauf gelegt, festzustellen, ob die Schimmelpilze freiliegende Haare mit einem oberflächlichen Mycelgespinst überziehen können, sondern das besondere Interesse galt der Frage, ob auch ein endotriches Wachstum des Mycels der Schimmelpilze zu beobachten war. Es lag dann nahe, gerade solche Schimmelpilze für Infektionsversuche am Tier zu benutzen, die schon in vitro Wuchsformen im Haar gezeigt hatten, wie man sie auch bei einer Mykose finden könnte.

Für die in vitro-Versuche wurden Pilzsporen auf einen nährstoffarmen Agar (Difco Mildew Testmedium) folgender Zusammensetzung geimpft:

$NaNO_3$ 3,0
K_2HPO_4 1,0
$MgSO_4$ 0,25
KCl 0,25
Agar 10,0
Aqua dest. ad 1000,0

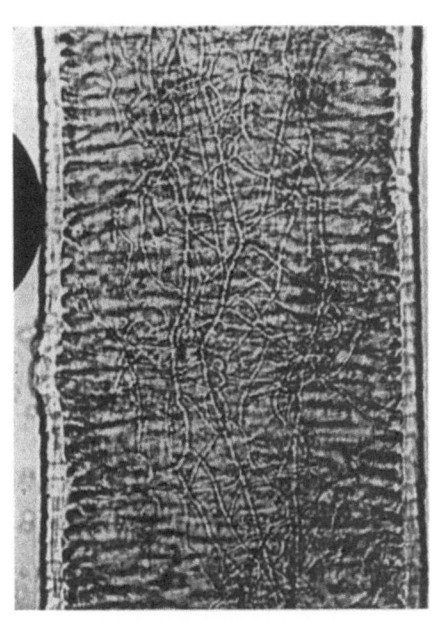

Abb. 1. Aspergillus candidus in einem Meerschweinchenhaar (in vitro-Versuch)

Für die verschiedenen Versuchsreihen setzten wir dem Medium sterilisierte menschliche Haare bzw. Meerschweinchen- oder Mäusehaare zu. Für Kontrollzwecke beimpften wir auch Medium ohne weiteren Zusatz. Folgende Pilzarten wurden geprüft: Aspergillus niger, A. candidus, A. ustus, Penicillium notatum, P. griseofulvum, P. janczewski, P. casei, P. roqueforti, Scopulariopsis brevicaulis und zwei weitere Scopulariopsis-Varianten, die auch als eigene Arten aufgefaßt werden, Verticillium cinnabarinum, Cladosporium species, Stemphylium und Aleurisma sp.

Die Schimmelpilze zeigten auf dem Mildew-Testmedium ausgiebiges Wachstum mit reichlicher Sporenbildung. Das makroskopische Bild der Kulturen unterschied sich jedoch stark von den Kolonien, die gleichzeitig auf Hamburger Testagar und auf Czapek-Agar angelegt worden waren. Dermatophyten, die zu Vergleichszwecken denselben Versuchsbedingungen ausgesetzt wurden, wiesen eine wesentlich stärkere Einschränkung der

Sporenbildung auf, als es bei den Schimmelpilzen der Fall war. In den mit Haaren beschickten Nährböden ließ sich bei den Schimmelpilzen kein *makroskopisch* sichtbarer Unterschied zu dem Wachstum in den Vergleichskulturen beobachten. Von den Dermatophyten zeigten besonders Mikrosporum gypseum und Keratinomyces ajelloi in der näheren Umgebung der Haare üppige Sporulation, die die Kontrollkulturen vermissen ließen. Ebenfalls deutlich, aber weniger ausgeprägt, war dieser Unterschied bei Trichophyton mentagrophytes und Trichophyton rubrum, bei Epidermophyton floccosum fehlte er ganz.

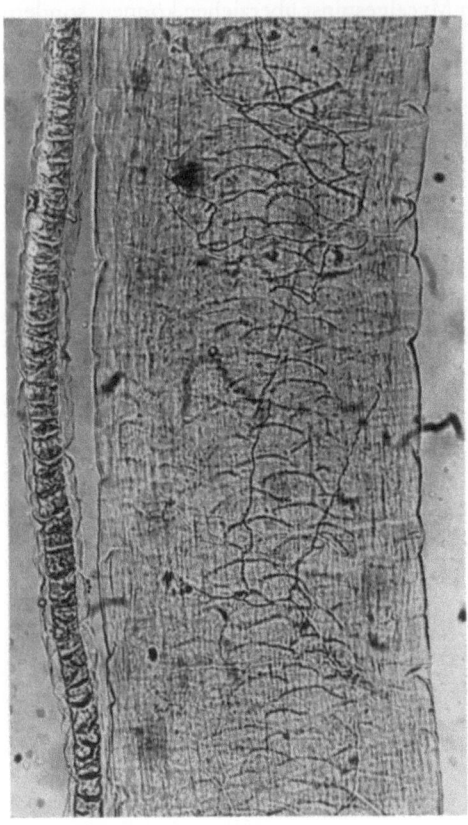

Abb. 2. Penicillium roqueforti, Befall eines Haares in vitro

Bei der *mikroskopischen* Untersuchung der Kulturen war bei einigen Schimmelpilzen nach etwa 2 Wochen, deutlicher nach 3–4 Wochen, endotriches Wachstum in den Haaren festzustellen. Am häufigsten befallen waren Meerschweinchenhaare, und zwar teilweise als einzige Haarsorte durch Aspergillus candidus (Abb. 1), durch Penicillium roqueforti (Abb. 2) und durch Cladosporium sp. (Abb. 3), zum Teil auch gemeinsam mit einer anderen Haarsorte: Durch alle drei Scopulariopsis-Varianten (Abb. 5) und durch Stemphylium (Abb. 4) wurden Meerschweinchen- und Mäusehaare befallen. Verticillium wuchs in menschlichem und in Meerschweinchenhaar. Aspergillus niger befiel ausschließlich Menschenhaar. Die drei Haarsorten waren in keinem Fall gleichzeitig betroffen. Auch der Befall von Mäusehaar allein oder von Mäusehaar und menschlichem Haar wurde nicht beobachtet.

Für die Inokulationsversuche an Meerschweinchen und Mäusen benutzten wir in vitro befallene Haare der gleichen Tierart. Um das Angehen der Infektion weiter zu erleichtern, wurde die Haut der Meerschweinchen mit 5%iger Dinitrochlorbenzol-Lösung vorbehandelt. Eine ähnliche Me-

thode wendeten Ito und Kuhlmann (1956) und Memmesheimer und
Kuhlmann (1959) mit Erfolg bei Tierversuchen mit Dermatophyten an.
Die Haut der Mäuse wurde mit Krotonöl DAB VI bis zur Dermatitis gereizt. Pilzbefallene Haare und im Vergleich dazu Sporen wurden mit einem

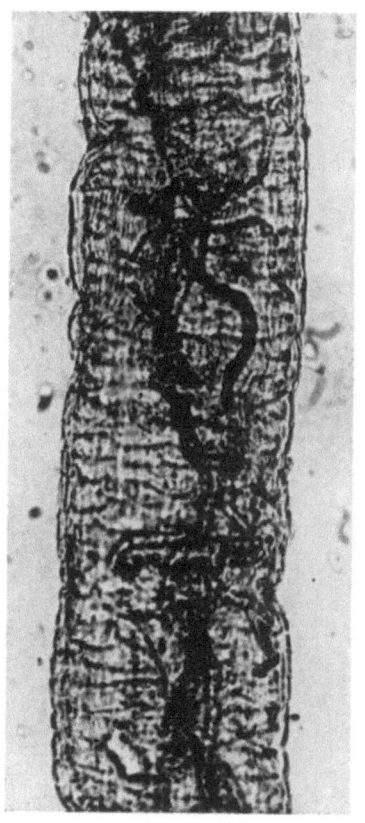
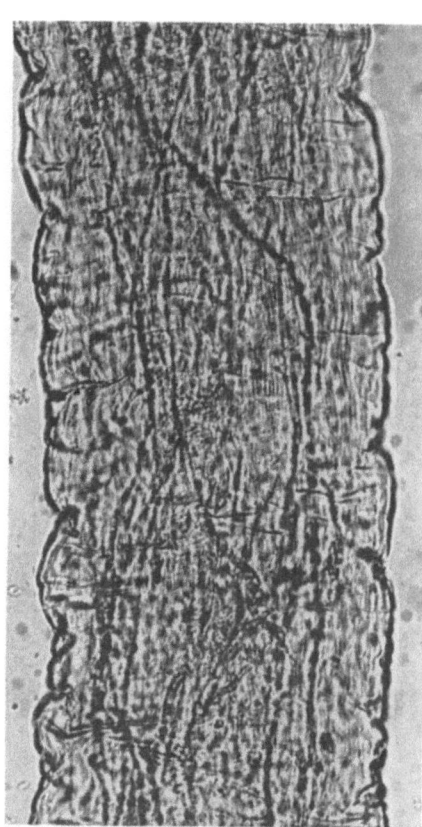

Abb. 3. Cladosporium sp.   Abb. 4. Stemphylium sp. Beide Pilze zeigen auch beim
Wachstum im Haar die für Dematiaceen
charakteristische dunkle Färbung des Mycels

Haftverband auf den kahlgeschorenen und vorgeschädigten Hautpartien
der Tiere befestigt. Nach einer Woche wurde der Verband entfernt.

Die Haut der meisten Tiere war leicht gerötet und in allen Fällen bestand eine stärkere Schuppung. Bei keinem Tier war es zur Entwicklung
nässender oder pustulöser Herde gekommen. Weder in den Schuppen noch
in den Haaren dieser Tiere ließen sich Pilzfäden nachweisen. Auch bei einer
Nachuntersuchung eine Woche später waren alle Nativpräparate negativ.
In der Kultur wuchsen die aufgeimpften Pilze, womit zwar ihre Lebensfähigkeit, nicht aber ein Befall der Tiere nachzuweisen war.

Die Versuche haben gezeigt, daß einige Schimmelpilze totes Haar unter dem Bilde endotrichen Wachstums befallen, andere jedoch nicht. RIETH, KOCH und EL FIKI wiesen 1959 darauf hin, daß nicht nur Dermatophyten, sondern auch Schimmelpilze, wie z.B. Cephalosporium acremonium oder

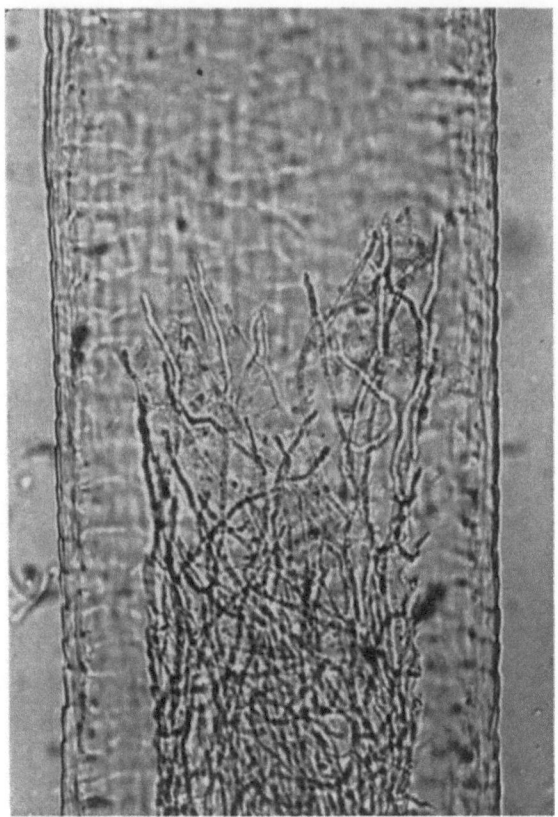

Abb. 5. Deutlich endotrich wachsendes Mycel von Scopulariopsis brevicaulis in einem Meerschweinchenhaar

Streptomyceten, keratinophil sein können. Diese Beobachtung führte zu der Frage, welche Zusammenhänge zwischen der Keratinophilie und der Hautpathogenität bestehen. Bei unseren Versuchen ließ sich ein Übergang der Schimmelpilze von totem auf lebendes Haar oder auf die Haut nicht nachweisen. Aus diesem Verhalten und aus der Tatsache, daß Haare verschiedener Herkunft in sehr unterschiedlicher Weise betroffen werden, wird deutlich, daß die Keratinophilie ein Merkmal ist, das einer weiteren Differenzierung bedarf.

Literatur

Ito, K., u. H. Kuhlmann: Infektionen mit Epidermophyton Kaufmann-Wolf und Candida albicans bei mit Chlordinitrobenzol und Benzol sensibilisierten Meerschweinchen. Z. Haut- u. Geschlkrh. **20**, 291—296 (1956).

Memmesheimer, A. M., u. H. Kuhlmann: Die Prüfung innerlich gegebener pilzabtötender Mittel im Tierversuch. Minerva dermatologica **34**, 314—316 (1959).

Rieth, H., H. Koch u. A.Y. El Fiki: Zum Nachweis hautpathogener Pilze in Laboratoriums-Tierställen. Arch. klin. exp. Dermat. **209**, 258—268 (1959).

Dr. W. Meinhof
Dermat. Univ.-Klinik
355 Marburg/Lahn
Deutschhausstr. 9

C. Klinik und Diagnostik der Aspergillose

Zur Klinik und Mykologie der Aspergillosen

Von

D. Janke, Fulda

Mit 5 Abbildungen

Einer Abhandlung der verschiedenen klinischen Erscheinungsformen der Aspergillosen sollen im Hinblick auf den diagnostisch erforderlichen Erregernachweis die Besonderheiten des am häufigsten vorkommenden Aspergillus fumigatus vorangestellt werden.

Der Formenwandel von Aspergillus fumigatus wird in Abb. 1 stilisiert dargestellt. Die mikroskopische Untersuchung einer Aspergilluskultur zeigt als sog. *saprophytäre Formen* ein fadenförmiges septiertes Mycel mit den typischen weihwedelähnlichen Sporenträgern (Aspergillusköpfe), bestehend aus Conidiophore mit endständiger bläschenförmiger Auftreibung (Vesicula), Phialiden und kettenförmig angeordneten Conidien.

Nur bei älteren Kulturen zeigen sich keulenförmige Anschwellungen einzelner Mycelabschnitte.

Bei den im menschlichen Organismus nachweisbaren sog. *parasitären Formen* des Aspergillus werden als Anpassung an das jeweilig befallene Gewebe 3 verschiedene Formen unterschieden:

1. Kurze vielgestaltige endständig verdickte Mycelformen
2. Moniliforme Fäden mit Vesiculation
3. Einzelne Vesiculae als abortive Formen des Aspergilluskopfes.

Die Verteilung dieser unterschiedlichen parasitären Formen ist charakteristisch für die verschiedenen Formen der Lungen- und Hautaspergillose. Da prinzipiell mit zunehmender Dichte des Gewebes die Pilze anpassungsmäßig kleinere und immer mehr abgerundete Formen annehmen, bereitet

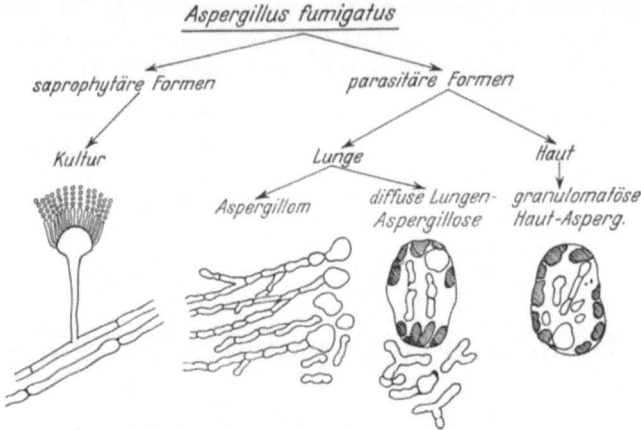

Abb. 1. Formenwandel von Aspergillus fumigatus

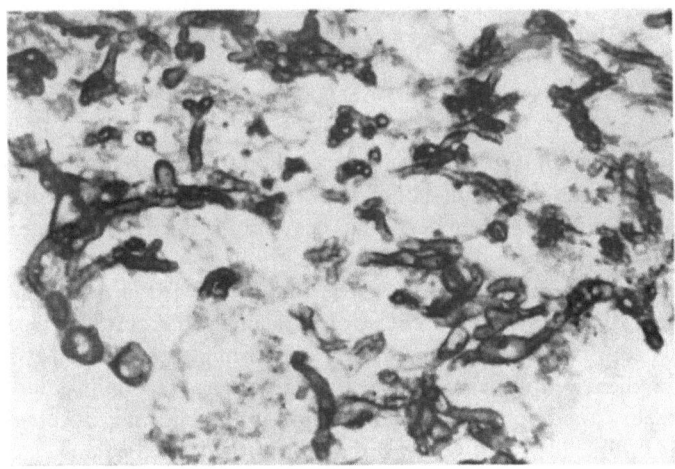

Abb. 2. Moniliforme Fäden mit Vesikulation

der mikroskopische Erregernachweis bei der Hautaspergillose weit größere Schwierigkeiten als derjenige im aufgelockerten sauerstoffhaltigen Lungengewebe, wo sich vorwiegend langgestreckte moniliforme Fäden sternförmig ausbreiten und ausgedehnte Drusen bilden können.

Beim sog. Aspergillom finden sich vorwiegend moniliforme Fäden mit Vesiculation (Abb. 2) drusenartig angeordnet, bei der diffusen Lungenaspergillose vorwiegend die kurzen noch verzweigten Mycelfragmente (Abb. 3a) und selten Vesiculae (Abb. 3b) als Einschlüsse in Riesenzellen sowie freiliegend im Lungengewebe, während bei der granulomatösen Hautaspergillose nur selten und als Einschluß von Riesenzellen sehr kleine, meist abgerundete Mycelformen (Abb. 4) nachgewiesen werden können.

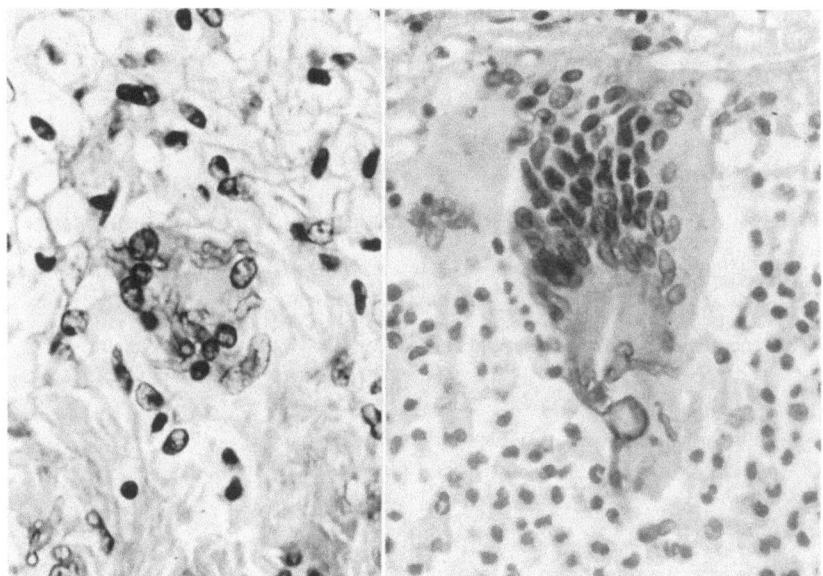

a   Abb. 3a und b. Mycelfragmente in Lungengewebe   b

Anhand von Buntdiapositiven histopathologischer Präparate der Lungenaspergillose, die ich Herrn Prof. W. St. C. SYMMERS, London, verdanke (siehe W. St. C. SYMMERS: Lab. invest., 1962, II, 1073—1090), wurden die verschiedenen parasitären Gewebeformen von Aspergillus bei verschiedenen Färbungen (Silber-Reticulin, Grocott-Gomori, PAS-Haem. und PAS-Grün) demonstriert.

Als Beitrag zur Pathogenese der Lungenaspergillose war die Auswahl der Bilder so getroffen, daß der Infektionsweg des Aspergillus verfolgt werden konnte: Nachweis moniliformer Hyphen im Sekret des Bronchuslumens, Einlagerung von Vesiculae in die Basalmembran des Bronchus, Durchdringung der Basalmembran in Form von kurzen terminal verdickten Hyphen, welche im Lungengewebe zunächst in kleinen Kolonien noch reaktionslos nachweisbar sind, bei einsetzender Gewebereaktion von Riesenzellen phagocytiert werden und bei fortschreitendem Gewebezerfall ein Geflecht moniliformer Hyphen mit Vesiculation und schließlich im terminalen Zustand Aspergillusdrusen mit konzentrisch angeordneten Wachstumszonen ausbilden.

Neben dieser Invasion durch die Bronchialwand konnte die gleichzeitige haematogene Ausbreitung demonstriert werden. Kurze Hyphen durchdringen die Blutgefäßwand in der Bronchialschleimhaut, und es kommt zu Gefäßthrombosierung infolge von Fibrinablagerung um die kurzen Aspergillushyphen im Gefäßlumen.

Die klinische Einteilung der Aspergillosen mit besonderer Berücksichtigung der granulomatösen Hautaspergillosen ist aus der folgenden Tabelle ersichtlich:

Tabelle. *Klinische Einteilung der Aspergillosen*

1. Haut-Lymphgefäß-Aspergillose (v. LESZYNSKI u. EPLER)

2. Lokalisierte Haut-Aspergillose (MYERS u. DUNN, HODORA, BEHDJET, JANKE)

3. Disseminierte Haut-Aspergillose (BEHDJET, SCHNAPKA, GRÜNEBERG u. JANKE u. THEUNE)

4. Generalisierte hämatogene Aspergillose innerer Organe und der Haut
   (CAWLEY, GREKIN u. CAWLEY u. ZHEUTLIN)

5. Extracutane Aspergillose
   Lungen-Aspergillose: a) Aspergillus-Bronchitis
   b) broncho-pulmonales Aspergillom
   c) diffuse Lungenaspergillose
   Maduromykose

6. Fragliche Aspergillosen: Onychomykose, Ekzem, Alopecia, Otomykose, Blepharitis, Dacryocystitis

Beim Versuch einer klinischen Einteilung der Hautaspergillosen drängt sich der Vergleich mit der häufigeren Sporotrichose auf und die angeführten wenigen Beobachtungen von gesicherten Hautaspergillosen des erreichbaren Schrifttums lassen sich zwanglos in das von SAMPAIO und LACAZ bei Auswertung von 378 Sporotrichosefällen gewählte Einteilungsschema einordnen (SAMPAIO, S. A. C. u. P. LACAZ, Hautarzt *10*, 490 (1959)).

Kasuistische Einzelheiten über die bisher bekanntgewordenen Beobachtungen von granulomatöser Hautaspergillose der in obiger Tabelle angeführten Autoren können nachgelesen werden bei: D. JANKE und J. THEUNE, Hautarzt *13*, 145 u. 193 (1962). Charakteristisch für die granulomatöse Aspergillose der Haut ist der chronisch-rezidivierende Verlauf bei vorwiegend lymphogener Ausbreitung, wobei der Erregernachweis histologisch und kulturell nur selten gelingt und immunbiologische Reaktionen für diagnostische Zwecke kaum verwertbar sind.

Anhand von Buntdiapositiven konnte der über 7 Jahre verfolgte klinische Verlauf der einzigen bisher in Deutschland an der Univ.-Hautklinik

Halle von GRÜNEBERG und THEUNE beobachteten und gemeinsam mit GRÜNEBERG und THEUNE diagnostisch bearbeiteten disseminierten granulomatösen Hautaspergillose mit späterer Knochenbeteiligung demonstriert werden.

Ausführliche Beschreibungen zu dieser seltenen Beobachtung mit einer bisher 20jährigen Krankengeschichte finden sich bei: D. JANKE u. J. THEUNE, Hautarzt *13*, 145 u. 193 (1962); Th. GRÜNEBERG u. J. THEUNE, Derm. Wschr. *146*, 617 (1962) und mit besonderer Herausstellung der therapeutischen Maßnahmen im Referat von Th. GRÜNEBERG u. J.THEUNE, Halle, in diesem Tagungsbericht.

Bei der unter den extracutanen Aspergillosen zahlenmäßig am häufigsten beobachteten Lungenaspergillose sind neben den bronchopulmonalen und diffusen Formen in neuerer Zeit lokalisierte Formen als sog. Aspergillome bekannt geworden, deren Studium neue Erkenntnisse über den Formenwandel von Aspergillus gewinnen ließ (MONOD u. Mitarb. 1951, 1959).

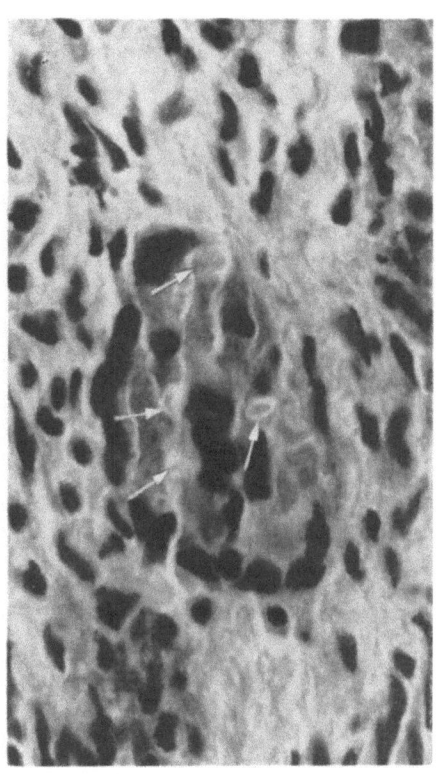

Abb. 4. Rundliche Pilzelemente in Riesenzelle

Diese einzige für Aspergillus spezifische klinische Erscheinungsform eines abgekapselten Pilzkonglomerates, röntgenologisch infolge der typischen Luftsichel unschwer zu diagnostizieren, wird mittels Lobektomie oder Segmentektomie im Gegensatz zu den meist letal verlaufenden diffusen Lungenaspergillosen therapeutisch beherrscht.

Abb. 5 zeigt ein Lungenresektionspräparat mit Aspergillom (Beobachtung von B. BEUERS, Ambrock).

Solange ein spezifisches antimykotisches Präparat gegen Aspergillus nicht zur Verfügung steht, scheint nach den Angaben im Schrifttum eine kombiniert antibiotisch-operative Behandlung der Aspergillosen die besten Erfolgsaussichten zu haben. GRÜNEBERG u. THEUNE berichten über Erfolge mit Amphotericin B, sofern intensiv und lange genug behandelt wird.

Die in vitro noch bei einer Verdünnung von 1:100000 beobachtete Hemmung von Aspergillus fumigatus durch Variotin, ein in Japan aus Paecilomyces isoliertes Antibioticum, soll als therapeutischer Hinweis zur

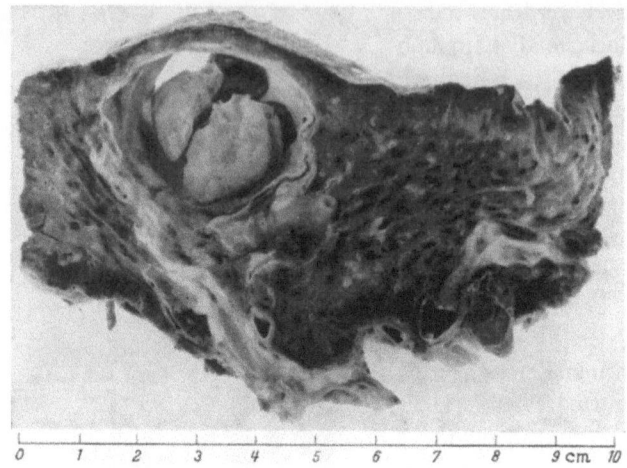

Abb. 5. Lungenresektionspräparat mit Aspergillom

Lokalbehandlung von oberflächlichen Aspergillosen und Aspergillus-Onychomykosen erwähnt werden. Variotin liegt in einer wirksamen Konzentration in der handelsüblichen Supralsalbe vor.

Dr. D. Janke
64 Fulda, Bahnhofstr. 7

Aus der Hautklinik der Martin-Luther-Universität Halle-Wittenberg
(Direktor: Prof. Dr. Th. Grüneberg)

Zur Behandlung einer in die Siebbeinzellen eingebrochenen disseminierten knotigen Aspergillose der Haut

Von

Th. Grüneberg und J. Theune, Halle (Saale)

Mit 1 Abbildung

Von Janke u. Theune wurde ein Fall disseminierter, knotiger Haut-Aspergillose unserer Klinik beschrieben (Hautarzt 13, 145 u. 193, 1962), über dessen Behandlung mit Amphotericin B wir (Grüneberg u. Theune) später in der Dermatologischen Wochenschrift (1962 II, 617) berichtet haben. Nachdem der Primärherd über dem Brustbein operativ entfernt worden war, ließ sich nur ein Teil der Streuherde antibiotisch zur Abheilung bringen. Zwei Herde im Gesicht (unterhalb des linken Mundwinkels und im rechten inneren Augenwinkel) recidivierten und mußten antibiotisch-chirurgisch angegangen werden. Der Herd im Augenwinkel hatte die knöcherne Orbitalwand teilweise zerstört. Bei der Operation (Universitäts-Augenklinik Halle) wurden die Schleimhaut der eröffneten Siebbeinzellen, ein Teil der Nasenschleimhaut und des orbitalen Fettgewebes sowie ein zum Os maxillare ziehender Strang entfernt. Deckung erfolgte durch einen Drehlappen aus der rechten Wange. Leider war das Ergebnis kein definitiver Erfolg. Im Hinblick auf das Besondere des von uns eingehend untersuchten und jahrelang behandelten Falles sei uns deshalb noch ein therapeutischer Nachtrag gestattet.

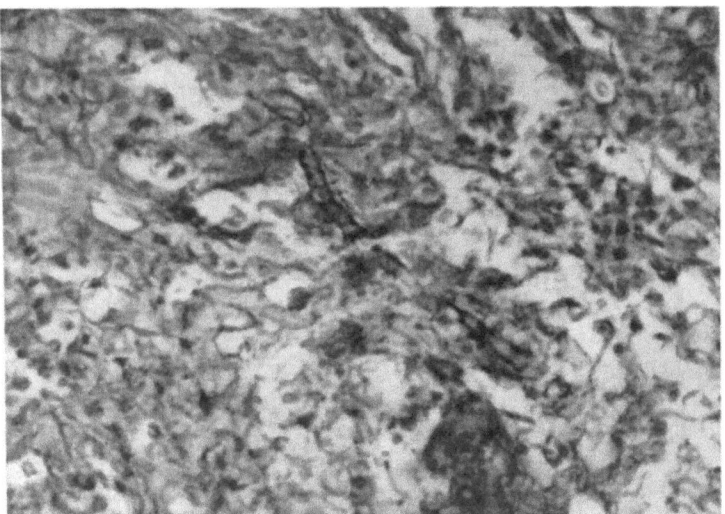

Abb. 1. Pilzelemente von Aspergillus fumigatus im Gewebe

Nach Abschluß der Behandlung im Juni 1962 war der Befund zunächst monatelang unverändert gut. Die Narben auf der linken Wange und im rechten inneren Augenwinkel blieben reizlos, das wiederholt kontrollierte Blutbild zeigte bei normaler Leukocytenzahl immer wieder leichte Linksverschiebung und Eosinophilenwerte von 5—9%. Die Blutsenkung blieb unauffällig. Ende November trat am rechten inneren Augenwinkel eine ödematöse Schwellung auf, in der eine linsengroße, verhärtete Stelle tastbar war, die sich in den folgenden Wochen noch vergrößerte. Foetor nasi. Beiderseits kleinerbsgroßer präaurikulärer Lymphknoten. Ende Januar 1963 wurde der Patient in der Universitäts-HNO-Klinik (Prof. JAKOBI) operiert. Rechts wurden Siebbein und Stirnhöhle eröffnet. Im Bereich des vorderen Siebbeines und in der Umgebung des Bulbus fand sich ein derbes knotiges Infiltrat. Deswegen mußte der Bulbus unter Entfernung des unteren Endes des Musculus obliquus völlig skelettiert und das rechte Siebbein bis in die Keilbeinhöhle ausgeräumt werden. Im Siebbein fanden sich polypös verdichtete Schleimhautanteile, die Keilbeinhöhle war unauffällig, in der Stirnhöhle fand sich ein Empyem. Die infiltrierte Hautstelle mit dem medialen Teil des unteren Augenlides wurde reseziert und der Defekt durch Dreh- und Schwenklappenplastik aus Stirn und Wange gedeckt. Bereits vor der Operation wurde mit Amphotericin B-Infusionen in Kombination mit Prednison (3 × 5 bzw. 10 mg), AH_3 und Pyramidon begonnen, die anschließend fortgesetzt wurden. Sie wurden unter Steigerung der Dosis in 2tägigen Abständen durchgeführt (2,5—25 mg aktive Substanz). Zunehmende Venenthrombosierung machte eine 8tägige Pause erforderlich. Dann Fortsetzung in unserer Klinik dreimal pro Woche mit steigenden Dosen bis zu 60 mg (insgesamt 1016,5 mg). Die Infusionen wurden bis auf Venenschmerzen und Thrombosierungen im ganzen gut vertragen. Letzte Infusion am 8. 4. 1963. Darauf Entlassung nach befriedigender Abheilung der Operationswunde. Narbenkorrektur ist vorgesehen. Patient klagt über Doppelbilder. Das Operationsmaterial wurde eingehend bakteriologisch-mykologisch und histologisch untersucht. Weder im Stirnhöhleneiter, noch im Orbita- u. Siebbein-Gewebe ließen sich kulturell (Bierwürze-Agar und Malzextrakt-Agar bei 25 und 37° C.) Pilzelemente nachweisen. Sie fanden sich jedoch in verschiedenen histologischen Schnitten (Hyphen) (Abb. 1).

Die Schwierigkeiten der Aspergillose-Behandlung und die Grenzen der Wirksamkeit des Amphotericin B sind damit gekennzeichnet. Während sich der oberflächlich sitzende Primärherd leicht ausschalten ließ und die kutanen Streuherde antibiotischer bzw. antibiotisch-chirurgischer Behandlung zugänglich waren, machte der Einbruch der Infektion in den darunter liegenden Knochen bzw. in Nebenhöhlen ein radikales chirurgisches Vorgehen erforderlich, nachdem sich der erste operative Eingriff als unzureichend erwiesen hatte.

Aus letzter Zeit liegen einige Berichte über Kieferhöhlen- bzw. periorbitale Aspergillose vor (SAVETSKY u. WALTNER, DIJKSTRA u. VISSER, BENNETT, KIRBY u. BLOCKER). Auch bei diesen Fällen bewährte sich ein radikal-chirurgisches Vorgehen, in einem Fall nach einer voraufgegangenen erfolglosen Amphotericin B-Behandlung.

Literatur

SAVETSKY, L., and J. WALTNER: Arch. Otolaryng. (Am.) **74**, 695 (1961).
DIJKSTRA, B.K.S., u. S. VISSER: Ned. T. Geneesk. **106**, 473 (1962). Ref. in: Zbl. f. HNO-Hk., **74**, H. 1, 94 (1962).
BENNETT, J.E., E.J. KIRBY and T.G. BLOCKER: Plast. and reconstr. Surgery, **29**, 684 (1962).

Prof. Dr. Th. GRÜNEBERG,
Direktor der Hautklinik und
Dr. J. THEUNE,
Oberarzt der Hautklinik
der Martin-Luther-Universität
Halle-Wittenberg
Halle (Saale), Grünstr. 5–8

Aus dem Krankenhaus Tönsheide der Landesversicherungsanstalt
Schleswig-Holstein
(Direktor: Prof. Dr. J. HEIN)

Das klinisch-röntgenologische Bild der pulmonalen Aspergillose

Von

W. FAASS, Tönsheide

Mit 5 Abbildungen

Die klinische Bedeutung der pulmonalen Aspergillose — gleichgültig, ob es sich um die mancherorts umstrittene primäre oder die jedenfalls häufigere sekundäre Erkrankung handelt — liegt in den Auswirkungen der lokalisierten Veränderungen, in der Möglichkeit allergisierender Vorgänge mit der Entstehung asthmaartiger Krankheitsbilder, in der toxischen Fernwirkung sowie in der Gefahr einer — allerdings seltenen — septischen Generalisation.

Abgesehen von der reinen bronchitischen Form kann man die pulmonalen Aspergillus-Manifestationen nach der klinisch-röntgenologischen Erscheinung einteilen in die seltenen, meist akut verlaufenden, der Miliartuberkulose ähnlichen, disseminierten Formen (DOUB 1948), die akut oder chronisch verlaufenden pneumonischen oder broncho-pneumonischen Krankheitsbilder und die lokalisierte Erscheinung des sog. Aspergilloms. Neben der mehr oder minder reinen Ausprägung dieser Krankheitsbilder kommen Mischformen vor.

Klinische Erscheinungen können ganz fehlen, sie können bronchitischen oder asthmaähnlichen Charakter haben, wie bei der sog. „Pseudotuberculosis aspergillina", sie können ein akut pneumonisches oder jahrelang rezidivierendes broncho-pneumonisches Bild bieten, sie können der Symptomatologie der Lungentuberkulose ähneln oder — selten — von vornherein denen einer septischen Allgemeininfektion gleichen mit Absiedlungen in den Lungen, den Nieren, der Leber, der Milz, dem Herzen, dem Gehirn usw. (ROMINGER u. BOEHM 1955, OLK 1958 Lit.). Häufig wird das klinische Bild von den Erscheinungen eines anderweitigen Grundleidens bestimmt, wie etwa durch eine Tuberkulose, ein Karzinom, eine Leukämie, eine schwere Stoffwechselstörung, eine haematologische Erkrankung, durch lokale Veränderungen etwa im Sinne eines Empyems oder dergleichen (HAIN 1959).

Bei akuten Formen ist die Prognose ernst, bei chronischem Verlauf kann die Erkrankung ausheilen, sie kann aber auch nach jahrelangem Bestehen zu allgemeinem Verfall, Abmagerung und Tod führen. Bei sekundären Aspergillosen bestimmt das anderweitige Grundleiden den Verlauf.

Über die Dauer der Erkrankung liegen nur vereinzelt verwertbare Mitteilungen vor. Für die lokalisierte Form des Aspergilloms erstrecken sich einzelne Verlaufsbeobachtungen wie etwa jene von Dévé (1938) über 11 Jahre, Monod (1951) teilte Beobachtungen über 5—6 Jahre mit, bei Fingerland und Mitarb. (1959) schwankte das Bestehen des Aspergilloms zwischen $^1/_4$ und 4 Jahren, Walther und Mampel (1963) beobachteten einen praktisch unveränderten Befund über 10 Jahre.

In den letzten Jahren hat die Erscheinung des Mycetoms, hier also des Aspergilloms, größere Beachtung gefunden. Ob es sich dabei immer um eine Pilzansiedlung in praeexistenten Höhlen handelt — wobei neuerdings möglicherweise der tuberkulösen Therapie-Kaverne oder den Sekundärfolgen nach tuberkulostatischer Behandlung eine größere Rolle zukommen kann (Lagèze und Mitarb. 1953, Bergmann 1959, Fingerland und Mitarb. 1959, Muras 1959, Loeckell 1962, P. G. Schmidt 1963) — oder ob der Pilz gemäß den Vorstellungen Monods (1951) bronchiektasierend wächst, ist noch strittig. Klinisch führendes Symptom dieser meist sehr chronisch verlaufenden Krankheitsform sind häufige Haemoptoen. (Brunner 1958, Menz 1958). Diese können sich in mehr oder minder weiten zeitlichen Abständen wiederholen und wirken unter Umständen so alarmierend, daß gelegentlich in der Annahme einer tuberkulösen Ätiologie eingreifendere Kollapsmaßnahmen angewendet worden sind. (Menz 1958). Zur Ausbildung einer Anämie soll es nur selten kommen, wie auch das Allgemeinbefinden bei unkomplizierten Fällen meist nur wenig mitgenommen ist. Husten und Auswurf können vorhanden sein, stehen aber selten weiter im Vordergrund der Erscheinungen. Fieber und Blutbildveränderungen sind allenfalls bei entzündlichen Veränderungen in der Umgebung des Aspergilloms zu erwarten; eine Eosinophilie wurde nur in einem Fall von Graves und Millman (1953) beobachtet.

Als nahezu einzige pulmonale Mykose bildet das Aspergillom ein unter Umständen typisches Röntgenbild. Es findet sich meist eine gleichmäßige rundliche oder birnenförmige Verschattung — in manchen Literaturmitteilungen wird auf eine gewisse Ähnlichkeit mit einer Montgolfière hingewiesen —, die der zusammengefaßten Pilzmasse entspricht. Sie ist in typischen Fällen umgeben von einem schmalen Luftmantel, der auf der im Stehen angefertigten Übersichtsaufnahme als sichelartige Aufhellung über der Verschattung, auf der im Liegen gemachten Tomographie als allseitiger Aufhellungsring dargestellt wird und am elegantesten durch die Bronchographie nachgewiesen werden kann (Höffken 1956). Daraus geht bereits hervor, daß das Pilzkonvolut in dieser Höhle häufig lageverschieblich ist; es bleibt oft jahrelang unverändert, kann aber auch durch Größenzunahme den Luftmantel röntgenologisch zum Verschwinden bringen, wie auch vereinzelt Inhomogenitäten und Kalkeinlagerungen in dem voluminösen Schatten gesehen wurden (Lodin 1957, Voigt und Krebs 1959).

Differentialdiagnostisch wurden ähnliche Röntgenbilder beschrieben beim Einwachsen eines Karzinoms in einen chronischen Lungenabszeß, gelegentlich beim Lungenechinococcus, beim Angiom und bei bestimmten Formen der tuberkulösen Kavernen mit Sequestern, bei Dermoidzysten usw., wobei allerdings die Beobachtung der Röntgenserie die meisten dieser Möglichkeiten nach kurzer Zeit ausscheiden läßt.

Beim Vorliegen eines typischen Aspergilloms kann also die Diagnose mit ziemlicher Sicherheit aus dem Röntgenbild gestellt werden. Der kulturelle Nachweis der in Frage kommenden Aspergillusarten — also des Aspergillus fumigatus, des Aspergillus glaucus, des Aspergillus niger und des Aspergillus oryzae — bestätigt die Diagnose. Bei röntgenologisch weniger typisch ausgeprägten Fällen kann die pathogenetische Beurteilung des in der Kultur nachgewiesenen, aus dem Sputum oder dem Bronchialsekret stammenden aber ubiquitär vorkommenden Pilzes recht problematisch werden. Die Deutung positiver Aspergillusbefunde ist in solchen Fällen einfacher beim Wachstum aus Probeexcisionen bei gleichzeitigem Nachweis entsprechender histologischer Veränderungen. Eine Methode, die

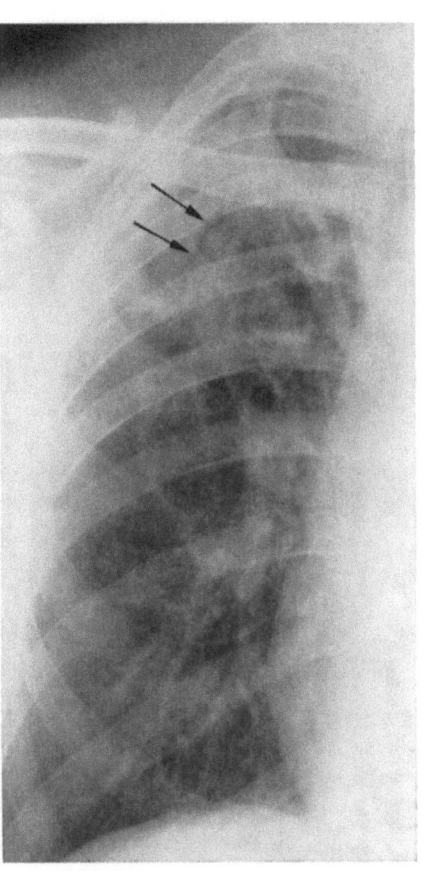

Abb. 1—3. Pat. K., Friedr. Krbl.-Nr. 25969*)
Abb. 1. Thoraxübersichtsaufnahme (Papier) vom 3. 3. 1959: Sichelartige Aufhellung über dem äußeren Quadranten eines rundlichen Infiltratschattens im rechten Lungenoberfeld

die Erfüllung dieser Forderungen in der Klinik der Lungenkrankheiten ermöglichen dürfte, die Diagnostik der Lungenmykosen also wesentlich verbessern wird, besteht in der von FRIEDEL/LOSTAU angegebenen Katheter-Saugbiopsie, die seit einiger Zeit im Krankenhaus Tönsheide routinemäßig

---

*) Für die freundliche Überlassung eines Teiles der Röntgenbilder haben wir dem Lungenfacharzt Herrn Dr. med. TROJAN in Rendsburg sehr herzlich zu danken.

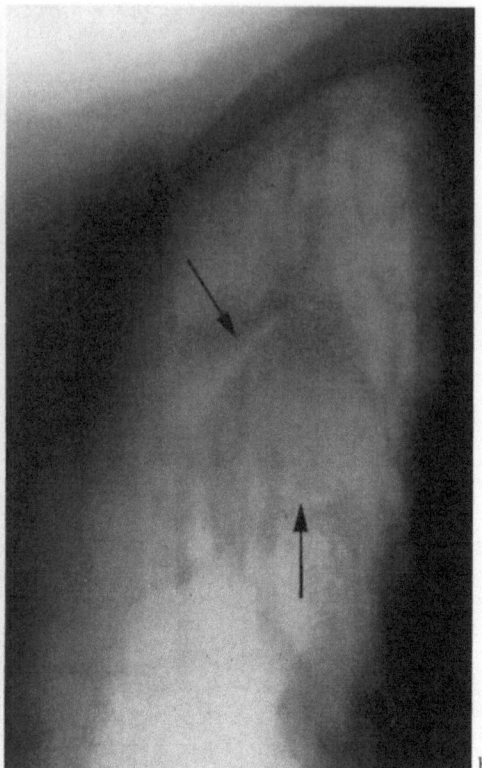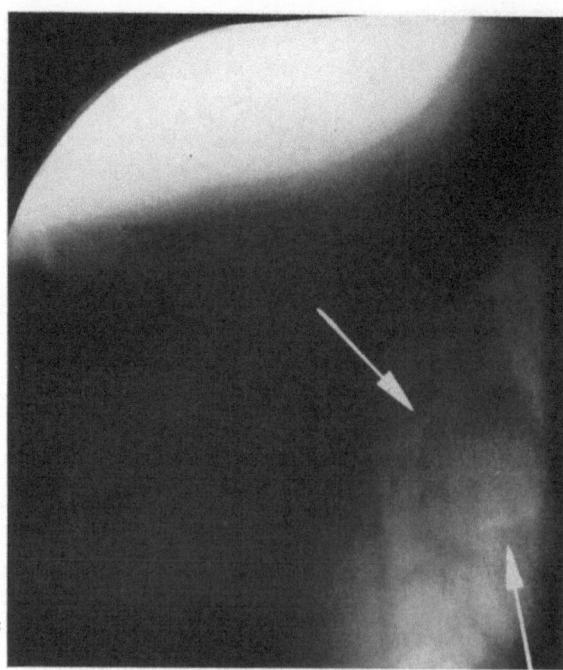

Abb. 2a—c.
Tomographie bzw.
Stratographie des rechten
Lungenobermittelfeldes,
Schicht 8,5 cm,
vom 3. 3. 1959, 10. 11. 1959
und 2. 3. 1960.
Konstanter unvollständiger
perinodulärer Aufhellungsring

angewendet wird. Auf die Problematik serologischer Nachweismethoden braucht an dieser Stelle nicht eingegangen zu werden.

Die Skizzierung einiger Krankengeschichten soll die vorstehenden Ausführungen ergänzen.

Fall 1: Patient K., Friedrich, Krankenblatt 25969 (Abb. 1—3):
Der 1930 geborene Werftarbeiter, bei dem eine Pulmonalstenose bekannt ist, erkrankte 1956 mit den Erscheinungen einer Mehrlappenpneumonie rechts. Diese heilte nicht vollständig ab, sondern hinterließ einen großen zystischen Hohlraum

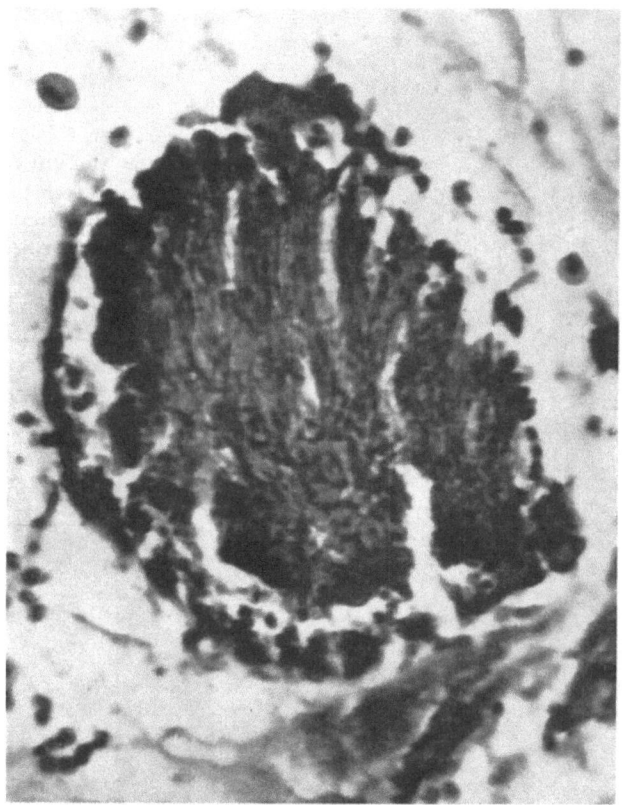

Abb. 3. Histologisches Schnittpräparat eines Aspirats aus dem rechten Oberlappenbronchus

und indurative Veränderungen. In der Folgezeit traten häufig bronchitische Beschwerden auf. Bei mehrfachen auswärtigen Krankenhausaufenthalten wurde eine chronische Infiltration im re. Lungenoberlappen festgestellt; im Sputum sollen einmal auch Aspergilluspilze nachgewiesen worden sein. (Auf die Wiedergabe der Röntgenserie wird verzichtet.) Bei einer stationären Beobachtung im Krankenhaus Tönsheide im Frühjahr 1960 wurden im abgesaugten Bronchialsekret histologisch erneut Pilzkulturen gefunden (Abb. 3). Die Röntgenuntersuchung bestätigte eine

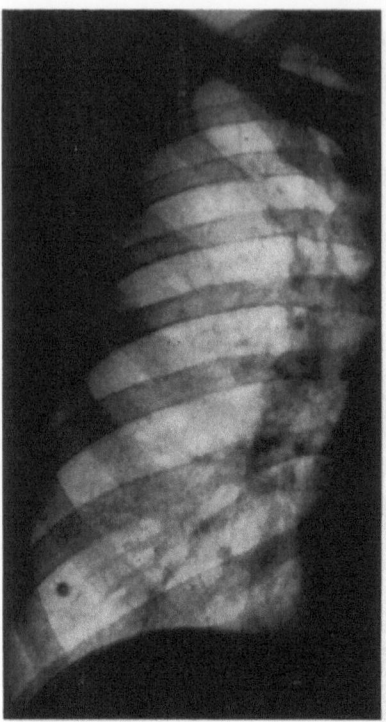

seit 1958 bekannte streifig-fleckige Trübungszone des re. Lungenoberfeldes mit einer auf allen zwischenzeitlichen Aufnahmen nachweisbaren Aufhellungsfigur über dem äußeren oberen Quadranten eines rundlichen Infiltratschattens, im ehemaligen Zystenbereich (Abb. 1). Auf allen Tomogrammen war in Schicht 8,5 cm im fraglichen Bereich eine rundherdartige Verschattung nachweisbar, die nach lat. und caudal von einem unvollständigen Aufhellungsring umgeben war (Abb. 2a–c). Nachdem es zu neuerlichen Haemoptoen gekommen war, erfolgte in einer anderen Klinik die von uns vorgeschlagene Resektion des rechten Lungenoberlappens; die etwas problematische Deutung des bioptischen Befundes ist hier nicht zu diskutieren. Postoperativ wurden erneut aus dem Sputum Pilze gezüchtet. Der operative Erfolg wurde in den Folgejahren mehrmals bestätigt.

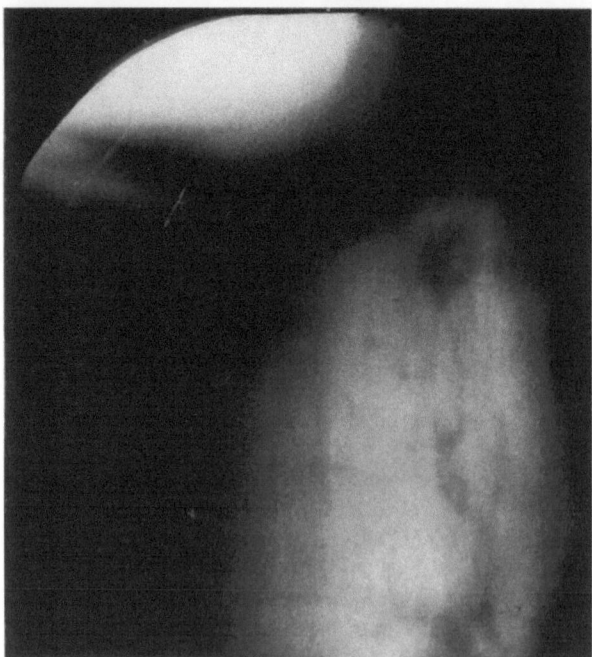

Abb. 4a—b. Pat. K., Fritz. Krbl.-Nr. 26947

Thoraxübersichtsaufnahme und Stratographie (8,5 cm) vom 31. 8. 1961 mit ulzeriertem tuberkulösen Rundherd im rechten Lungenoberfeld und verkalktem Primärherd im rechten Unterfeld

Fall 2: Patient K., Fritz, Krankenblatt Nr. 26947 (Abb. 4a und b):
Bei dem 1923 geborenen E-Schweißer wurde im September 1961 wegen einer seit 1955 bekannten, mehrmals mit Tuberkulosebakterienausscheidung einhergehenden Lungentuberkulose mit ulceriertem Rundherd (Abb. 4) eine Resektion des re. Lungenoberlappens durchgeführt.

Die Operation verlief komplikationslos. Während des postoperativen Verlaufes kam es in beiden Lungenunterfeldern zu Verschattungen, die auf eine Aspiration zurückgeführt wurden und zur Absaugebehandlung führten. (Auf die Wiedergabe der Röntgenaufnahmen — es handelt sich um sog. Bettaufnahmen — wurde aus technischen Gründen verzichtet.) Während der postoperativen Phase starb der Patient plötzlich. Die Sektion ergab außer den bekannten Befunden eine beginnende Glomerulonephritis und ein Lungenödem; es fanden sich abszedierende, durch Pilzinfektion (Aspergillus) bedingte Bronchopneumonien besonders in beiden Lungenunterlappen. Histologisch ließ sich der Pilzeinbruch in das Bronchialsystem einwandfrei darstellen.

Es handelte sich hier also um das gemeinsame Vorkommen einer Lungentuberkulose und einer Aspergilluserkrankung, bei dem die letztere postoperativ zum tödlichen Lungenödem führte.

Fall 3: Dr. B., Hans-Joachim, Krankenblatt Nr. 27357 (Abb. 5):
Bei dem 1925 geborenen Zahnarzt wurde wegen einer seit 1943 bekannten, im Gefolge einer späten Erstinfektion aufgetretenen, mehrmals exacerbierten, bislang geschlossenen Lungentuberkulose nach einer neuerlichen Kavernisierung im Juni 1962 eine Keilexcision aus dem li. Lungenoberlappen vorgenommen (Abb. 5a und b. Auf die Wiedergabe des postoperativen Röntgenbefundes wurde aus Platzgründen verzichtet). Die Untersuchung des Resektates ließ mikroskopisch die Struktur tuberkuloiden Gewebes erkennen, ohne daß jedoch Tuberkulosebakterien im Schnitt, in der Kultur oder im Tierversuch nachgewiesen werden

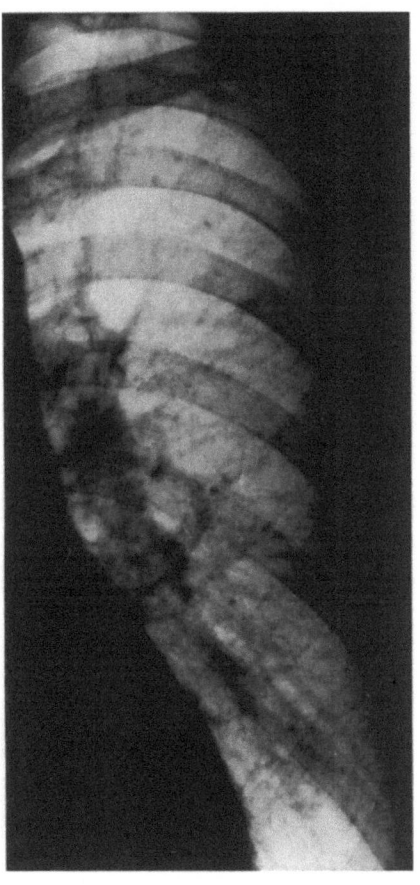

Abb. 5a
Pat. Dr. B., Hans-Joachim. Krbl.-Nr. 27357

Abb. 5a—b. Thoraxübersichtsaufnahmen und Tomographien des linken Spitzenoberfeldes (6 und 6,5 cm) vom 4. 4. 1962 mit lokalisiertem kleinkavernösen Spitzenprozeß links

konnten. Dagegen fanden sich bei der mikroskopischen Untersuchung Kolonien eines Schimmelpilzes, der sich kulturell als der Familie Aspergillaceae zugehörig erwies.

Auch hier dürfte es sich um das gemeinsame Vorkommen einer Tuberkulose und einer Pilzinfektion gehandelt haben.

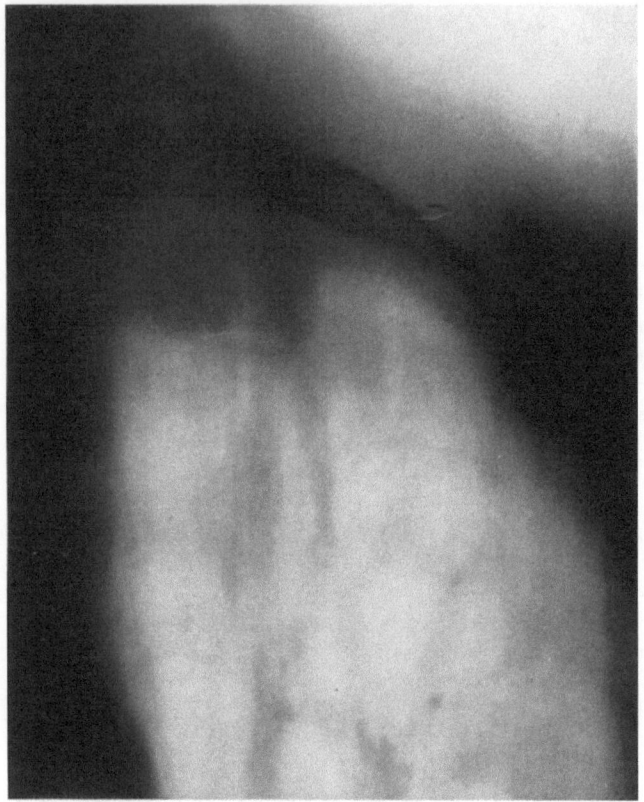

Abb. 5b

Bei lokalisierten Formen der Erkrankung, besonders beim Aspergillom, ist die Resektionsbehandlung die Therapie der Wahl, namentlich um der Gefahr von Blutungen, Abszedierungen und weiterer Ausbreitung der Erkrankung zu begegnen. Läßt sich eine solche nicht durchführen, so kommt in erster Linie die Medikation von Jod-Kali, Paraben (HUBER 1953) und Amphotericin B (RINK 1959) in Frage. Neuerdings wird auch Pimafucin als Aerosol empfohlen (MAC LEAN 1962).

Literatur

BERGMANN, L.: Tbk.arzt **13**, 763 (1959).
BRUNNER, A.: Dtsch. med. Wschr. **83**, 237 (1958).

Dévé, F.: Arch. med.-chir. app. resp. **13**, 338 (1938).
Doub, H. P.: Radiology **51**, 480 (1948).
Fingerland, A., O. Skřivánek, F. Mydlil und J. Procházka: Z. Tbk. **113**, 284 (1959).
Graves, Cl., and M. Millman: J. thor. Surg. **22**, 202 (1953).
Hain, E.: Med. Bild-Dienst Hoffmann-La Roche Nr. 6, S. 7 (1959).
Höffken, W.: Fortschr. Röntgenstr. **84**, 397 (1956).
Lagèze, P., M. Bérard, P. Galy et R. Touraine: J. franç. Méd. Chir. thor. **7**, 648 (1953).
Lodin, H.: Acta radiol. **1**, 12 (1957).
Loeckell, H.: Tbk.arzt **16**, 87 (1962).
Mc Lean, K.: Practitioner **189**, 364 (1962).
Menz, R.: Dtsch. med. Wschr. **83**, 1200 (1958).
Monod, O., L. Pesle et G. Segretain: Presse méd. **74**, 1557 (1951).
Muras, O.: Thorax **8**, 255 (1959).
Olk, W.: Zbl. Path. **97**, 361 (1958).
Rink, H.: Tag.-Ber. d. 5. internat. Kongr. für Erkrankung der Thoraxorgane. Ref.: Tbk.arzt **13**, 122 (1959).
Rominger, L., u. F. Boehm: Beitr. Klin. Tbk. **113**, 221 (1955).
Schmidt, P. G.: Tbk.arzt **17**, 137 (1963).
Voigt, H., u. A. Krebs: Beitr. Klin. Tbk. **120**, 331 (1959).
Walther, G., u. E. Mampel: Med. Klinik **58**, 212 (1963).

Dr. Walter Faass
Obermedizinalrat
2356 Krankenhaus Tönsheide
Post Innien/Holstein

Aus dem Institut für Hygiene und Mikrobiologie der Universität Würzburg
(Direktor: Prof. Dr. med. Curt Sonnenschein)

Zur Morphologie von Aspergillus-Arten im Untersuchungsmaterial Kranker

Von

F. Staib, Würzburg

Mit 6 Abbildungen

Zur Diagnostik einiger klassischer Mykosen gehört auch die Beurteilung des Erregers in seiner momentanen morphologischen Zustandsform im jeweiligen Untersuchungsmaterial. Auch Aspergillen können in Untersuchungsmaterialien die verschiedensten Formen bieten. Schon R. Virchow hat in seiner Arbeit über die Pneumonomykosis Aspergillina im Jahre 1856 anhand einer Zeichnung auf verschiedene morphologische Bilder von Aspergillen, wie er sie in Lungen beobachten konnte, aufmerksam gemacht: Hyphen mit Konidienbildung und daneben knorrige, reichseptierte Hyphen ohne Konidienbildung (6).

Im folgenden wird über einige eigene Beobachtungen zur Morphologie von Aspergillen in menschlichen Untersuchungsmaterialien berichtet.

Bei einem Patienten (48 Jahre) mit einer chronischen Emphysembronchitis hatte sich im rechten Spitzenfeld eine apfelgroße Einschmelzung ausgebildet. (Tuberkulose und andere Lungenerkrankungen konnten ausgeschlossen werden.) Im Sputum dieses Patienten fanden sich Bröckel, die im Quetschpräparat reichlich knorriges, reichseptiertes Mycel boten. Aus diesem Material konnte ein Schimmelpilz isoliert werden, der während der ersten 14 Tage auf Bierwürze-Agar steril

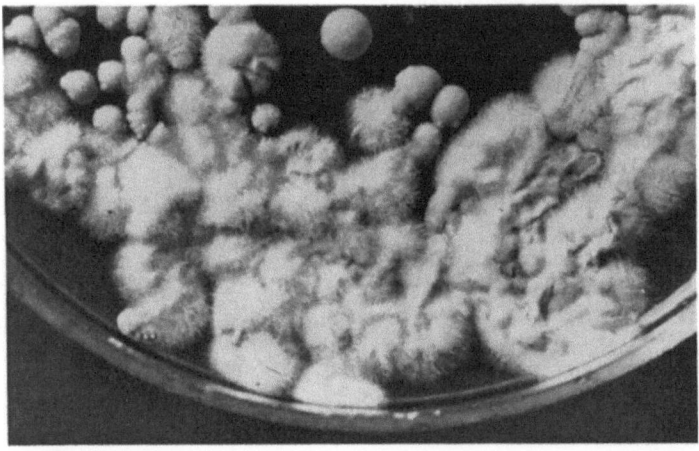

Abb. 1. Sputum auf Bierwürze-Agar ausgeimpft. *Im Bild:* Neben Candida albicans steril wachsender Aspergillus fumigatus (Kulturalter 10 Tage/37°C) (s. Text). 2fache Vergrößerung

wuchs, d.h. keine Konidienbildung zeigte (s. Abb. 1). Bereits nach einer Nährbodenpassage normale Konidienbildung, es handelte sich um Aspergillus fumigatus.

Eine Patientin (62 Jahre) verstarb unter der klinischen Diagnose Lungenaspergillose, -tuberkulose und Asthma bronchiale. Bei der Sektion fand sich ein fast völlig eingeschmolzener Lungenflügel. Dieses abgestorbene Gewebe (Zelldetritus und Eiter) bot mikroskopisch folgendes Bild: Kein Lungengewebe erkennbar, deutlich knorriges, reichseptiertes Mycel ohne Konidienbildung (s. Abb. 2). Auffallend häufig war in diesem Material die radiäre Anordnung der Hyphen; drusenähnliche Formen. Bei der Färbung mit Haematoxylin-Eosin fällt besonders auf, daß die jungen peripheren Hyphen blau sind, d. h. haematoxylingefärbt. Der zentrale Teil der Hyphen dagegen ist rot, d.h. eosingefärbt.

Aus dem Untersuchungsmaterial wurde ein normal konidienbildender neben einem steril wachsenden Aspergillus fumigatus isoliert.

Im zähen, blutigen Sputum eines Patienten (60 Jahre) mit chronischer Bronchitis und unklarer Pneumonie waren Bröckel von Stecknadelkopf- bis Kirsch-

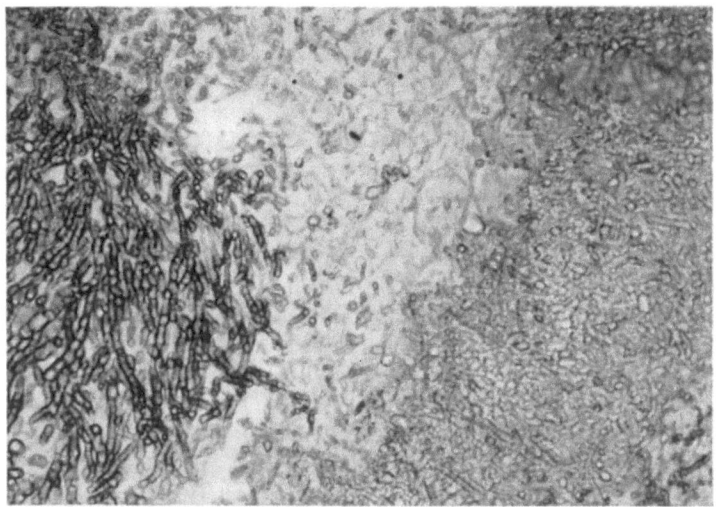

Abb. 2. Schnittpräparat von einem mit Aspergillus fumigatus befallenen und zerstörten Lungenflügel (mit Haematoxylin-Eosin gefärbt). *Im Bild:* links: die reichseptierten Hyphen sind intensiv haematoxylingefärbt; rechts: das dichte Hyphengeflecht ist einheitlich eosingefärbt (s. Text). Photo Zeiss-Okular 8 × Objektiv-Plan 16/0,32

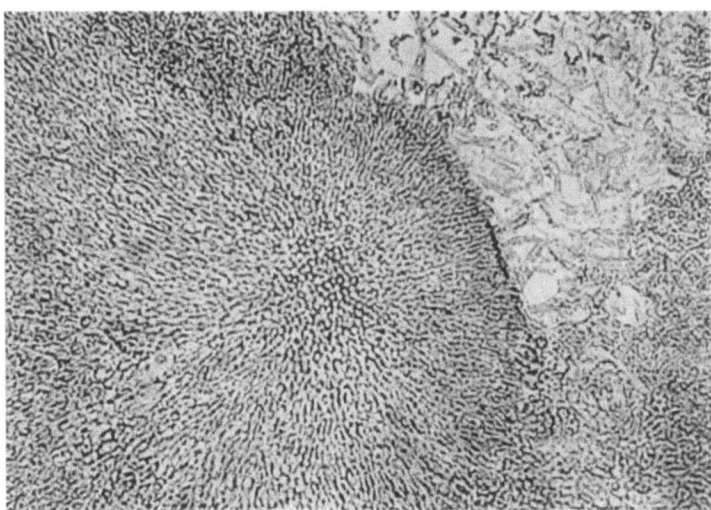

Abb. 3. Schnittpräparat vom Inhalt einer Kieferhöhle (mit Haematoxylin-Eosin gefärbt). *Im Bild:* Auffallend dichte und radiäre Anordnung der Hyphen; alles ist einheitlich eosingefärbt (s. Text). Photo Zeiss-Okular 8 × Objektiv-Plan 16/0,32

kerngröße reich verstreut. Diese Bröckel boten in Quetsch- und Schnittpräparaten ein dichtes Geflecht knorriger, reichseptierter Hyphen. Kulturell gelang der

Nachweis von Aspergillus fumigatus, der anfangs nur sehr langsam Konidien ausbildete.

Bei einer Patientin (63 Jahre) mit Verschattung der rechten Kieferhöhle bestand der Verdacht auf einen bösartigen Tumor. Das bei der Radikaloperation vorgefundene bräunliche, polypöse Material erwies sich als ein dichtes Mycelgeflecht, das teilweise auf den Knochen übergegriffen hatte. Ein Schnittpräparat dieses Materials mit Haematoxylin-Eosin gefärbt zeigt dichte, radiäre Hyphenanordnung und die alleinige Anfärbung mit Eosin (s. Abb. 3). Das aus den Randbereichen, den Knochen, gewonnene Material dagegen färbte sich überwiegend mit Haematoxylin, also blau. Aus diesen Bereichen war auch ein normal konidienbildender A. fumigatus isolierbar.

Bei einem 20jährigen kam es nach einer Mittelohroperation im Labyrinthbereich zu einer ausgedehnten Ansiedelung von A. niger mit infiltrierendem Wachstum. Ein Schnittpräparat mit Haematoxylin-Eosin gefärbt zeigt an der Oberfläche des Mycelbelages deutlich einige Konidienträger.

Die häufig nachzuweisenden oberflächlichen Aspergillus-Ansiedelungen auf Zelldetritus im äußeren Gehörgang (bei Gehörgangsekzemen) boten bisher immer normal konidienbildenden A. niger, -flavus, -fumigatus und andere seltene Arten.

Über eine tödlich verlaufene Appendizitis und Zökumphlegmone einer 38jährigen Frau, verursacht durch A. unguis (A.-nidulans-Gruppe), wurde im Jahre 1959 von mir berichtet (*3*). Der dichte Belag, der sich im ganzen kleinen Becken ausgebreitet hatte und infiltratives Wachstum in die Darmwand hinein zeigte, bot insgesamt *keine Fruchtkörper*, die Hyphen waren normal septiert. Auf Bierwürze-Agar verhielt sich der Pilz normal. (Die Differenzierung des Pilzstammes wurde mir von Dr. G.A. de Vries, Baarn, bestätigt.)

Anhand dieser Beispiele sollte gezeigt werden, daß der mikroskopische Nachweis bestimmter morphologischer Einheiten gewisse diagnostische Rückschlüsse erlaubt. Ob es sich nun um eine Gewebseinschmelzung primär durch den Pilz verursacht oder um ein sekundär zur Ausbildung gekommenes Aspergillom bzw. eine Aspergillus-Ansiedelung handelt, dürfte in jedem Fall für den Kliniker von Bedeutung sein. Was uns die Pleomorphisierung des „Erregers" über Alter und Art des Prozesses sagt, scheint bisher noch nicht geklärt zu sein.

In jedem der besprochenen Fälle ging im Bereiche der Aspergillus-Ansiedelung eine Grundkrankheit voraus.

Zur Frage „Pilzmorphologie und Substrat" möchte ich anhand einiger in vitro-Ergebnisse kurz berichten:

Mischt man eine Konidien-Aufschwemmung von A. fumigatus oder A. niger mit dem stickstofffreien Grundsubstrat, wie es bei der Platten-Auxanogramm-Methode nach M.W. Beijerinck (*1*) in der Hefepilz-Diagnostik verwendet wird, und bringt auf die Oberfläche als fragliche Stickstoff-Quelle menschliches Serum mit verschiedenen Rest-Stickstoff-Konzentrationen, ist folgendes zu beobachten:

Wie bei Sproßpilzen kommt es auch hier unter besonderen methodischen Voraussetzungen (Keimdichte, Grundsubstrat, Menge, Plattengröße,

Serummenge) bereits nach 24 Std bei einer Temperatur von 26° C der Rest-Stickstoff-Konzentration entsprechend zur Ausbildung eines Auxanogramms. (Z.B. Rest-Stickstoff 150 mg% = Auxanogramm-Durchmesser 60 mm; bei Rest-Stickstoff normalem Serum nur ein unscharfes, diffuses, lockeres Auxanogramm mit einem Durchmesser von ca. 30 mm.)

Nach 48 bzw. 72 Std finden wir im zentralen Bereich aller Auxanogramme (Rest-Stickstoff normaler und Rest-Stickstoff erhöhter Seren) ein dichtes Oberflächenwachstum mit üppiger Konidienbildung (Durchmesser ca. 20 mm). Dieser Bereich entspricht der Serum-Eiweiß-Diffusionszone. Außerhalb dieser Zone, d.h. im Rest-Stickstoff-Diffusionsbereich, bleibt es bei der Auskeimung der Konidien und der Bildung schlanker, reichverzweigter Hyphen im Nährboden (kein Oberflächenwachstum und keine entsprechende Konidienbildung (s. Abb. 4—6).

Mit dieser relativ groben Versuchsanordnung kann gezeigt werden, wie verschiedene Bestandteile (Serum-Eiweiß und Rest-

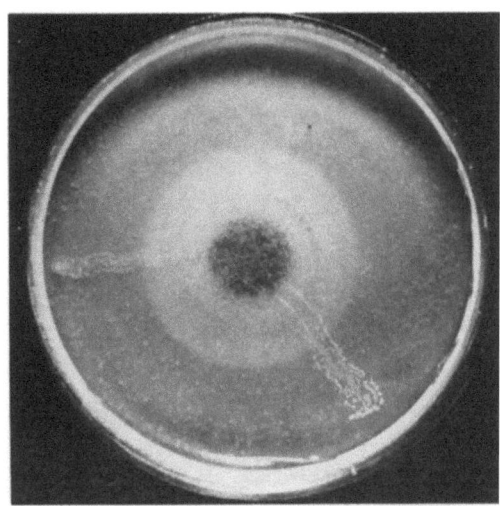

Abb. 4. Sogen. Serum-Rest-Stickstoff-Auxanogramm unter Verwendung von Aspergillus fumigatus (Konidien). *Im Bild:* dunkles Zentrum entspricht der Serum-Eiweiß-Diffusionszone; hier üppiges Oberflächenwachstum mit Konidienbildung; nach außen anschließend helles, scharf konturiertes Auxanogramm, entspricht der sogen. Rest-Stickstoff-Diffusionszone; hier nur Auskeimung der Konidien ohne entsprechendes Oberflächenwachstum (s. Text und Abb. 5 u. 6). Petrischalen-Durchmesser 82 mm. (Die beiden oberflächlichen Impfstriche stehen hier nicht zur Diskussion.)

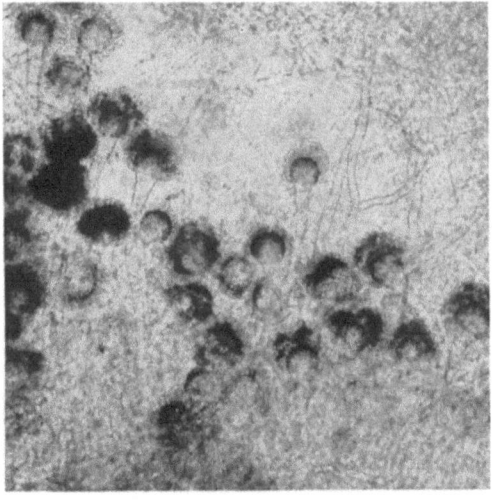

Abb. 5. Quetschpräparat aus der Eiweiß-Diffusionszone eines Serum-Rest-Stickstoff-Auxanogramms, hergestellt mit Aspergillus fumigatus (Konidien). *Im Bild:* reichlich Konidienbildung von Aspergillus fumigatus (s. Text). 3 Tage/26°C. Photo Zeiss-Okular 8 × Objektiv-Plan 16/0,32

Stickstoff-Substanzen) eines so komplexen organischen Materials wie das menschliche Serum den Stoffwechsel und somit auch die Morphologie

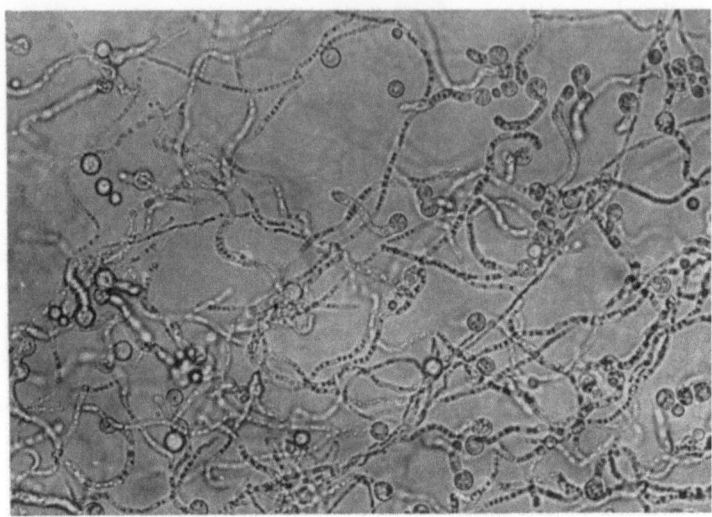

Abb. 6. Quetschpräparat aus der sogen. Rest-Stickstoff-Diffusionszone eines Serum-Rest-Stickstoff Auxanogramms. *Im Bild:* Auskeimende Konidien von Aspergillus fumigatus, keine Konidienbildung (s. Text). 3 Tage/26°C. Photo Zeiss-Okular 8 × Objektiv-Plan 40/0,63

eines Pilzes bestimmen können. (Hierüber wird an anderer Stelle ausführlich berichtet (*4, 5*).)

Literatur

1. BEIJERINCK, M.W.: Zbl. Bakt. II Orig. **29**, 161—166 (1911).
2. LODDER, J., and N.J.W. KREGER-VAN RIJ: "The Yeasts" North Holland Publishing Company, Amsterdam, 1952.
3. STAIB, F.: Dtsch. Med. Wschr. **84**, 220—221 (1959).
4. —, u. J. ZISSLER: Zbl. Bakt. I Orig. **189**, 117—119 (1963).
5. — im Druck.
6. VIRCHOW, R.: Virchows Archiv, **7**, 557—593 (1856).

Priv.-Doz. Dr. Dr. F. STAIB
Institut für Hygiene und
Mikrobiologie der Universität
87 Würzburg
Joseph-Schneider-Str. 2

Aus dem Hygiene-Institut
der Rheinischen Friedrich-Wilhelm-Universität Bonn/Rhein
(Direktor: Prof. Dr. H. Habs)

Fehlerquellen bei der Diagnostik der Lungenaspergillose des Menschen
(Beitrag zur Untersuchungsmethodik)

Von

H. P. R. Seeliger, Bonn

Mit 5 Abbildungen

Menschliche Aspergillosen sind keineswegs selten. Innerhalb von einem Vierteljahr kamen in Bonn zwei einschlägige Fälle zur Beobachtung, und in vier weiteren Fällen, die anderenorts aufgetreten waren, wurde in der mykologischen Abteilung des Bonner Hygiene-Instituts die diagnostische Klärung herbeigeführt. Dabei ergab sich die für uns zunächst überraschende Feststellung, daß die mykologische Diagnostik der Lungenaspergillose schwieriger sein kann, als gemeinhin angenommen wird.

Im Folgenden soll über einige Fehlerquellen der Diagnostik berichtet werden, denen wir selbst beinahe zum Opfer gefallen sind, obwohl wir uns mit diesem Fragenkomplex in der Routine und experimentell seit über einem Jahrzehnt befaßt haben. Wir sehen keinen Anlaß, die selbstbegangenen Irrtümer zu verschweigen oder zu beschönigen, zumal wir wissen, daß dies auch anderen Stellen passiert ist. Da man am besten aus gemachten Fehlern lernen kann, geben wir uns der Hoffnung hin, daß dieser kurze Bericht mit dazu beiträgt, die Aspergillose-Diagnostik zu verbessern und andere Untersucher vor ähnlichen Situationen zu bewahren; dies umsomehr, als die diagnostische Klärung meist nicht in den Händen des Mykologen liegt, sondern vorwiegend von bakteriologischen Laboratorien betrieben wird.

Kasuistik

Fall 1: Im Dezember 1962 erhielten wir aus dem Bonner Pathologischen Institut etwa 10 ml eines blutig-bröckligen Caverneninhalts zur Untersuchung auf Pilze (Eingangsnr. M 926/62). Dieses Material stammte von einem Patienten (R.H.), der an einem Morbus Boeck gelitten hatte und an einer Lungenblutung verstorben war. Bei der Autopsie wurde in der Lunge ein mit Blut und Gewebstrümmern gefüllter Hohlraum festgestellt, in den die tödliche Blutung erfolgt war. Die Ätiologie war zu diesem Zeitpunkt noch völlig offen.

Von dem Caverneninhalt wurden, wie es bei Sputum-, Bronchialsekret- oder Eiterproben üblich ist, mehrere Ausstrichpräparate angelegt und nach Gram bzw. nach Ziehl-Neelsen gefärbt. Säurefeste Stäbchen wurden nicht nachgewiesen. Es fand sich lediglich eine reichliche Grammischflora mit vorwiegend gram-negativen Stäbchen und grampositiven Kokken. Obwohl auf Vorhandensein von Sproß- und Fadenpilzelementen geachtet wurde, ließen sich mikroskopisch in den gefärbten Präparaten keine Anhaltspunkte für eine vermutete Mykose erbringen.

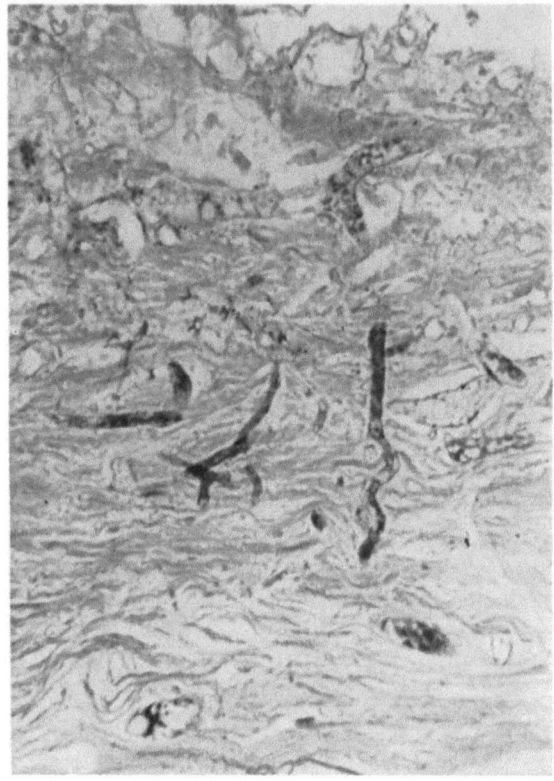

Abb. 1. *Aspergillus*-Mycel, das von der Cavernenwand in das umliegende Gewebe eindringt (fotografiert nach einem H.-E.-gefärbten Schnittpräparat P 630/62 des Bonner Pathologischen Instituts, Eingangsnr. des Materials Hyg.-M 926/62)

Die angelegten Kulturen auf Blutagar, Sabouraud-Agar mit Antibiotikazusätzen, Littman-Medium und Cycloheximid-Chloramphenicol-Medium (Mycoselagar-BBL) zeigten nach fünftägiger Bebrütung bei 22° C, 30° C und 37° C kein Pilzwachstum, dafür aber Massenwachstum von *Pseudomonas aeruginosa* und *Staphylococcus aureus*.

In Anbetracht dieser Sachlage wurde die Untersuchung am 6. Tage nach Eingang des Materials abgeschlossen, nachdem auch die zwischenzeitlich durchgeführte PAS-Färbung eines vom bröckeligen Caverneninhalt angelegten Wetzpräparates keinerlei Anhalt für die Anwesenheit von Pilzelementen ergeben hatte. Kurz danach wurden wir vom Pathologischen Institut (Dir. Prof. Dr. HAMPERL) davon verständigt, daß in den histologischen Präparaten der Cavernenwand pilzverdächtige Elemente gesehen worden seien. Die Durchsicht der vorgelegten Präparate (Abb. 1), die mit Hämatoxylin-Eosin gefärbt waren, bestätigte diesen Befund.

Es war nun zu klären, wie die negative mykologische Diagnose bei der Untersuchung des eingesandten Materials zustandegekommen war. Der im Kühlschrank aufbewahrte Caverneninhalt wurde deshalb noch einmal in der oben angegebenen Weise untersucht, und abermals war das Ergebnis zunächst negativ. Daraufhin wurden einzelne bröcklige Elemente in physiologischer Kochsalzlösung gewaschen und im Nativpräparat untersucht.

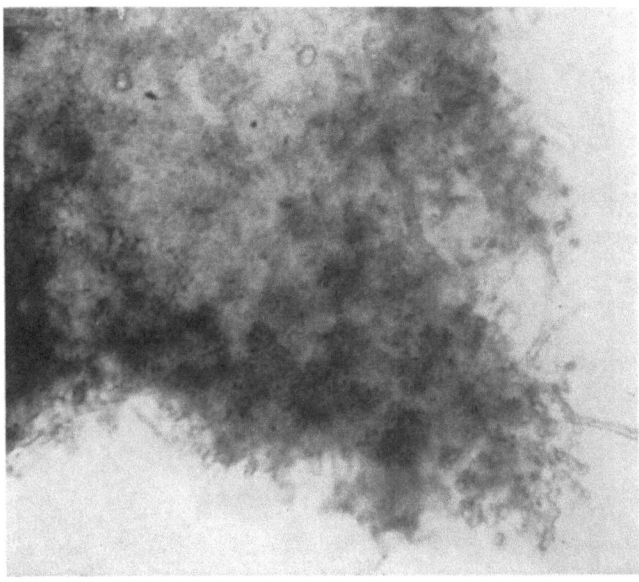

Abb. 2. Nativpräparat von bröckligem Material aus Caverneninhalt: Geflecht von septiertem Mycel, das sich bei Gram- und PAS-Färbung nicht darstellt (Hyg.-M 926/62)

Erst jetzt fanden sich sowohl im ungefärbten Präparat wie nach Zusatz von Laktophenol-Wasserblau-Lösung Geflechte septierter Pilzfäden (Abb. 2). Doch färbten sich diese bei der anschließend vorgenommenen Gram-Färbung und bei der PAS-Färbung wiederum nicht an.

Nachdem somit an dem Vorhandensein von vorher unentdeckt gebliebenen Pilzen kein Zweifel mehr bestehen konnte, wurden erneut Kulturen angelegt. Ein Teil des Materials wurde in gleicher Weise wie üblich, d. h. ohne spezielle Vorbehandlung, auf die genannten Nährböden gebracht, und wiederum gelang es nicht, Pilze zu züchten. Parallel dazu wurden gewaschene Bröckel (mikroskopische Pilzgeflechte) untersucht. Auch hier erfolgte außer reichlichem Bakterienwachstum kein Pilzwachstum. In einem weiteren Ansatz wurden jeweils drei Platten der oben aufgeführten Nährböden mit Bröckeln beimpft, die gewaschen und dann 20 min in 70%igen Alkohol eingelegt worden waren.

Auf drei von insgesamt zwölf Platten keimten nunmehr aus den 1—4 mm großen Bröckeln bei 37° C, aber nicht bei 22° und 30° C, weißliche Schimmelpilze aus, die nach zwei Passagen auf Sabouraud-Agar das typische makroskopische und mikroskopische Aussehen von *Aspergillus fumigatus* annahmen (Abb. 3).

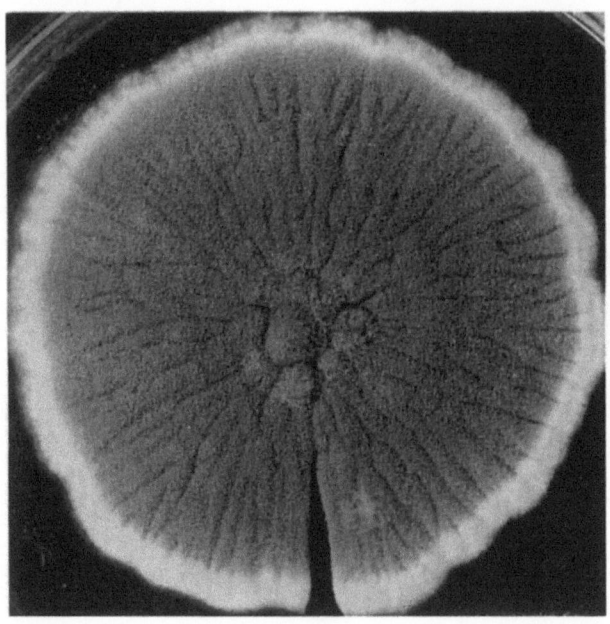

Abb. 3. *Aspergillus fumigatus*-Kultur (M 926/62) nach dreimaliger Passage auf Sabouraud-Dextrose-Agar (Anfänglich Aussehen wie Abb. 4)

Im Gegensatz zu Kontrollpräparaten von frischen Lungenaspergillose-Fällen versagte aber erneut die PAS-Färbung bei den Gewebsschnitten dieses Falles; denn die mit anderen Färbungen sichtbaren Pilze zeigten nicht das sonst charakteristische färberische Verhalten.

Zusammenfassend ergibt sich für diesen Fall, der seitens des Pathologen noch gesondert publiziert werden wird, aus mykologischer Sicht, daß die vielfach geübte Routinemethode zunächst nicht zur Erkennung einer eindeutigen Lungenaspergillose geführt hatte, während die richtige Diagnose mit einer verbesserten Methodik später ohne größere Schwierigkeiten gestellt werden konnte.

Hierfür können ursächlich folgende Erklärungen gegeben werden: Die im Hohlraum ursprünglich befindliche Pilzmasse, ein morchelähnliches

Gebilde (Fungusball), war zum Zeitpunkt der tödlichen Blutung — die möglicherweise durch infiltrativ wachsende Pilze bedingt war — weitgehend in kleine Bröckel zerfallen und größtenteils abgestorben. Die Pilzfäden, z. T. in Autolyse begriffen, stellten sich mit den üblichen Färbemethoden des bakteriologischen und mykologischen Laboratoriums nicht dar. Durch die massive Mischinfektion mit Antibiotika-resistenten Bakterien wurden die Kulturen frühzeitig überwuchert, so daß die wenigen, noch lebensfähigen Pilzelemente nicht, bzw. erst nach Ausschaltung der Bakterien zur kulturellen Entwicklung gelangten.

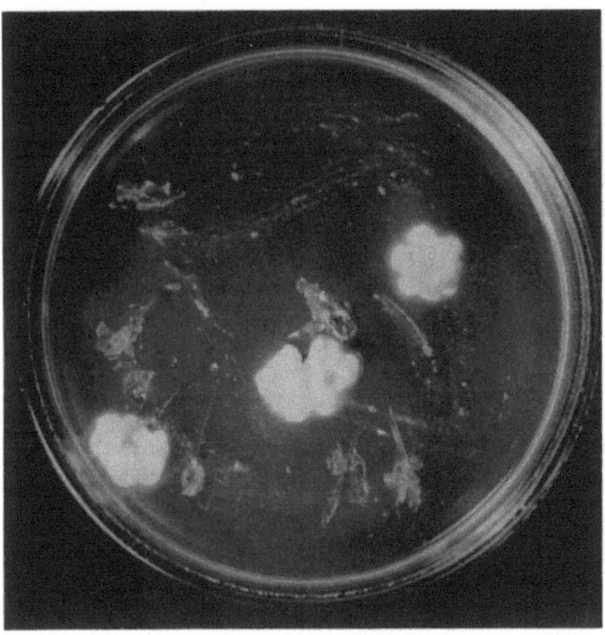

Abb. 4. Wachstum von gefalteten *Aspergillus*-Kolonien aus Operationsmaterial nach 5 Tagen Bebrütung bei 37 °C auf Mycosel-Agar (Hyg.-M 73/63)

Fall 2: Der zweite Fall (Eingangsnr. M 73/63), der uns zur diagnostischen Klärung übertragen wurde, ereignete sich an einem anderen Institut. Dort war seitens der Klinik aufgrund typischer röntgenologischer Erscheinungen ein Myzetom (Aspergillom) der Lunge diagnostiziert und anschließend operiert worden. Doch gelang es auch dort zunächst nicht, den ätiologischen Nachweis zu führen. Bei der Untersuchung war das gleiche Verfahren angewandt worden, das im erstgenannten Falle zunächst eine Fehldiagnose bewirkt hatte. Auch hier ergab die Untersuchung des Nativpräparates, ungefärbt und nach Zugabe von Laktophenol-Wasserblau-Lösung, sofort das Vorhandensein von Pilzgeflechten. Die Kulturen zeigten auf Spezialnährböden bei 37! C, wenn auch erst nach mehreren Tagen, reichliches Pilzwachstum (Abb. 4).

Allerdings wuchsen in diesem Falle neben einzelnen *Aspergillus*-Kolonien z.T. auch solche von *Rhodotorula* und weiteren Pilzarten an. Infolge atypischen Koloniewachstums konnte zunächst nur die Diagnose *Aspergillus*, aber keine Artdiagnose gestellt werden. Die Objektglaskultur zeigte Formen, wie sie kürzlich von VERONA & MICKOVSKI bei *Aspergillus repens* beschrieben wurden (Abb. 5).

Erst nach mehreren Kulturpassagen veränderte sich dann das kulturelle und morphologische Bild mit dem Ergebnis, daß schließlich für *Aspergillus fumigatus* charakteristische Befunde erhoben werden konnten.

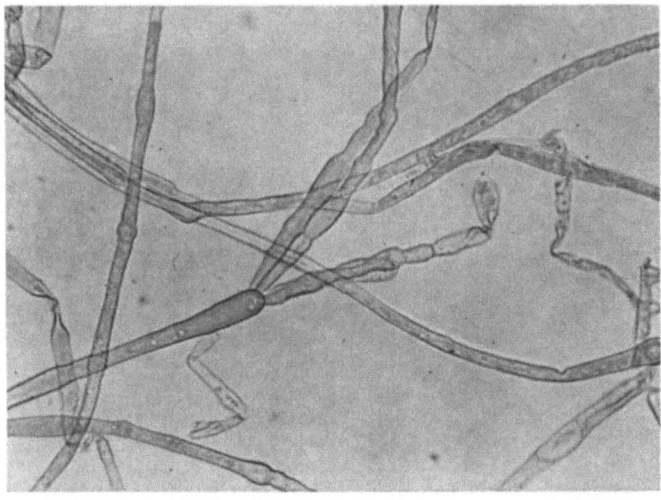

Abb. 5. Mikroskopisches Bild des *Aspergillus*-Stammes M 73/63 in Primär-Objektglaskulturen auf Sabouraud-Agar bei 37°C, (erst nach einigen Passagen für *A. fumigatus* typische Fruchtstände)

Zusammenfassend ergeben sich für diesen Fall ähnliche Folgerungen wie für die erste Beobachtung, nur mit dem Unterschied, daß hier die morphologische und kulturelle Diagnostik zusätzliche Schwierigkeiten bereitete.

Diskussion

Offensichtlich bestehen beim Nachweis der Aspergillose aus Sektions- oder Operationsmaterial Fehlerquellen, die bisher nicht ausreichend bekannt sind. Es ist für das bakteriologisch-mykologische Laboratorium recht unbefriedigend, wenn es zu einem negativen Untersuchungsergebnis gelangt, obwohl Kliniker und Pathologen stichhaltige Beweise für eine Mykose vorlegen. Wir wissen heute, daß dies auf einer unzulänglichen, da vorzugsweise bakteriologisch ausgerichteten, Methodik beruht. Aber selbst relativ spezifische Färbemethoden — wie die PAS-Färbung und die von uns angewandte Modifikation nach GRIDLEY — können versagen.

Vielleicht hilft hier die von SEGRETAIN empfohlene Versilberung nach der Methode von GOMORI weiter (cf. GROCOTT). Doch kann nicht erwartet werden, daß diese Methode im bakteriologischen Laboratorium, das sich nur fallweise mit mykologischen Fragestellungen befaßt, generell eingeführt wird. Immerhin lassen sich, wie eigene Erfahrungen gezeigt haben, diagnostische Irrtümer durch Beachtung einiger wichtiger Prinzipien vermeiden:

1. sorgfältige *makroskopische* Durchmusterung des Untersuchungsmaterials nach Pilzgeflechten, Bröckeln usw.;

2. *mikroskopische* Untersuchung dieser weißlich bis bräunlich gefärbten Strukturen im Nativpräparat, ungefärbt, bzw. nach Zusatz von Laktophenol-Wasserblau-Lösung, entweder im starken Trockensystem oder unter Ölimmersion;

3. *Waschen* dieser Strukturen in phyiologischer Kochsalzlösung und anschließende *Abtötung der bakteriellen Begleitflora* durch 20 min Einlegen in 70%igen Alkohol;

4. *Parallelkulturen* auf mehreren, für Zwecke der Pilzzüchtung geeigneten *Selektivnährböden* bei verschiedenen Temperaturen;

5. ggf. *mehrere Kulturpassagen* angewachsener Pilze zwecks Erlangung der charakteristischen kulturellen und morphologischen Artmerkmale.

Bei Beachtung dieser Regeln sollte es gelingen, auch in diagnostisch schwierigen Fällen zu einem Ergebnis zu gelangen, das das Laboratorium ebenso wie die einsendenden Stellen vor Enttäuschungen und Irrtümern bewahrt.

Zusammenfassung

Anhand zweier eigener Beobachtungen werden Fehlerquellen bei der mykologischen Diagnostik der Lungenaspergillose besprochen und Wege zu ihrer Behebung aufgezeigt.

Literatur

GROCOTT, R.G.: Am. J. Clin. Path. **1955**, 975—979.
SEGRETAIN, G.: Pulmonary Aspergillosis, Lab. Invest. II, 1046—1052 (1962).
SKOBEL, P., u. H.P.R. SEELIGER: Lungenmykosen, Lehrbuchbeitrag 1963 (im Druck).
VERONA, O., u. M. MICKOVSKI: Mycopath. et Myco.appl. 18, 285—292 (1963).

Prof. Dr. H.P.R. SEELIGER
Hygiene-Institut der Universität
53 Bonn, Venusberg

Aus der Rheinischen Landesklinik Marienheide
(Direktor: Prof. Dr. H. Rink)

Zum Bilde des Pseudo-Myzetoms

Von

P. Skobel, Marienheide

Mit 3 Abbildungen

Die Diagnose eines Aspergilloms bzw. eines Aspergillusmyzetoms der Lunge wird durch den röntgenologischen Aspekt wesentlich erleichtert. Die

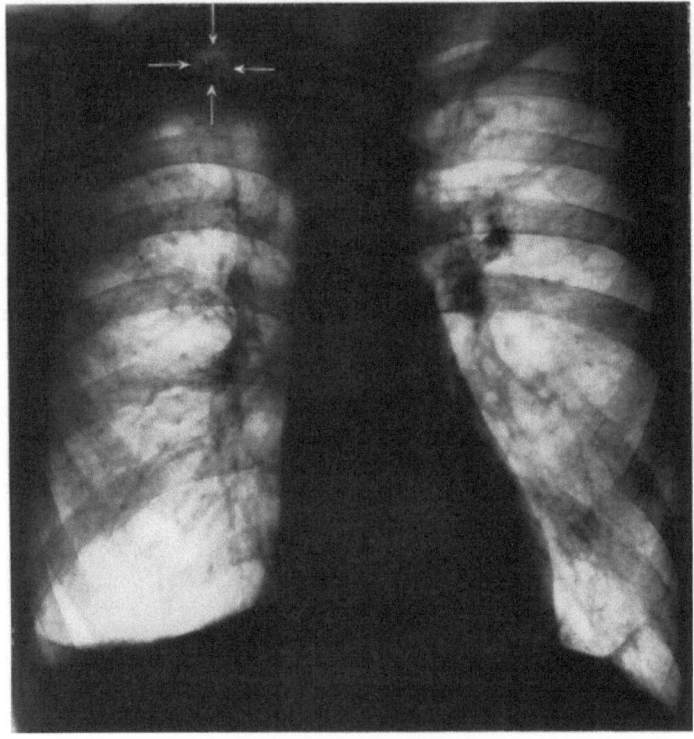

Abb. 1a. Die Übersichtsaufnahme zeigt eine nodös-cirrhotische Spitzenoberfeldtuberkulose beiderseits mit isoliertem Cavum in Höhe des rechten Schlüsselbeins

Symptomentrias — Höhlenbildung, zentraler Kernschatten, umgebende Luftsichel — sind fest umrissene Merkmale, die den Kliniker sofort an die

Aspergillus-Infektion denken lassen. Gelegentlich kann das Myzetom aber auch durch *Allescheria boydii* bzw. *Monosporium apiospermum* oder durch Penicillien verursacht sein. So beschrieben HASCHE und HAENSELT (1959) ein in einer pleuralen Resthöhle entstandenes Penicilliom.

Die erwähnten klassischen Zeichen des Myzetoms erfahren hinsichtlich Form und Größe sowie in ihrer Struktur bisweilen eine gewisse Abwandlung. Nicht immer ist die vorhandene Höhle rund, sondern zeigt eine längsovale Form. Der dichte „fungus ball" kann den Hohlraum fast völlig ausfüllen, so daß nur eben angedeutet ein schmaler Luftsaum erkennbar ist. In anderen Fällen findet sich nur bröckeliges Material im Zentrum, und die

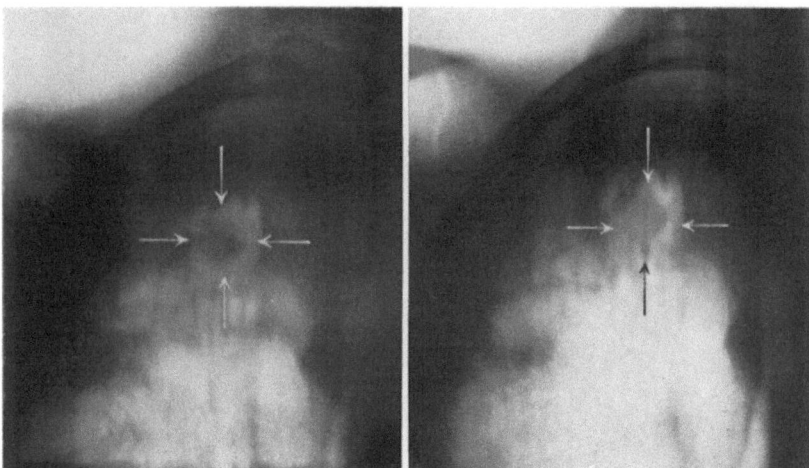

Abb. 1b. Tomographisch stellt sich unter der breiten Spitzenkappenschwiele eine walnußgroße Höhle dar mit zentralem Gewebspfropf

Höhle erscheint weitgehend leer. Hauptsächlich während der Entwicklung des Myzetoms ergeben sich gewisse Übergangsphasen, die leicht übersehen und manchmal falsch gedeutet werden. In diesen Stadien bestehen nicht selten differentialdiagnostische Schwierigkeiten, zumal Lungenprozesse anderer Genese ähnliche Veränderungen aufweisen können.

Isolierte Rundherde, insbesondere das Tuberkulom oder Bronchial-Carcinom, täuschen gelegentlich bei Einschmelzung der Randabschnitte ein beginnendes Myzetom vor. Verkäste tuberkulöse Infiltrate weisen in der entstandenen Kaverne oft noch längere Zeit nekrotische Gewebsteile auf. Bei hinreichender Ernährung durch stilartige Verbindung mit der Kavernenwand bleiben diese Gewebsreste weiterhin erhalten, bis auch sie schließlich infolge Nekrose zerfallen. Ähnliche Verhältnisse bieten Lungensequester, die in Abszeßhöhlen gelegen sind und teilweise von einer kreisförmigen Aufhellungszone umgeben werden. Dringen zu diesem Zeitpunkt vom Drainagebronchus aus Aspergillen in den vorhandenen Hohlraum bzw. in die Kaverne ein, so bieten sich günstige Bedingungen für ihre Ansiedlung sowie ihr weiteres Wachstum, und es kann sich nunmehr ein echtes Myzetom entwickeln.

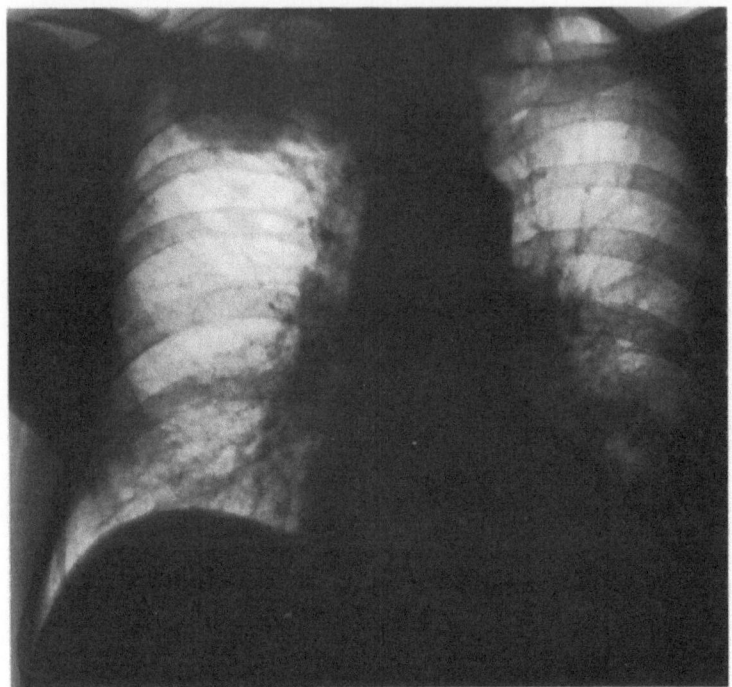

Abb. 2a. Übersichtsaufnahme. Im rechten Spitzenoberfeld erkennt man zwei dicht beieinander liegende hühnereigroße knotige Verdichtungen

Die folgende Röntgenaufnahme (Abb. 1a, b) zeigt eine umschriebene, etwa walnußgroße Aufhellung mit zentralem Gewebspfropf in Höhe des rechten Schlüsselbeins bei einem Patienten, der wegen einer beiderseitigen Spitzen-Oberfeldtuberkulose seit 1939 mehrfach in Heilstätten behandelt worden war. Nach einem Erkältungsinfekt im Jahre 1958 wurde eine Verschlimmerung des Lungenbefundes festgestellt, und es traten seitdem immer wieder in Abständen Hämoptysen auf, deren Herkunft zunächst unklar blieb. Bronchoskopisch wurde eine Schleimhauttuberkulose ausgeschlossen. Auch für eine hämorrhagische Diathese ergab sich keinerlei Anhalt. Die Sputumbefunde waren seit Jahren ständig Tb-negativ. In dem gezielt entnommenen Bronchialsekret aus dem rechten Oberlappenbronchus ließen sich zwar kulturell keine Aspergillen züchten, doch fiel die KBR leicht positiv aus. Am 5. 5. 1961 erfolgte die Resektion des rechten Lungenoberlappens. Die histologische Untersuchung des Resektionspräparates durch das

Pathologische Institut Bonn (Dir. Prof. Dr. HAMPERL) ergab eine vernarbende Tuberkulose mit einer isolierten bronchiektatischen Caverne, deren Wand z. T. epidermisiert war. In dem bröckeligen Inhalt konnte laut Mitteilung von Prof. SEELIGER (Univ. Hygiene-Institut Bonn, Dir. Prof. Dr. HABS) reichlich Myzel von *Aspergillus fumigatus* sowie außerdem *Torulopsis dattila* kultiviert werden. Wahrscheinlich wäre bei Fortführung der konservativen Behandlung nach diesem Übergangsstadium ein echtes Aspergillus-Myzetom entstanden.

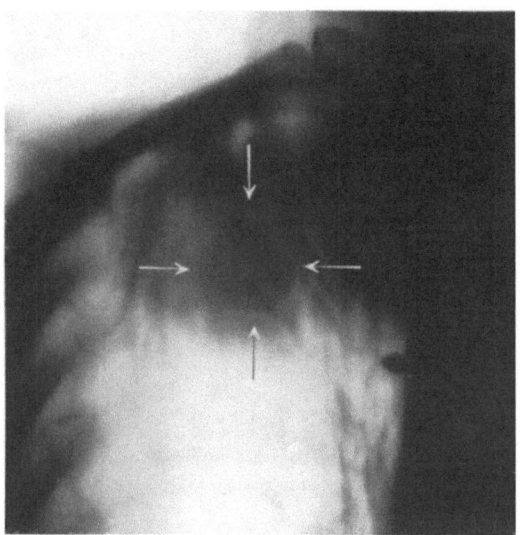

Abb. 2b. Im Tomogramm kommt innerhalb der lateral gelegenen Verschattung ein kugeliger Kernschatten mit umgebendem zarten Luftsaum zur Darstellung

In einem anderen Fall kam auf der Röntgenaufnahme (Abb. 2a, b) eines 62-jährigen Patienten innerhalb einer rundlichen Verschattung im rechten Spitzenoberfeld ein kugeliger Kernschatten zur Darstellung, der von einem angedeuteten zarten Luftsaum umgeben war. Weder durch Bronchoskopie noch durch Mediastinoskopie konnte eine Klärung der Ätiologie dieses Lungenprozesses erzielt werden. In dem durch direkte Lungen-Punktion entnommenen Gewebszylinder fanden sich anthrakosilikotische Knötchen sowie eine gewisse Zellpolymorphie, aber kein Beweis für ein Carcinom. Da jedoch nach den klinischen und röntgenologischen Befunden der Verdacht auf einen Tumor weiterhin bestand, wurde der rechte Lungenoberlappen operativ entfernt. Hierbei fand sich ein ausgedehntes, bereits nekrotisch zerfallendes Bronchial-Carcinom im Bereich des 2. und 3. Oberlappensegmentes, das sich nach dem histologischen Befund (Prof. Dr. GERSTEL, Pathologisches Institut Gelsenkirchen) als anaplastisches Plattenepithel-Carcinom erwies. Die angedeutete Luftsichel war durch eine beginnende Randnekrose eines Krebsknotens verursacht (Abb. 3). Pilzgeflechte ließen sich weder im histologischen Präparat nachweisen, noch konnten aus diesem Gewebsbezirk Aspergillus-Arten gezüchtet werden.

Diese beiden skizzenhaft vorgetragenen Fälle mögen demonstrieren, daß der röntgenologische Befund nicht unbedingt die Diagnose eines Myzetoms sichert, sondern in Grenzfällen erst die Resektion völlige Klärung herbeiführt. Myzetom-ähnliche Bilder werden gelegentlich auch durch

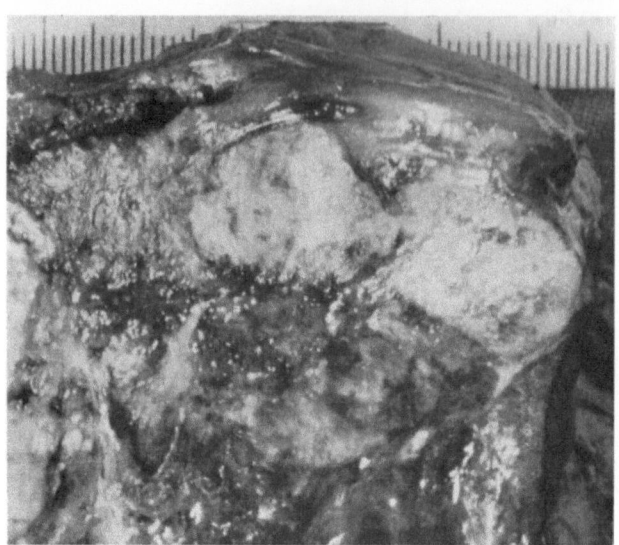

Abb. 3. Knotiger Krebsherd mit nekrotischem Zerfall in den Randbezirken

andere Prozesse in der Lunge hervorgerufen. Der Nachweis von Aspergillus-Myzel im bröckeligen Kaverneninhalt berechtigt bei Fehlen weiterer histologischer Veränderungen noch nicht ohne weiteres zur Diagnose „Aspergillom", sondern stellt möglicherweise ein Übergangsstadium dar, aus dem sich ein echtes Myzetom entwickeln kann.

Literatur

Hasche, E., u. V. Haenselt: Z. Tuberk. **114**, 29 (1959).
Stoeckel, H., u. Ch. Ermer: Beitr. Klin. Tuberc. **122**, 30 (1960).
Skobel, P., u. H.P.R. Seeliger: Die Lungenmykosen im europäischen Raum. In: Klinik der Lungenkrankheiten. Hrsg. von H. W. Knipping u. H. Rink (im Druck).
Teschendorf, W.: Lehrbuch der röntgenologischen Differentialdiagnostik. Band I, 4. Aufl. S. 376—386. Stuttgart: Thieme 1958.

Ld. Med. Rat Dr. P. Skobel
Rheinische Landesklinik
5277 Marienheide/Bez. Köln
Robert-Koch-Str. 4

Aus der Abteilung für experimentelle Medizin
der F. Hoffmann-La Roche & Co., Aktiengesellschaft, Basel
der pathologisch-anatomischen Anstalt der Universität Basel
(Vorsteher: Prof. Dr. A. WERTHEMANN)
und der Ohren-Nasen-Hals-Abteilung des St. Clara-Spitals, Basel
(Chefarzt: Dr. A. Weder)

Aspergillome der Kieferhöhle

Von

H. J. SCHOLER, F. GLOOR und E. EGGENSCHWILER, Basel

Mit 8 Abbildungen

Aufgrund der histologischen Untersuchung des Operationsmaterials von sieben Fällen (Einsendungs-Nummern 10726/53, 12435/53, 16599/57, 6668/58, 17351/60, 2202/61 und 5196/63 der pathologisch-anatomischen

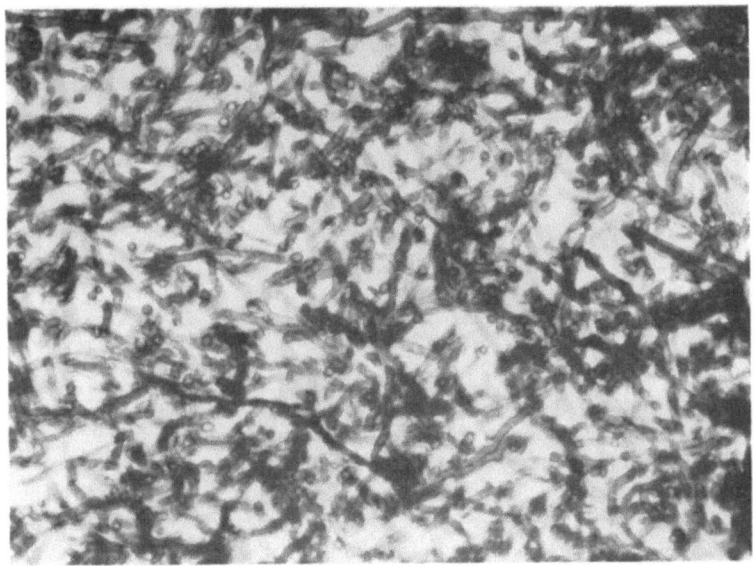

Abb. 1. E. Nr. 17351/60: Fadengeflecht (von verhältnismäßig geringer Dichte). Methenamin-Silber, 450 mal

Anstalt Basel) möchten wir die mikroskopische Morphologie derjenigen Aspergilloseform der Kieferhöhle kurz besprechen, die wohl am besten als Aspergillom bezeichnet wird. Unsere Mitteilung erscheint gerechtfertigt, weil bisher nur wenige Beschreibungen vorliegen und die Analogie zum bronchopulmonalen Aspergillom zwar erkannt (*3*) aber nicht in den Einzelheiten aufgezeigt wurde. Besonders hervorheben möchten wir die Abweichungen von der typischen Aspergillus-Morphologie, die in Aspergillomen vorkommen und die bei einem unserer Fälle (E. Nr. 17351/60) zur anfänglichen Verkennung als Mucormykose geführt haben (*4*). — Für Klinik und Röntgenologie der Erkrankung verweisen wir auf die einschlägige Literatur (*3, 4, 8, 9, 10, 11*); in einer dieser Publikationen (*11*) ist die Klinik von zwei unserer Fälle (E. Nr. 10726/53 und 12435/53) bereits beschrieben.

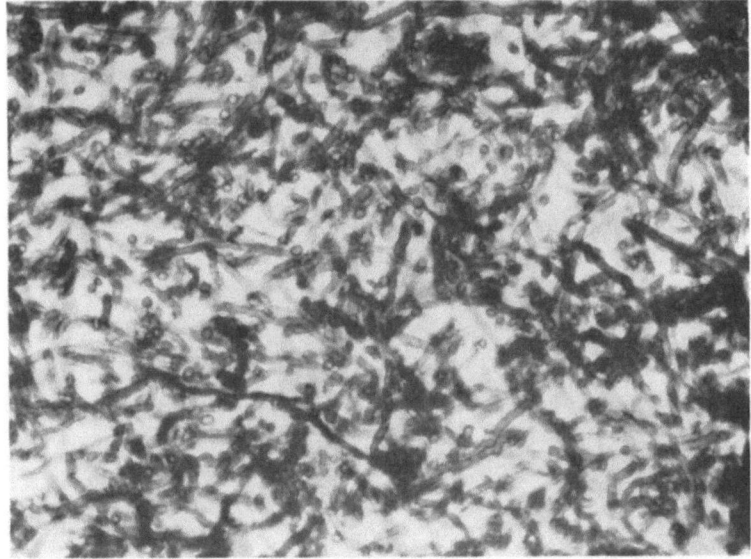

Abb. 2. E. Nr. 17351/60: Stelle mit erkennbarer Zonierung des Fadengeflechts. Methenamin-Silber, 150mal

Der Fall mit der stärksten morphologischen Atypie (E.-Nr. 17351) sei zuerst betrachtet: Bei einem Patienten mit chronischer Sinusitis muß die Radikaloperation nach Caldwell-Luc durchgeführt werden. Die Kieferhöhle erweist sich als ausgefüllt durch bis erbsgroße, grauschwärzliche, käsig-eingedickte Bröckel; Schleimhaut polypös verdickt; großer Knochendefekt in der lateralen Nasenwand. Die histologische Untersuchung zeigt eine uncharakteristische chronische Entzündung der Schleimhaut. Die Bröckel aber, die den größten Teil des entfernten Materials ausmachen, erweisen sich als gewebsfremd und bestehen aus reinen, meist schier undurchdringlichen Pilzmassen. An etwas weniger dichten Stellen wird ein Fadengeflecht sichtbar (Abb. 1). Da und dort lösen sich Zonen stärkerer und geringerer Dichte rhythmisch ab (Abb. 2). Vielerorts sind die Hyphen unregelmäßig verzweigt, von wechselnder, z. T. bedeutender Breite (bis etwa 8 μ) und zeigen blasige Auftreibungen (Abb. 3). Septen sind vorhanden, aber nicht häufig. Besondere Beachtung verdienen Zonen mit kugeligen Elementen (Abb. 4; vgl. auch Abb. 3):

Aspergillome der Kieferhöhle 73

Diese Kugeln oder Blasen, die z. T. dickwandig sind und Sproßverbände bilden, können einen Durchmesser von 40 μ erreichen; viele erscheinen optisch leer,

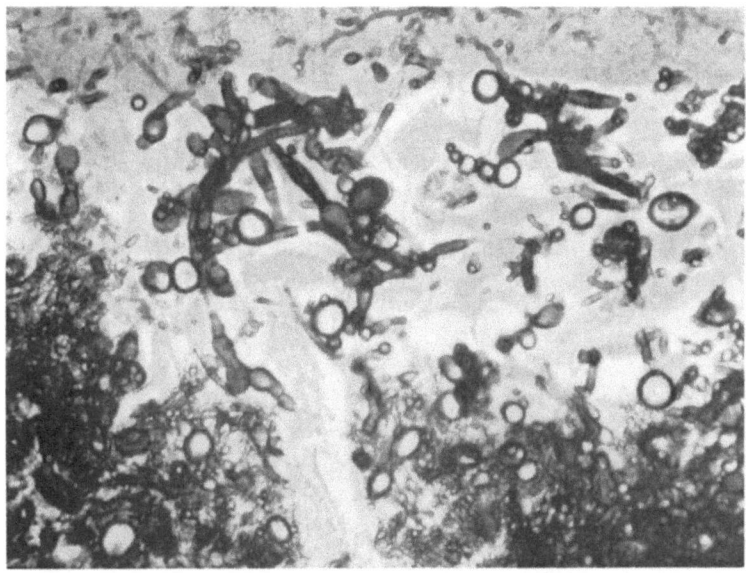

Abb. 3. E. Nr. 17351/60: Unregelmäßig verzweigte Hyphen wechselnder Breite; kugelige Auftreibungen mit Sproßformen. Methenamin-Silber, 270mal

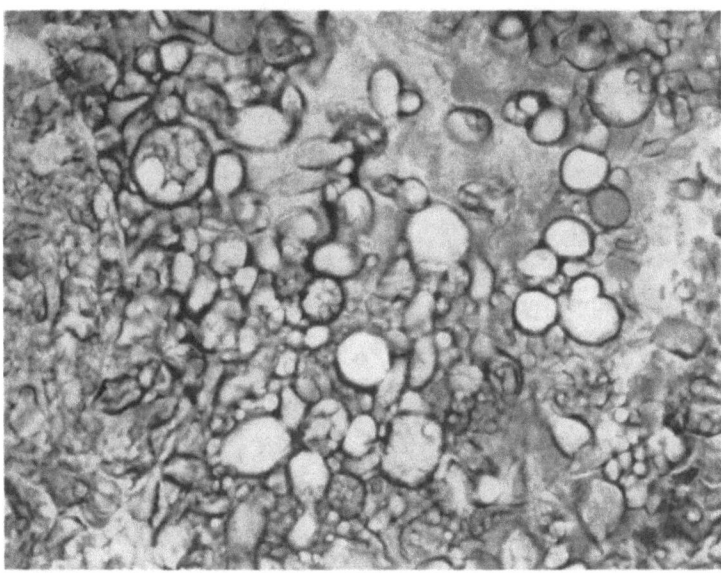

Abb. 4. E. Nr. 17351/60: Sehr große Kugeln oder Blasen, z. T. mit Einschlüssen und mit Sproßformen. H. E., 410mal

andere enthalten kleine Kügelchen oder Würstchen (Abb. 4). — Nirgends dringt der Pilz in die Schleimhaut oder gar in deren Gefäße ein. Nach der Operation erfolgt rezidivfreie Heilung.

Die hier vorliegende Polymorphie des Erregers, besonders die Unregelmäßigkeit der Fäden und die Häufigkeit und Größe der blasigen Auftreibungen, ließ uns zunächst an einen Phycomyceten denken. Ebenfalls für diese Annahme sprach der kulturelle Nachweis von Absidia corymbifera (Synonym: A. lichtheimi) aus dem postoperativen Spülwasser, obwohl der betreffende Befund — es wuchsen nur vereinzelte Kolonien, der direkte mikroskopische Befund war negativ — mit der nötigen Skepsis aufgefaßt wurde. Unter dem Eindruck der cerebralen bzw. cranialen Mucormykosen (7), die ja meist rhinogenen Ursprungs sind, hielten wir benigne, noch im Nasen-Nebenhöhlenraum lokalisierte Formen für möglich, die bei geeigneten Bedingungen — etwa beim Hinzutreten eines Diabetes — in die bekannte progrediente, bösartige Form übergehen könnten.

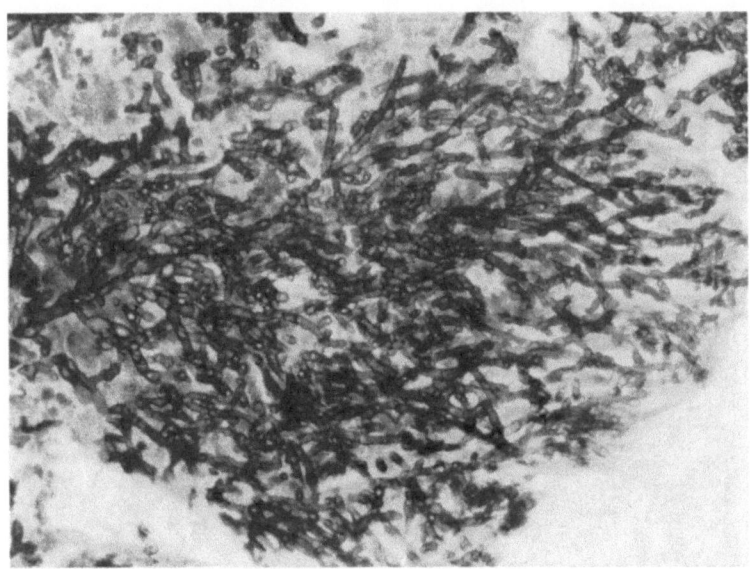

Abb. 5. E. Nr. 17351/60: Besenreisartige, z. T. Y-förmige Verzweigungen von Fäden erkennbar. Methenamin-Silber, 270mal

Die zuerst gestellte Diagnose einer Mucormykose (4) erweist sich bei erneuter Untersuchung und beim Vergleich mit den sechs weiteren Fällen unseres Beobachtungsgutes als falsch: In allen sieben Fällen zeigt der Pilz grundsätzlich gleiches Verhalten und gleiche Formelemente, nur in etwas unterschiedlicher Quantität und Deutlichkeit. Ausnahmslos, selbst bei E. Nr. 17351 (Abb. 5), sind die für Aspergillus so charakteristischen Y- oder gabelförmigen Verzweigungen aufzufinden. Absolut gesichert wird das Vorliegen von Aspergillen durch den Nachweis der asexuellen Fruchtkörper in zwei Materialien (E. Nr. 2202/61 und 5196/63; Abb. 6). Es ist nicht nötig, auf die einzelnen Fälle genauer einzugehen.

In einem Material (E. Nr. 16599/57) sind Zonierung und gabelförmige Verzweigung besonders deutlich ausgeprägt (Abb. 7 und 8).

Alle gezeigten morphologischen Charakteristika: die aus dichtem Mycelgeflecht bestehenden Pilzmassen, die Zonierung derselben, die großen blasigen Auftreibungen, die an solche in Monosporium-Drusen erinnern, selbst die plumpen unregelmäßigen Hyphen sind beim *bronchopulmonalen Aspergillom* bekannt und vor allem von SEGRETAIN und seinen Mitarbeitern (*5*, *12*), aber auch von anderen Autoren (*6*) beschrieben. Mit dem bronchopulmonalen Aspergillom haben unsere sieben Fälle außerdem gemeinsam, daß die Pilzmassen auf präformierte Höhlen (die Sinus) beschränkt blieben, die Umgebung allenfalls durch Druck schädigend (Knochendefekte), und daß die Prognose nach erfolgter Operation gut war. Wir halten es daher für

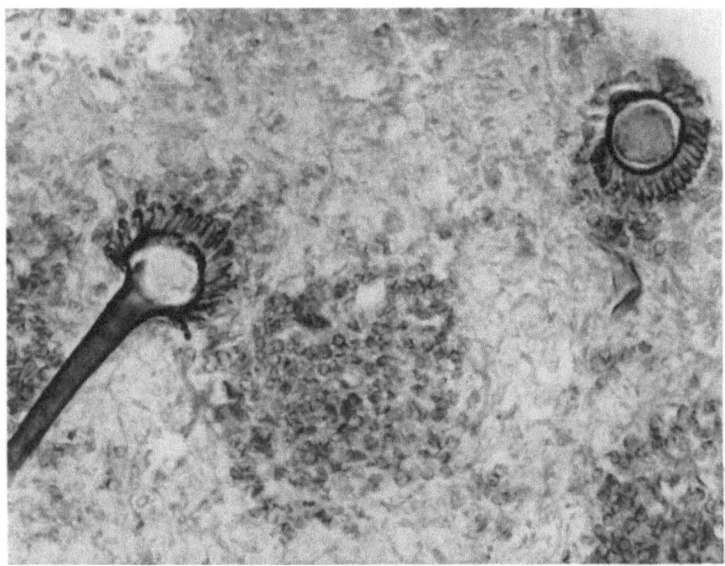

Abb. 6. E. Nr. 2202/61: Fruchtkörper mit Konidiosporen (höchst wahrscheinlich A. fumigatus). H. E., 520mal

zweckmäßig, von *Aspergillomen der Kieferhöhle* zu reden. — Diese Bezeichnung würde auf die Mehrzahl der publizierten Aspergillosen der Kieferhöhle ebenfalls zutreffen (*3*, *8*, *9*, *10*, *11*, wahrscheinlich auch *2*), doch kommt noch eine andere Form der Mykose vor, die durch infiltratives Wachstum des Pilzes und granulomatöse Gewebsreaktion gekennzeichnet ist (*1*, *13*).

Noch ein Wort zur Natur der großen kugeligen Pilzelemente, die in Aspergillomen anzutreffen sind: Die von einigen Autoren verwendete Bezeichnung als „Vesikeln" (*5*, *12*) legt die Interpretation als eigentliche

76   H. J. Scholer, F. Gloor und E. Eggenschwiler:

Vesikeln nahe, d. h. als unvollständige oder abortive Fruchtkörper. Aspergillus-Vesikeln sind aber — wie auch die übrigen Teile des Fruchtkörpers und die Konidiosporen — in der Regel pigmentiert, während die von uns

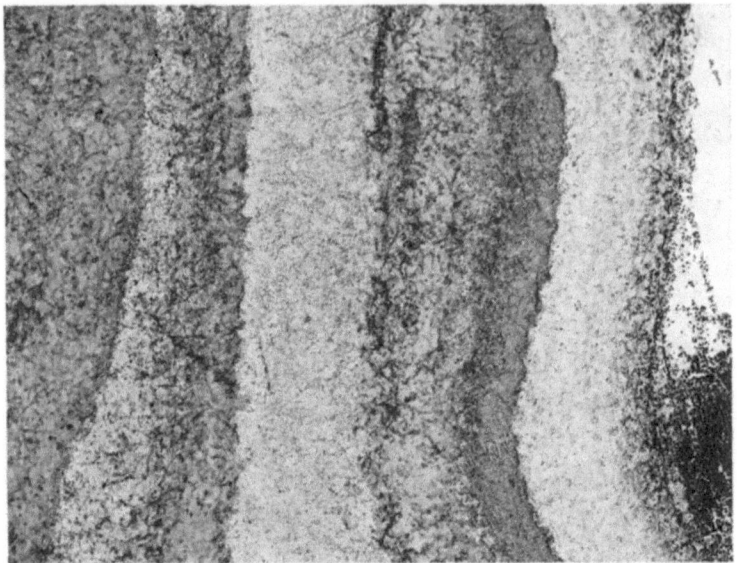

Abb. 7. E. Nr. 16599/57: Sehr deutlich ausgeprägte Zonierung des Fadengeflechts. H. E., 135mal

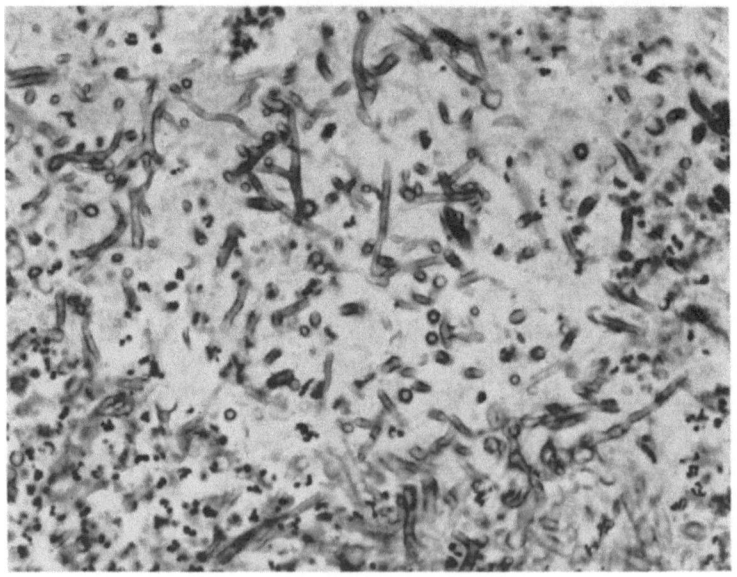

Abb. 8. E. Nr. 16599/57: Y-förmige Verzweigungen von Fäden. H. E., 270mal

beobachteten Kugeln keine Eigenfarbe besitzen. Noch weniger sicher als die Kugeln selbst können wir die Einschlüsse in denselben deuten (Abb. 4); für die Annahme von Artefakten (Entmischungen oder Fällungen des Protoplasmas) sind die Strukturen fast zu klar.

Summary

Morphology and behaviour of the causative fungus in seven cases of aspergillosis of the maxillary antrum are discussed on the basis of histological examination of material removed by antrectomy. All these specimens consisted mainly of pure, zonated masses of mycelia, whereas the mucous membrane was free of the fungus. Y-shaped branchings of hyphae characteristic of aspergillus were found in all cases, and aspergillus heads in two. Emphasis is put on atypical elements such as great bullous forms and inflated hyphae with irregular branchings, on the basis of which one case was first misdiagnosed as mucormycosis. Such elements are already described in bronchopulmonary aspergilloma, and several essential features we observed — zonated mycelial masses growing in a cavity without invading the surrounding tissues — would also fit that condition. Therefore the term "aspergilloma of the maxillary antrum" seems to be justified for the type of aspergillosis present in our cases.

Literatur

1. ADAMS, N.F.: Infection involving the ethmoid, maxillary and sphenoid sinuses and the orbit due to Aspergillus fumigatus; report of a case. Arch. Surg. **26**, 999—1009 (1933).
2. ANDERSEN, H.C., and A. STENDERUP: Aspergillosis of the maxillary sinus; report of a case. Acta oto-laryng., Stockh. **46**, 471—473 (1956).
3. ARNAUD, G., G.D. PESLE et de ANGELIS: L'aspergillose des sinus (à propos de deux cas). Ann. Oto-laryng. **74**, 796—801 (1954).
4. EGGENSCHWILER, E.: Die Mucormykose der Nasennebenhöhlen und ihre Komplikationen (sog. craniale Form der Mucormykose). Pract. oto-rhino-laryng. **24**, 166—177 (1962).
5. ENJALBERT, L., G. SEGRETAIN, H. ESCHAPASSE, G. MOREAU et M. BOURDIN: Deux cas d'aspergillose pulmonaire; étude anatomo-pathologique. Sem. Hôp. Paris **33**, 830—842 (1957).
6. FRIEDRICH, E., u. L. BERGMANN: Das Aspergillom in mikrobiologischer Sicht. Zbl. Bakt. (I. Abt. Orig.) **182**, 501—524 (1961).
7. GLOOR, F., A. LÖFFLER u. H.J. SCHOLER: Mucormykosen. Path. Microbiol. **24**, 1043—1064 (1961).
8. GRÜNBERG, H.: Zur Aspergillose der Kieferhöhle. HNO-Beih. **8**, 41—42 (1959).
9. KELLY, A.B.: Aspergillosis of the nose and maxillary antrum. J. Laryng. **49**, 821—828 (1934).
10. MONTREUIL, F.: Fungus infection of the antrum. J. Laryng. **69**, 559—566 (1955).

11. SCHMIDT, M.: Pilzinfektionen der Nebenhöhlen. Pract. oto-rhino-laryng. **21**, 14—17 (1959).
12. SEGRETAIN, G., et M. VIEU: Formes parasitaires des aspergillus dans l'aspergillome bronchique: Diagnostic biologique des aspergilloses broncho-pulmonaires. Sem. Hôp. Paris (Path. et Biol.) **33**, 1282—1289 (1957).
13. WELLER, W.A., D.J. JOSEPH and J.F. HORA: Deep mycotic involvement of the right maxillary and ethmoid sinuses, the orbit and adjacent structures. Laryngoscope **70**, 999—1016 (1960).

Dr. H. J. SCHOLER
c/o F. Hoffmann-La Roche & Co. A.G.
Basel/Schweiz
Priv.-Doz. Dr. F. GLOOR
Path.-anat. Anstalt der Universität
Basel/Schweiz
Dr. E. EGGENSCHWILER
Ohren-Nasen-Hals-Abt.d.St.Clara-Spitals
Basel/Schweiz

Aus der Dermatologischen Klinik und Poliklinik
der Philipps-Universität Marburg a.d. Lahn
(Direktor: Prof. Dr. med. O. BRAUN-FALCO)

Über das histochemische und färberische Verhalten von Aspergillus fumigatus FRESENIUS in Gewebe und Kultur

Von

M. THIANPRASIT, Marburg/Lahn

Mit 2 Abbildungen

Nach den großen methodischen Fortschritten der Histochemie in den letzten Jahren hat man auch in zunehmendem Maße versucht, histochemische Methoden zur Diagnostik von Pilzen und zum Nachweis von Substanzen (Kohlehydrate *8, 13, 14, 22,* Mucopolysaccharide *15, 21, 23,* Proteine *2, 3, 5, 20* und Lipoide *28, 32*) sowie von Enzymen (*1, 12, 16, 19, 25, 29*) in Pilzelementen heranzuziehen. Von einigen Autoren wurde bereits auf die Möglichkeit einer histochemischen und färberischen Unterscheidung verschiedener Pilze, im besonderen Falle von Hefen und Schimmelpilzen, in den Geweben aufmerksam gemacht (*9, 17*).

Es schien uns daher wichtig, das histochemische und färberische Verhalten von *Aspergillus fumigatus* FRESENIUS zu untersuchen und vor allen Dingen der Frage nachzugehen, ob zwischen der saprophytären und parasitären Form dieses Pilzes faßbare Unterschiede bestehen.

Material und Methoden

Das Material wurde von dem Luftsack und den Lungen des Schwanes (Cygnus olor) mit Aspergillose (*31*) entnommen und auf Hamburger Agar ohne Glyzerin auf Aspergillus fumigatus gezüchtet. Histochemische und färberische Untersuchungen wurden durchgeführt:
1. an Kryostatschnitten der Kulturen (*27*),
2. an Kryostat- und Paraffinschnitten der Gewebe (*18, 24, 26*).

Resultate

Die Untersuchungsergebnisse sind in der Tabelle zusammengestellt. Teilweise konnten wir ältere Untersuchungen bestätigen. So färben sich, wie bereits von anderen Autoren (*9, 10, 11, 17*) festgestellt wurde, im HE-

Tabelle. *Histochemisches und färberisches Verhalten von Aspergillus fumigatus* FRESENIUS

Methode	Gewebe				Kultur		
	Luftsack			Lungen			
	Konidiophoren	Konidien	Mycelien	Mycelien	Konidiophoren	Konidien	Mycelien
1. Hämatoxylin-Eosin	++ Basophil	++	++ Eosinophil	++	++ Basophil	++	++ Eosinophil
2. Giemsa	+	++	++ Metachrom.	+/++	+++	+++	++
3. Toluidinbl. pH 5	+	++	+	++ Metachrom.	+++	+++	+++ Metachrom.
4. Gram	+	+	+	++	+++	+++	++
5. Methylgrün-pyronin	++	+++	+	+	+++	++++	+
6. Feulgen	(+)	+	(+)	∅	(+)	+	(+)
7. Gallocyanin	(+)	(+)	(+)	+ Granul.	+++	+++	++ Granul.
8. Sudan Schwarz B	∅	∅	∅	∅	∅	∅	∅
9. Baker'sche Reakt.	++	+++	+ Cytoplasma	+	+++	++++	+++ Cytoplasma
10. Ninhydrin-Schiff-Reaktion	∅	(+)	∅	∅	(+)	(+)	∅
11. Proteingebund. SS-u. SH-Grup.	(+)	+	∅	∅	+	+	∅
12. Mucicarmin	∅	∅	∅	∅	∅	∅	∅
13. PAS-Reaktion	+++	++++	+++	+++	+++	++++	+++
14. Hale-PAS-Reaktion	+	++	∅	∅	+	++	∅
15. Permanganat-Alcianblau	++	∅	++	++	++	∅	++
16. Gridley'sche Reaktion	++	+++	++	+++	++	+++	+++
17. Perameisensäure-Aldehydfuchsin	+	+	+	+	++	++	+
18. Versilberung	+	+++	++	++	++	++	++
19. Stärke-Reaktion	∅	∅	∅	∅	∅	∅	∅

Schnitt die Mycelien von Aspergillus fumigatus stark eosinophil. Auch in der Kultur ist die starke Eosinophilie der Mycelien bemerkenswert, wäh-

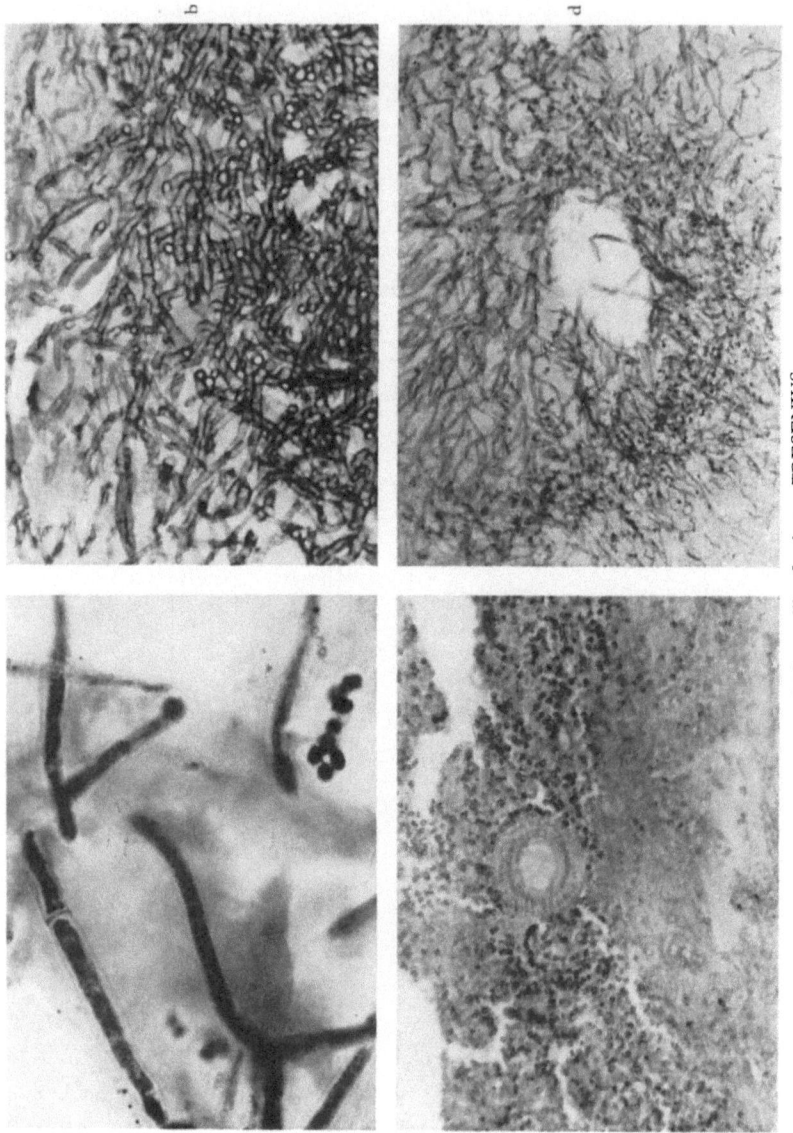

Abb. 1a—d. Aspergillus fumigatus FRESENIUS

a. Gram-positive Substanzen im Cytoplasma der Pilzelemente (Kultur). Gram-Reaktion, 1400mal. b. Stark PAS-positive Reaktion an Zellwand der Mycelien, negativ im Cytoplasma (Lungen). PAS-Reaktion, 560mal. c. Geringe Menge von Mucopolysacchariden in Konidiophoren und Mycelien (Luftsack). Permanganat-Alcianblau, 560mal. d. Mycelien im Lungenabsceß bei Gridley'scher Färbung, 224mal

rend Konidiophoren und Konidien stark basophil reagieren. Das Verhalten bei der Gram-Reaktion ist seit langerZeit bekannt (*9, 10, 11, 17, 18, 24, 26*). Alle Pilzelemente in Gewebe und Kultur verhalten sich Gram-positiv (Abb. 1a). Worauf die Gram-positive Reaktion von Aspergillus fumigatus zurückzuführen ist, kann noch nicht definitiv gesagt werden. Vielleicht sind es Hexosamin-haltige Mucopolysaccharide (*6, 7*).

Viele histochemische Reaktionen zum Nachweis von Pilzen gründen sich durchweg auf den hohen Gehalt an Kohlenhydraten (*8, 13, 14, 15, 22, 30*) und Polysacchariden. Das gilt besonders für die stark positive PAS-Reaktion (Abb. 1b), mit der in der Zellwand der Pilze 1,2-Glycol-haltige Polysaccharidverbindungen von Nicht-Glykogencharakter nachgewiesen werden (*8, 13, 14, 15, 22, 30*).

Mit der Toluidinblau-Reaktion fanden wir in Pilzmycelien aus Gewebe und Kultur gelegentlich eine leichte Metachromasie. Ihre Deutung ist noch nicht ganz sicher, da sich nicht nur saure Mucopolysaccharide, sondern auch Nucleinsäuren leicht metachromatisch verhalten können. Nachdem allerdings in Konidiophoren und Konidien der Nucleinsäure-Gehalt größer ist als in Mycelien, diese aber orthochromatisch mit Toluidinblau reagieren, wird man die Metachromasie in den Mycelien doch wohl auf die Anwesenheit von Mucopolysacchariden beziehen dürfen.

Die mit der gewöhnlichen Mucin-Reaktion nicht nachweisbaren PAS-reaktiven Polysaccharide sind es wohl auch, die nach oxydativer Vorbehandlung mit Permanganat-Alcianblau (*21*) positiv reagieren (Abb. 1c). Auffällig ist in dieser Beziehung lediglich das negative Verhalten der Konidien in Gewebe und Kultur (*18, 24, 26*). Auch die Gridley'sche Färbung, die Versilberung wie auch die Perameisensäure-Aldehydfuchsin-Reaktion dürften sich auf den Kohlenhydratanteil der Pilzelemente beziehen (Abb. 1d und 2a).

Neutralfette (*18*) konnten wir in Aspergillus fumigatus nicht nachweisen. Sehr auffällig ist allerdings der hohe Gehalt an Phospholipoiden (*18*), die lediglich innerhalb des Cytoplasmas der Pilzelemente zu finden sind, nicht aber in ihren Membranen (Abb. 2b).

Freie α-Aminosäuren konnten wir mit Ninhydrin-Schiff-Reaktion (*5*) nicht nachweisen, während auf der anderen Seite proteingebundene SH- und SS-Gruppen (*2, 3*) in geringer Menge in Konidiophoren und Konidien vorkommen (Abb. 2c).

Das Verhalten der Nucleinsäuren (*18*) ist unterschiedlich. Der DNS-Gehalt ist generell sehr gering, wie der Ausfall der Feulgen-Reaktion zeigt (*18*). RNS findet man in Kulturen wachsender Pilzelemente, besonders auffällig ist die feine Granulierung im Cytoplasma der Mycelien (Abb. 2d).

Zusammenfassend kann man feststellen, daß die einzelnen Pilzelemente von Aspergillus fumigatus durch Polysaccharidverbindungen, Phospholi-

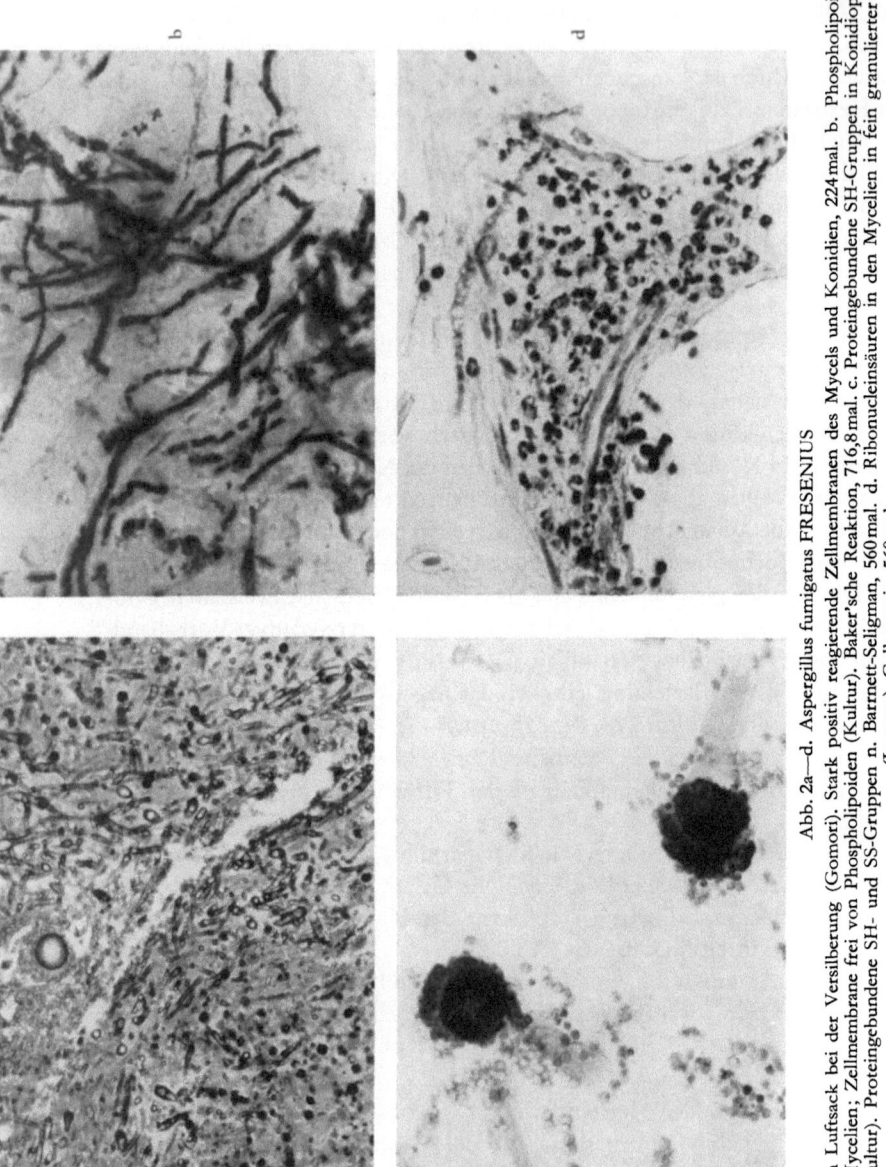

Abb. 2a—d. Aspergillus fumigatus FRESENIUS

a. Pilzelemente im Luftsack bei der Versilberung (Gomori). Stark positiv reagierende Zellmembranen des Mycels und Konidien, 224mal. b. Phospholipoide im Cytoplasma der Mycelien; Zellmembrane frei von Phospholipoiden (Kultur). Baker'sche Reaktion, 716,8mal. c. Proteingebundene SH-Gruppen in Konidiophoren und Konidien (Kultur). Proteingebundene SH- und SS-Gruppen n. Barrnett-Seligman, 560mal. d. Ribonucleinsäuren in den Mycelien in fein granulierter Form (Lungen). Gallocyanin, 560mal

poiden, SH- und SS-Gruppen sowie Nucleinsäuren in unterschiedlicher Konzentration gekennzeichnet sind.

In den Geweben konnten sichere Unterschiede im histochemischen Verhalten saprophytärer und parasitärer Formen mit den benutzten Methoden nicht festgestellt werden.

Dagegen zeigten die Pilzelemente in der Kultur durchweg wesentlich stärkere Reaktionen als die im erkrankten Gewebe. Möglicherweise steht dieser Befund mit besseren Milieu-Bedingungen für Stoffwechsel und Wachstum des Aspergillus fumigatus in der Kultur in Zusammenhang. Hierbei wäre in erster Linie an das günstige Sauerstoffangebot, an den reichlichen Gehalt der Nährsubstrate im Nährboden und schließlich auch an die fehlenden immunbiologischen Reaktionen zu denken.

Literatur

1. AIZAWA, H.: The influence of various antibiotics and antifungal drugs upon adaptive enzyme formation of Candida albicans. Chemotherapy (Japan) 3, 260—266 (1955).
2. BARRNETT, R.J., and A.M. SELIGMAN: Histochemical demonstration of protein-bound sulfhydryl groups. Science 116, 323—327 (1952).
3. — — Histochemical demonstration of sulfhydryl and disulfide groups of protein. J. nat. Cancer Inst. 14, 769—802 (1954).
4. BRAUN-FALCO, O.: Persönl. Mitteilung.
5. BURSTONE, M.S.: An evaluation of histochemical methods for protein groups. J. Histochem. Cytochem. 3, 32—49 (1955).
6. FLESCH, P., D.A. ROE and E.C.J. ESODA: The gram-staining material of human epidermis. J. Invest. Derm. 34, 17—28 (1960).
7. —, and E.C.J. ESODA: Mucopolysaccharides in human epidermis. J. Invest. Derm. 36, 43—46 (1960).
8. GRIDLEY, M.F.: A stain for fungi in tissue sections. Amer. J. clin. Path. 23, 303—307 (1953).
9. KADE, H., and L. KAPLAN: Evaluation of staining techniques in the histologic diagnosis of fungi. A.M.A. Arch. Path. 59, 571—577 (1955).
10. KADEN, R.: Schimmelpilzdermatosen. In: Handbuch der Haut- und Geschlechtskrankheiten, herausgeg. von J. JADASSOHN, Bd. IV, Teil 4, S. 332 bis 366. Berlin-Göttingen-Heidelberg: Springer 1963.
11. KÄRCHER, K.H.: Candidamykose. In: Handbuch der Haut- und Geschlechtskrankheiten, herausgeg. von J. JADASSOHN, Bd. IV, Teil 4, S. 1—74. Berlin-Göttingen-Heidelberg: Springer 1963.
12. KIM, Y.P., K. ADACHI and D. COW: Leucine aminopeptidase in Candida albicans. J. Invest. Derm. 38, 115—116 (1962).
13. KLIGMAN, A.M., and H. MESCON: The periodic acid Schiff stain for the demonstration of fungi in animal tissue. J. Bact. 60, 415 (1957).
14. Mc MANUS, J.F.A.: Histological and histochemical uses of periodic acid. Stain Technol. 23, 99—108 (1948).

15. MÜLLER, G.: Über eine Vereinfachung der Reaktion nach Hale. (1946). Acta histochem. (Jena) **2**, 68—70 (1955).
16. NOGUCHI, Y., and Y. KATO: Effect of sodium ethylmercurithiosalicylate on succinic dehydrogenase of Candida albicans and its clinical use in dermatomycoses. Yokohama med. Bull. **4**, 204—208 (1958).
17. OKUDAIRA, M.: Histopathological differentiation between Candida albicans and Aspergillus fumigatus in tissue sections. Acta path. jap. **5**, 117—124 (1955).
18. PEARSE, A.G.E.: Histochemistry. Theoretical and applied. 2nd edition. London: J. A. Churchill Ltd. (1961).
19. POLEMANN, G., u. N. JANSEN: Untersuchungen zur Phosphataseaktivität bei Mikrosporon gypseum. Mykosen **1**, 63—70 (1957).
20. POMERANZ, Y.: Distribution of protein-bound sulfhydryl groups in yeast cells. J. Histochem. Cytochem. **10**, 568—571 (1962).
21. PRUNIERAS, M.: Coloration par le Permanganate bleu alcian (P.B.A.) en Dermatologie. Presse Méd. **69**, 1402—1405 (1961).
22. RIDDEL, R.W.: Permanent stained mycological preparations obtained by slide culture. Mycologia **42**, 265 (1950).
23. RITTER, H.B., and J. OLESON: Combined histochemical staining of acid polysaccharides and 1,2, glycol groupings in paraffin sections of rat tissues. Amer. J. Path. **26**, 639—644 (1950).
24. ROMEIS, B.: Mikroskopische Technik. München: Leibniz 1948.
25. ROTH, H.L., and R.K. WINKELMANN: Histochemical technic for macroscopic study of fungi. J. Invest. Derm. **35**, 353—359 (1960).
26. ROULET, F.: Methoden der pathologischen Histologie. Wien: Springer 1948.
27. SCHÄFER, E., u. G. DITTES: Die Verwendung des Kryostaten nach Dittes-Duspiva bei der Herstellung von Sagittalschnitten durch Bakterien- und Sproßpilzkulturen. Zbl. Bakt., I. Abt. Orig. **174**, 616—624 (1959).
28. SKINNER, C.E., C.W. EMMONS and H.M. TSUCHIYA: Henrici's Molds, Yeasts and Actinomycetes. S. 215—263. New York: John Wiley & Sons, Inc. 1957.
29. STEIGLEDER, G.K., u. K.H. RÖTTCHER: Die Fähigkeit der Hautoberfläche zur Esterspaltung und Esterbildung. II. Mitteilung: Über Pilze, Hefen und Bakterien als Träger von Esterasen. Arch. klin. exp. Derm. **209**, 293—312 (1959).
30. THIANPRASIT, M.: Histologischer Nachweis von Hefen bei Hauterkrankungen. In: Hefepilze als Krankheitserreger bei Mensch und Tier, herausgeg. von C. SCHIRREN und H. RIETH, S. 72—73. Berlin-Göttingen-Heidelberg: Springer 1963.
31. — Lungenaspergillose beim Schwan (Cygnus olor). 3. Wissenschaftliche Tagung der deutschsprachigen mykologischen Gesellschaft, Wiesbaden, 7. Juli 1963.
32. THOM, C., u. K.B. RAPER: A manual of the Aspergilli. Baltimore: Williams & Wilkins Comp. 1945.

Dr. MERANI THIANPRASIT
Dermatol. Klinik u. Poliklinik
der Universität
355 Marburg/Lahn
Deutschhausstr. 9

D. Oto- und Ophthalmomykologie

Aus der Hautklinik des Städtischen Krankenhauses Ludwigshafen/Rhein
(Chefarzt: Prof. Dr. P. Zierz)

Über die Bedeutung von Schimmelpilzen bei der Otitis externa

Von

P. Zierz, Ludwigshafen/Rhein

Auf Pilzinfektionen des äußeren Ohres wurde zuerst von Mayer (1844) aufmerksam gemacht und während des letzten Jahrzehnts wurden mindestens 53 Pilzarten in der Weltliteratur als Ursache von Otomykosen angegeben (Montgomery, Wolf). Neuerdings wird jedoch immer wieder darauf hingewiesen, daß Pilze früher in ätiologischer Hinsicht sehr überschätzt wurden (Way und Memmesheimer) und daß sie für die Entstehung eines Krankheitsprozesses von untergeordneter oder sekundärer Bedeutung sind, obwohl routinemäßige kulturelle Untersuchungen entzündlicher Prozesse des äußeren Gehörganges häufig die Anwesenheit von Pilzen ergaben.

Über die Häufigkeit von Pilzen bei Erkrankungen des äußeren Ohres schwanken die Angaben in der Literatur je nach Umwelt, Klima, Hygiene. Die Zahlen von Gill und Gill, Mc Laurin, Salvin und Lewis bewegen sich um 15—20% der von ihnen untersuchten Ohrerkrankungen. Syverton und Mitarbeiter sahen in $1/_4$ ihrer in Guam beobachteten Fälle, De Witt bei javanischen Soldaten in einem Drittel der Fälle Pilzinfektionen des Ohres. Untersuchungen von Memmesheimer an 80 Patienten mit Otitis externa ergaben in 29 Fällen Reinkulturen von Bakterien, bei 16 Reinkulturen von Pilzen, bei 10 Mischkulturen von Bakterien und Pilzen, bei 8 Mischkulturen von Pilzen und bei 8 Mischkulturen von Bakterien und Pilzen. Weitaus am häufigsten wurden im erkrankten Gehörgang Schimmelarten, in erster Linie Aspergillus (Aspergillus niger, flavus, terreus) — von Tremble und Baxter z. B. in 90% der Fälle — seltener Penicillium nachgewiesen. Der Häufigkeit nach folgen Mucor und Rhizopus sowie Candidaarten, darunter Candida albicans (Memmesheimer, Haley, Senturia und Marcus, Schäfer und Schönfeld, Thöne). Vereinzelt wird über das Vorkommen der als menschenpathogen bekannten Pilzarten wie Trichophyton, Malassezia furfur, Epidermophyton, Aktinomyzes und Cryptococcus berichtet (Senturia und Marcus, Memmesheimer, Singer und Mitarb.).

Für die Beurteilung der aetiologischen Bedeutung der aus dem erkrankten Gehörgang gezüchteten Pilze ist die Kenntnis der normalen Pilzflora von großer Wichtigkeit. Entsprechend der Oberflächenbeschaffenheit des äußeren Gehörgangs finden sich dort im allgemeinen diejenigen Keime, die auch auf der freien Hautoberfläche angetroffen werden. PERRY unterscheidet zwischen einer stabilen Dauerflora, die im gesunden Gehörgang regelmäßig nachgewiesen werden kann und vorübergehenden, veränderlichen Ansiedlungen. HILGERS spricht von Haftkeimen und Anflugkeimen, wobei Hyphomyceten (Schimmelpilze) als die wichtigsten Anflugspilze bekannt sind.

Im Gegensatz zu Bakterien, die in normalen Gehörgängen immer anzutreffen sind, machen Pilze nach LESHIN nur einen geringen Prozentsatz der Flora des gesunden Gehörganges aus. SALVIN und LEWIS fanden in normalen Gehörgängen keine Pilze. WALKER und Mitarb. stellten bei Untersuchungen an klinisch gesunden Gehörgängen von 200 Versuchspersonen 27mal saprophytär lebende Pilze, und zwar 13 verschiedene Arten fest, am häufigsten Hormodendrum, Aspergillus, Alternaria, Saccharomyces, Candida albicans und andere Candidaarten.

In eigenen Untersuchungen, die wir zusammen mit RIETH und J. SCHÖNFELD bei 104 Versuchspersonen durchgeführt haben, konnten von normalen Gehörgängen insgesamt 42mal Pilze gezüchtet werden, und zwar in einem von beiden Gehörgängen in 30 Fällen und in beiden Gehörgängen in 7 Fällen.

Tabelle. *Pilzflora normaler Gehörgänge bei 104 Versuchspersonen*

Nachgewiesene Pilze	Zahl der Fälle
Penicillium commune	19
Penicillium expansum	4
Penicillium implicatum	2
Penicillium camemberti	1
Penicillium casei	2
Penicillium canescens	1
Penicillium janthinellum	1
imperfekte Form eines Ascomyceten (Trichophyton mentagrophytes ähnlich)	1
Aspergillus glaucus	4
Aspergillus versicolor	1
Aspergillus fumigatus	1
Aspergillus niger	1
Aspergillus flavipes	1
Scopulariopsis species	1
Cephalosporium species	1
Verticillium species	1
Gesamtzahl der nachgewiesenen Pilze	42

Das Ergebnis der mykologischen Auswertung der Befunde zeigt, (s. Tab.) daß in keinem Falle Dermatophyten gefunden wurden, auch konnten keine Hefen nachgewiesen werden. Weitaus am häufigsten fanden wir Penicilliumarten, die nach FRÁGNER in großer Mehrzahl saprophytär vorkommen, doch können einige unter bestimmten Umständen pathogen werden und Otomykosen hervorrufen. Von den Aspergillen, die auf der ganzen Welt — jedoch nicht häufig — verbreitet sind, werden vor allem Asp. fumigatus, Asp. niger und Asp. nidulans pathogene Eigenschaften zugesprochen und durch sie verursachte Otomykosen sind am bekanntesten.

Für die Entstehung der *Otitis externa infectiosa*, eine Bezeichnung, die TREMBLE für krankhafte Veränderungen am Ohr vorgeschlagen hat, bei denen Bakterien und Pilze gefunden werden, wird im allgemeinen Bakterien, insbesondere Pseudomonas aeruginosa, weniger Pilzen eine ursächliche Rolle zugeschrieben. Als Beispiel sei das sog. „hot weather ear" angeführt, das ein in den Subtropen und Tropen gewohntes Krankheitsbild darstellt und für dessen Entstehung von CONLEY und DE WITT Pilze, Mischinfektionen von Pilzen mit Pseudomonas aeruginosa und Pseudomonas allein verantwortlich gemacht werden.

In eigenen Untersuchungen, die wir bei 125 Patienten mit Otitis externa durchgeführt haben, konnten Pilzinfektionen als auslösende Ursache der Gehörgangserkrankung in keinem Falle festgestellt werden. Auch SCHÖNFELD, EY und SCHÄFER gelang ein Pilznachweis aus entzündlich veränderten Gehörgängen bei 100 Patienten der Universitäts-Hals-Nasen-Ohrenklinik Heidelberg lediglich in 3 Fällen, und zwar zweimal Aspergillus niger und einmal einen Mucor. Wir möchten deshalb annehmen, daß der bloßen Anwesenheit von Schimmelpilzen im gesunden Gehörgang, die wir in über 40% der Fälle gefunden haben, keine besondere ätiologische Bedeutung für entzündliche Veränderungen des Gehörgangs zukommt. So werden auch Schimmelpilze weniger wegen ihrer umstrittenen Pathogenität als Erreger, als vielmehr wegen ihrer möglichen Allergenwirkung gefürchtet (PRINCE und MORROW). Unter besonderen, ihnen zusagenden Bedingungen (Wärme, Feuchtigkeit z. B. im tropischen Klima, in Bergwerken, bei Schwimmern während feuchter, heißer Witterungsperioden oder Traumen) können sie als fakultative Parasiten für die Auslösung allergischer entzündlicher Gehörgangserkrankungen eine Rolle spielen bzw. eine Otitis externa verschlimmern und unterhalten. Bei der Behandlung der Otitis externa sollte deshalb unter Berücksichtigung der ätiologischen Diagnose, vor allem bei therapierefraktären Fällen eine exakte mykologische Untersuchung und im gegebenen Falle eine antimykotische Behandlung mit durchgeführt werden.

Zusammenfassung

Mykologische Untersuchungen von normalen Gehörgängen bei 104 Versuchspersonen ergaben im Kulturversuch 42mal Pilzwachstum. Überwiegend handelte es sich dabei um Penicillium- und Aspergillusarten. Bei der Otitis externa konnten in eigenen Untersuchungen bei 125 Patienten in keinem Falle Pilze festgestellt werden. In gleichzeitigen Untersuchungen in der Univ.-Hals-Nasen-Ohren-Klinik Heidelberg wurden aus entzündlich veränderten Gehörgängen in 3 Fällen Schimmelpilze gezüchtet. In ätiologischer Hinsicht wird der Anwesenheit von Schimmelpilzen keine besondere Bedeutung für die Entstehung der Otitis externa beigemessen. Auf die Bedeutung der Allergenwirkung der Schimmelpilze und als Begleitflora therapierefraktärer Fälle von Otitis externa wird hingewiesen.

Literatur

CONLEY, J. J.: Arch. Otolaryng. **47**, 721 (1948).
FRÁGNER: Parasitische Pilze beim Menschen. 1948.
GILL, W.D., u. E.K. GILL: zit. nach E.T. PERRY und A.L. NICHOLS.
HALEY, L.D.: Arch. Otolaryng. Chicago **52**, 202 (1950).
HILGERS, W.E.: Jadassohn: Handbuch der Haut- u. Geschlechtskrkh. Bd. II, Berlin: Springer 1932.
MC LAURIN, J.W.: Laryngoscope. St. Louis 61, 66, 1951; Eye Ear Nose Throat. Monthly, Chicago **32**, 319 (1953).
MAYER, O.: Arch. Ohrenkrkh. **77**, 193 (1908).
MONTGOMERY, E.G.: Indian J. Med. a. Surg. **21**, 64 (1956).
PERRY, E.T.: The Human Ear Canal. Illinois/USA: Charles C. Thomas Publishers Springfield 1957.
— u. A.C. NICHOLS: J. Investigat. Dermat. **26**, 103 (1956); **27**, 165 (1956).
PRINCE, H.E., and M.B. MORROW: zit. nach R. KADEN: Die Schimmelpilzdermatosen: Jadassohn Ergänzungswerk. Handbuch der H.- u. G.Krkh., IV. Bd. IV. Teil. Berlin-Göttingen-Heidelberg: Springer 1963.
SALVIN, S.B., and M.L. LEWIS: J. Bact. **51**, 495 (1946).
SENTURIA, B.H.: Laryngoscope. St. Louis **55**, 277 (1945).
— u. M. MARCUS: Ann. Otol. Rhinol. **61**, 18 (1952).
SINGER, D.E.: Annal. Otol. Rhinol. **61**, 317 (1952).
SYVERTON, J.T., W.R. HESS u. J. KRAFTSCHUK: Arch. Otolaryng. Chicago **43**, 213 (1946).
SCHÄFER, E., u. KL. SCHÖNFELD: Arch. Ohren-Heilk. u. Z. HNO-Krankh. **172**, 419 (1958).
SCHÖNFELD, K., W. EY u. E. SCHÄFER: Arch. Ohren-Heilk. **168**, 479 (1956).
THÖNE, A.W.: Medical Mycology, edited by R.D.G. Ph. Simons. Amsterdam, Houston, New York, London: Elsevier Publishing Comp. 1954.
TREMBLE, G.E., u. S.D. BAXTER: Arch. Otolaryng. **57**, 241 (1952).
WAY, S.C., A. MEMMESHEIMER and A. ROWE: Arch. Dermat. Syph. Chicago **72**, 353 (1953).
WOLF, F.T.: Arch. Otolaryng. **46**, 361 (1947), zit. b. A.W. THÖNE.
ZIERZ, P., u. W. EY: Gottron-Schönfeld, Dermatologie und Venerologie, Bd. IV, Stuttgart: Thieme 1960.

Prof. Dr. PAUL ZIERZ
Chefarzt der Hautklinik
Städt. Krankenhaus
67 Ludwigshafen/Rhein

Aus der Hautklinik des Stadtkrankenhauses Kassel
(Chefarzt: Prof. Dr. KARL WULF)

Aspergillose der Paukenhöhle

Von

K. WULF, Kassel

Mit 3 Abbildungen

Als ich das lange Programm unserer heutigen Tagung durchgelesen hatte, beschloß ich, bei meinem Vortrag nicht bei der ersten Publikation einer Otomykose von MEYER im Jahre 1844 zu beginnen, sondern auf meine Vorredner — insbesondere Herrn ZIERZ — zu verweisen und den Rest des Programmpunktes 18 in Form einer mehr komprimierten Diskussionsbemerkung zu bieten.

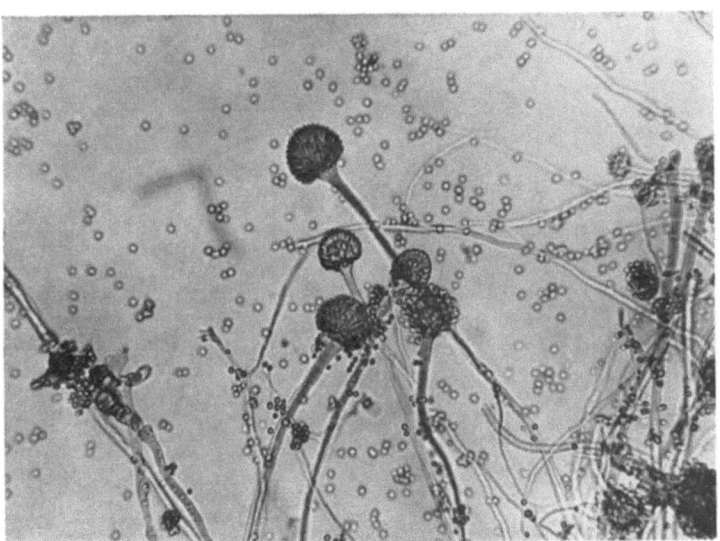

Abb. 1. Aspergillus glaucus, 63mal

Sie alle wissen, daß Aspergillosen des äußeren Gehörganges relativ häufig sind und, auch wenn sie in der überwiegenden Mehrzahl der Fälle Secundärinfektionen darstellen, als solche diagnostiziert werden.

Aspergillosen des inneren Ohres sind dagegen selten beschrieben, die meisten Otologen sahen sie nie. Das besondere Interesse des Kasseler Otologen K. A. OTTEN für einschlägige Fälle gab uns Gelegenheit, als Dermatologen zur diagnostischen Klärung dreier zunächst unklarer Fälle beizutragen. Ein charakteristischer Fall sei kurz skizziert:

Ein 27jähriger Arbeiter aus dem Volkswagenwerk leidet seit Monaten an einer „Otitis externa links". Genaue ohrenärztliche Untersuchung ergibt: „Durch eine epitympanale Perforation wächst polypenartiges Granulationsgewebe aus der

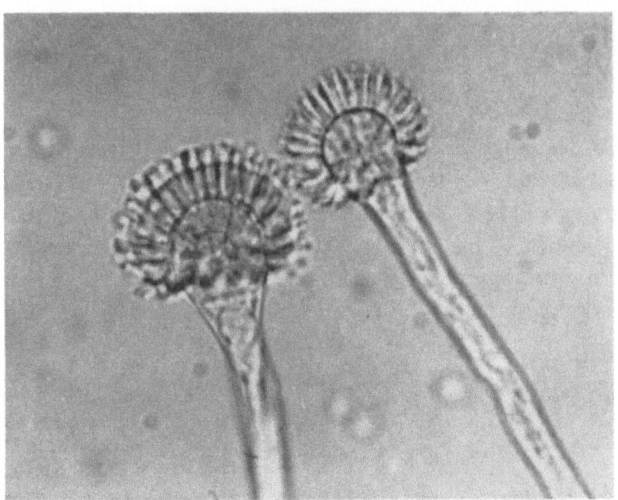

Abb. 2. Aspergillus fumigatus, 250mal

Paukenhöhle heraus, daneben Sekretion und Detritus." Da übliche Paukenhöhlenspülungen keine Besserung bringen, erfolgt Kurettage und histologische Untersuchung durch den Pathologen Prof. WEPLER (Patholog. Institut des Stadtkrankenhauses Kassel).

Die histologische Diagnose lautet: „Pilzmycel in entzündlichem Granulationsgewebe."

Daraufhin erfolgt mykologische Untersuchung des Restmaterials im mykologischen Labor der Kasseler Hautklinik. Die Kultur klärt die Diagnose. 18 Impfstellen in 3 Röhrchen wachsen alle in Reinkultur (s. u.).

Zur Therapie: Nach siebenmaliger Anwendung von Xeroformpuder (Tribromphenolwismut) ist die Paukenhöhle trocken. Bei Kontrolle nach 8 Wochen ist die Perforation geschlossen. —

Zwei weitere Fälle nahmen einen ähnlichen Verlauf. Bei diesen war allerdings der ganze Gehörgang mitbetroffen. Pilzkulturell handelte es sich im Fall 1 um einen Aspergillus glaucus, im Fall 2 um einen Aspergillus niger, im Fall 3 um einen Aspergillus fumigatus (Abb. 1—3).

Keine der drei erkrankten Personen war übrigens Taubenzüchter, Drescharbeiter, kam aus den Tropen oder arbeitete in einem heiß-feuchten Mikroklima.

Herrn RIETH, Herrn MEINHOF, Herrn THIANPRASIT und meiner Frau danke ich für die Unterstützung bei den mykologischen Untersuchungen.

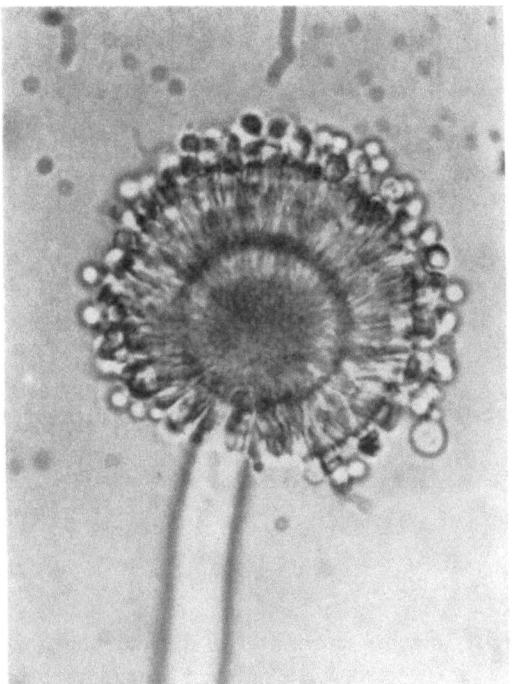

Abb. 3. Aspergillus niger, 250 mal

Abschließend möchte ich feststellen:

Unter den 2500 pilzkulturellen Untersuchungen der Kasseler Hautklinik in den letzten $2^1/_2$ Jahren fanden sich bisher 3 Aspergillosefälle des inneren Ohres. Es ist anzunehmen, daß diese häufiger sind als das bisherige Schrifttum erwarten läßt. Ausnutzung der dermatologischen mykologischen Diagnostikmöglichkeiten kann wahrscheinlich manchem Ohrenarzt nützlich sein.

Literatur

KADEN, R.: Abh. „Die Schimmelpilzdermatosen" im Ergänzungswerk des JADASSOHNschen Handbuches. IV/4 von A. MARCHIONINI u. H. GÖTZ. „Die Pilzkrankheiten der Haut durch Hefen, Schimmel, Aktinomyceten und verwandte Erreger", Berlin: Springer 1963.

MAYER: Müllers Arch. 1844, S. 404, zit. n. OERTEL.

OERTEL, B.: Kap.: Äußeres Ohr in Handbuch der Hals-, Nasen-, Ohrenheilkunde von A. DENKER u. O. NAHLER, Bd. VII 2, Berlin: Springer 1926.

OTTEN, K.A.: Persönl. Mitteilung.

RIETH, H.: „Die Mykosen" Folia Ichthyolica, Heft 6, mykologische Ergänzung. Ichthyolgesellschaft Hamburg 1958 u. persönl. Mitteilung.
SIEBENMANN: „Die Schimmelmykosen des menschlichen Ohres", Abh. Wiesbaden 1889, zit. nach B. OERTEL.
THIANPRASIT, M.: Persönl. Mitteilung.
WEPLER, W.: Persönl. Mitteilung.
ZIERZ, P.: Persönl. Mitteilung.

Prof. Dr. KARL WULF
Hautklinik
35 Kassel, Mönchebergstr. 41—43

Aus der Universitäts-Augenklinik Hamburg
(Direktor: Prof. Dr. H. SAUTTER)

Schimmelpilzinfektionen des Auges und der Orbita

Von

D. H. HOFFMANN, Hamburg

Mit 3 Abbildungen

Schimmelpilze, die bei entzündlichen Erkrankungen des Auges und der Orbita gefunden werden, stellen den Untersucher hinsichtlich der Bedeutung ihrer Pathogenität vor die gleichen Probleme wie an anderen Abschnitten des Körpers. So wird auch der Augenarzt nicht jeden Schimmel, der auf seinen Platten wächst, als den gesuchten Erreger ansehen, sondern kritisch prüfen, ob das Direktpräparat und gegebenenfalls der histologische Schnitt Pilzelemente enthalten und danach trachten, denselben Mikroorganismus *mehrmals* aus der Läsion zu züchten.

Ein derartiger exakter Nachweis von Schimmelpilzen bei Infektionen im und am Auge konnte seit Ende des letzten Jahrhunderts immer wieder geführt werden. Auf diese Weise lernte man verschiedene Krankheitsbilder kennen. Dabei werden hauptsächlich solche Pilze angetroffen, die als fakultativ pathogen anerkannt sind: Aspergillus- und Cephalosporiumarten, Mucor und andere Phycomyceten sowie Allescheria Boydii oder deren imperfekte Form Monosporium apiospermum. Diesen Keimen soll unser Hauptaugenmerk gelten. Am Rande müssen einige Saprophyten als fraglich pathogen zur Diskussion gestellt werden, die man in der letzten Zeit, insbesondere im Zusammenhang mit einer längeren Vorbehandlung mit Kortikosteroiden und Antibiotika, bei infektiösen Prozessen des Auges isoliert hat.

Mykosen der Cornea

Das Krankheitsbild der *Aspergillose der Hornhaut* wurde bereits 1879 von THEODOR LEBER beschrieben. Es handelte sich um ein Ulcus serpens, also ein Hornhautgeschwür mit Ansammlung von Eiter in der Vorderkammer, das nach einer Fremdkörperverletzung beim Dreschen aufgetreten war. Wegen der langsamen Progression und dem trocken erscheinenden Geschwürsgrund wählte man die Bezeichnung „atypische Hypopyonkeratitis". Die Aspergillose der Hornhaut findet sich zwar in unseren älteren

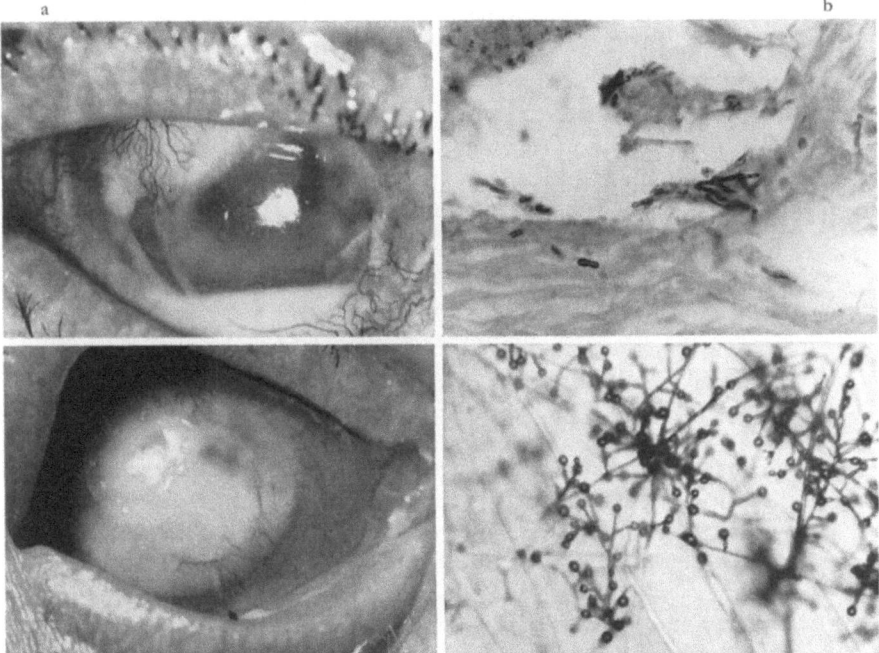

Abb. 1. Cephalosporiose der Hornhaut (Eigene Beobachtung)

a. Hornhautabszeß am Rande eines Transplantats mit Hypopyon. b. Pilzelemente am Rande des Abszesses. PAS-Gridley-Färbung. c. Beginnende Pilzendophthalmitis. d. Kultureller Befund: Endständige Konidienköpfchen auf unverzweigten, fast rechtwinklig zum Mycel stehenden Konidiophoren

Handbüchern, wurde aber längere Zeit nicht mehr diagnostiziert. Erst 1959 hat sie durch die Monographie von SAUBERMANN und SCHOLER wieder eingehende Würdigung erfahren. Die Autoren stellten anhand einer eigenen Beobachtung 90 Fälle der Weltliteratur zusammen. Inzwischen sind über 10 neue hinzugekommen. Neben Aspergillus fumigatus hat man A. glaucus, A. niger und andere Arten gezüchtet.

Seltener ist die *Cephalosporiose der Hornhaut*. Wir konnten selbst eine derartige Schimmelpilzinfektion beobachten, die sich nach einer Hornhautübertragung, die wegen einer tiefen Herpes simplex-Keratitis durchgeführt worden war, in Form eines *Hornhautabszesses* (Abb. 1a) manifestierte. Da der Prozeß auf lokal und allgemein gegebene Antibiotika nicht ansprach, wurde schließlich durch eine neuerliche Keratoplastik der erkrankte Hornhautbezirk in toto excidiert. Das Färbepräparat enthielt Pilzelemente, das in der PAS-Modifikation nach Gridley gefärbte Gewebsstückchen zeigte massenhaft Mycelfragmente (Abb. 1b). Auf den vom Abszeßeiter angelegten Kimmig-Schrägagarröhrchen wuchsen in allen Fällen weiße, flaumige Kolonien, die im mikroskopischen Bild (Abb. 1d) endständige Konidienköpfchen auf unverzweigten, fast rechtwinklig zu einem septierten Mycel stehenden Konidiophoren aufwiesen. Leider schritt der mykotische Prozeß unter dem neuen Hornhauttransplantat weiter und brach in das Auge ein (Abb. 1c). Der Bulbus mußte schließlich wegen dieser Pilzendophthalmitis enukleiert werden.

Eine *Mucormykose der Hornhaut* wurde bisher fünfmal, eine entsprechende *Monosporiose* dreimal beschrieben. Es handelte sich teils um weißliche Infiltrate und in den anderen Fällen um Geschwüre, die sich von einem bakteriell bedingten Ulcus serpens kaum unterschieden.

Allgemein läßt sich auf Grund des klinischen Bildes kaum sagen, welcher Pilz im einzelnen vorliegt. Viel wichtiger ist es, eine Mykose überhaupt differentialdiagnostisch einzuplanen. Für eine solche sprechen das schon genannte langsame Fortschreiten mit scharfer Demarkation des Geschwürsrandes, ein trockener Grund des Ulcus und außerdem rosenkranzartig angeordnete Infiltrate, die man als „Satelliten-Phänomen" bezeichnet hat.

Die intakte Hornhaut scheint gegen Pilze gefeit zu sein. Diese werden erst gefährlich, wenn sie durch Verletzungen oder bei therapeutischen Eingriffen in das Hornhautparenchym gelangen. Das bradytrophe, gefäßlose Gewebe der Cornea stellt offensichtlich ein besonders günstiges Terrain dar.

Kortikosteroide, die ja heute mitunter kritiklos als Augentropfen verschrieben werden, können eine Mykose so verschleiern, daß der Prozeß rasch unter Einschmelzung der Cornea in das Auge perforiert, während niemand an Pilze denkt.

Zur *Sicherung der Diagnose* muß man vom Rande des Hornhautbefundes vorsichtig mit einem kleinen Skalpell Material abschaben und mykologisch untersuchen. Nur sehr selten findet sich der ursächliche Keim im Bindehautabstrich.

Als *therapeutische Maßnahme* wurde schon die Keratoplastik erwähnt. Die lokale Anwendung von Amphotericin B in Form wäßriger Augentropfen oder von Augensalbe kann günstige Resultate erbringen, doch sind die Erfahrungen, ebenso wie beim Nystatin für Keratomykosen durch Hefen, noch von vorläufiger Natur.

Mykosen der Sklera sind selten. Bekannt wurden insgesamt 4 Infektionen der Lederhaut durch Aspergillusarten nach Traumen als graue, episkleritische Knötchen oder tiefere Nekrosen.

Mykosen des Augeninnern

a) exogen

Gelangen Schimmelpilze bei durchbohrenden Verletzungen oder bulbuseröffnenden Operationen in die Vorderkammer oder den Glaskörper, können sich schwere intraokulare Entzündungen entwickeln (Abb. 2). Im vorliegenden Falle war eine perforierende Verletzung durch einen Holzsplitter aufgetreten. In den USA hat man die *postoperative mykotische Endophthalmitis* bereits als fest umrissene klinische Einheit herausgestellt: Nach

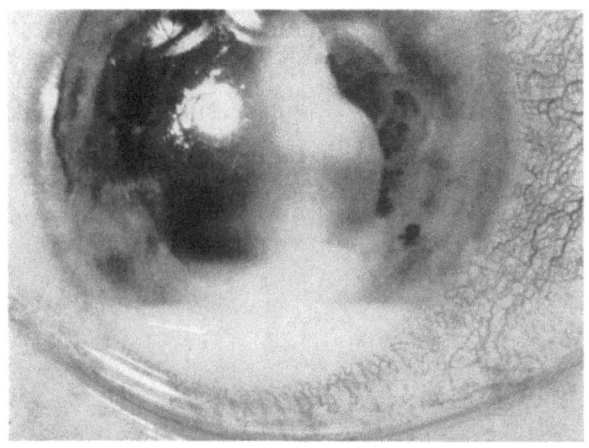

Abb. 2. Intraokulare Aspergillose nach perforierender Verletzung. Beobachtung von Dr. TIBURTIUS, Univ.-Augenklinik Berlin-Westend

einer Latenzzeit von mehreren Tagen *bis Monaten* tritt eine leichte Rötung des Auges auf, geringe Kammerwassertrübungen kommen hinzu. Äußerst schleichend bilden sich umschriebene Exsudate oder kleine Abszesse in der Vorderkammer oder im vorderen Glaskörper. Später verschwartet die Pupille, sekundäre intraokulare Drucksteigerungen stellen sich ein. Die Therapie ist bisher relativ machtlos. Es wird über Fälle berichtet, bei denen intravenöse Amphotericin B-Infusionen oder Spülungen der Vorderkammer mit dem Antimycoticum den Bulbus bei Verlust der Sehkraft erhalten konnten. Leider gibt man, da die Entzündung dadurch scheinbar besser wird, oft lange Zeit Kortikosteroide, die die Sache natürlich nur schlimmer machen: Der Prozeß schwelt maskiert weiter, bis er mit deletärer Wirkung losbricht.

b) endogen

Schimmelpilzinfektionen des Augeninnern, die auf dem Blutweg bei generalisierten Mykosen oder Mykosen der Lunge auftreten, sind immer wieder beschrieben worden. Gefunden hat man hauptsächlich Aspergillen, aber auch Mucorarten. Klinisch sieht man bei derartigen endogenen Mykosen des Augeninnern mit dem Spiegel Herde am Augenhintergrund, die später meistens in den Glaskörper einbrechen und dann zum Verlust des Auges führen. Amphotericin B-Infusionen können versucht werden.

Mykosen der Orbita

Seit Beschreibung der ersten drei Fälle einer *Mucormykose der Orbita* durch GREGORY, GOLDEN und HAYMAKER im Jahre 1943 sind über 30 Beobachtungen dieser Art bekannt geworden. Die prognostisch sehr ungünstige Erkrankung befällt fast immer komatöse oder präkomatöse Diabetiker. Über einzelne Hirnnervenausfälle wie Ptose des Oberlids und Aufhebung der Hornhautsensibilität entwickelt sich sehr schnell das Vollbild des einseitigen Orbitaspitzensyndroms (Abb. 3): Der Bulbus kann nicht mehr bewegt werden, das Oberlid hängt, die Hornhautsensibilität ist erloschen, die Pupille weit und starr, das Auge blind und exophthalmisch hervorgetrieben. Von Nekrosen der Nasenschleimhaut aus infiltriert der ungeheuer schnell wachsende Pilz die Nasennebenhöhlen und die Orbita, führt zu den geschilderten Symptomen, durchsetzt alle Gewebe der Orbita und den Bulbus und bricht schließlich in das Frontalhirn ein. Die Biopsie der Nasenschleimhaut oder die histologische Untersuchung der befallenen Gewebe ergibt das typische unseptierte Mycel. Bei Diabetikern mit den geschilderten Erscheinungen sollte man an eine Mucormykose denken.

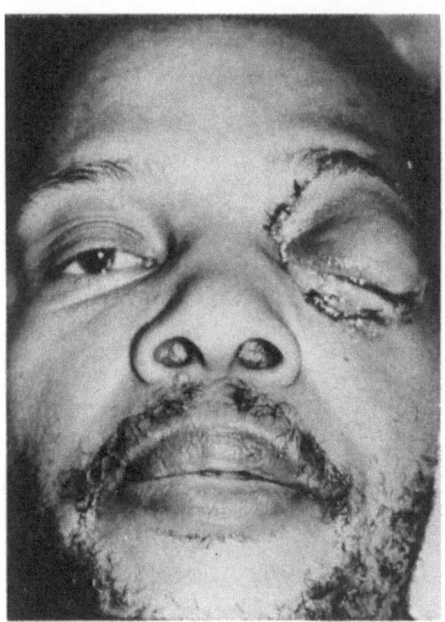

Abb. 3. Mucormycose der Orbita. Zustand nach Orbitotomie. Beobachtung von Dr. J. D. M. GASS, Wilmer Institute, Johns Hopkins Hospital, Baltimore

Seltener ist die *Aspergillose der Orbita*. Auch hier geht die Infektion über die Nebenhöhlen. Im Röntgenbild sieht man eine Verschattung des Sinus maxillaris, hinzukommende Knochenarrosionen erwecken den Verdacht auf ein Neoplasma. Der Prozeß verläuft ähnlich der Mucormykose, nur wesentlich langsamer. Remissionen kommen vor.

Bei beiden besprochenen Schimmelpilzinfektionen der Orbita wird Amphotericin B im Dauertropf empfohlen. Über Erfolge wird berichtet.

Mykosen der ableitenden Tränenwege

Wir kommen zu einem weniger gefährlichen Kapitel. Verstopfungen der *Tränenröhrchen* mit Schimmelpilzen sind im Gegensatz zu den Konkrementbildungen durch den anaeroben Actinomyces Israelii nicht häufig. Gefunden hat man, wie z. B. JANKE und ROHRSCHNEIDER im Jahre 1951, Cephalosporiumarten und auch Aspergillen. Das Tränenröhrchen ist am Tränenpünktchen aufgetrieben, in der Tiefe sieht man das Pilzkonkrement. Die mechanische Entfernung genügt oft schon, um das lästige Tränenträufeln zu beseitigen und die Reizconjunctivitis zum Verschwinden zu bringen. Bei Entzündungen des *Tränensacks*, also einer Dacryocystitis, wurden ebenfalls Cephalosporium- und Aspergillusarten gezüchtet. Klinisch fiel ein äußerst chronischer Verlauf auf.

Die Tabelle zeigt in einer Synopsis die besprochenen Erkrankungen nach Erregern geordnet.

Tabelle. *Schimmelpilzinfektionen des Auges und der Orbita*

Erreger	Lokalisation am Auge	Bisher publizierte Fälle
Aspergillus fumigatus und andere Arten	Hornhaut	100
	Orbita	10
	Intraokular exogen	8
	Intraokular endogen	8
	Ableitende Tränenwege	3
Mucor und andere Phycomyceten	Hornhaut	5
	Orbita	30
	Intraokular endogen	3
Cephalosporium	Hornhaut	8
	Intraokular exogen	3
	Ableitende Tränenwege	3
Allescheria Boydii bzw. Monosporium apiospermum	Hornhaut	3

Saprophytäre Schimmelpilze bei Erkrankungen des Auges

Fusarium oxysporum, Curvularia lunata, Neurospora sitophila und andere Anflugsporen wurden wiederholt aus schwersten Hornhautgeschwüren und aus postoperativen eitrigen Prozessen des Augeninnern isoliert. Im Tierversuch führen solche Keime bei der Injektion in den Glaskörper zu schwelenden Entzündungen. An der Cornea, und das ist bemerkenswert, gehen sie oft nur an, wenn gleichzeitig Cortison gegeben wird. Inwieweit solche Saprophyten, die man auch „opportunistische Pilze" genannt hat, generell unter besonderen Bedingungen als Erreger ernst zu nehmen sind, bleibt abzuwarten. Im Einzelfall konnten jedenfalls schon exakte Erregernachweise erbracht werden. Möglicherweise liegt am Auge insofern eine besondere Situation vor, als die Hornhautgrundsubstanz und der Glaskörper ein sehr günstiges Terrain für einmal eingeschleppte Pilze bilden, zumal dann, wenn ihre Ausbreitung durch Kortikosteroide erleichtert wird.

Literatur

BAILEY, J.C., and J.M. FULMER: Aspergillosis of the orbit. Report of a case treated by the newer antifungal antibiotic agents. Amer. J. Ophthalm. **51**, 670 (1961).

BAMERT, W.: Zur Therapie mykotischer Hornhautinfektionen, gleichzeitig ein Beitrag zur Indikation der lamellierenden Keratoplastik. Klin. Mbl. Augenheilk. **132**, 95 (1958).

GASS, J.D.M.: Acute orbital mucormycosis. Report of two cases. Arch. Ophthal. **65**, 214 (1961); Ocular manifestations of acute mucormycosis. Arch. Ophthal. **65**, 226 (1961).

GORDON, M.A., W.W. VALLOTTON and G.S. CROFFEAD: Corneal allescheriosis. Arch. Ophthal **62**, 758 (1959).

HOFFMANN, D.H.: Pilzinfektionen des Auges. Fortschr. Augenheilk. Bd. 16. S. Karger, Basel-New York, im Druck. (Dort ausführliche Literatur).

—, u. G. NAUMANN: Ein Beitrag zur Pilzinfektion der Hornhaut. Klin. Mbl. Augenheilk. **142**, 286 (1963).

JANKE, D., u. W. ROHRSCHNEIDER: Beitrag zu den seltenen Mykosen. Über eine Pilzerkrankung der Tränenröhrchen und der Oberhaut mit Befund eines bisher unbekannten Cephalosporiums. Dermat. Wschr. **123**, 49 (1951).

LEBER, TH.: Keratomycosis aspergillina als Ursache von Hypopyonkeratitis. Albrecht v. Graefes Arch. Ophthalm. **25** (II), 285 (1879).

NITYANANDA, K., P. SIVASUBRAMANIAM and L. AJELLO: Mycotic keratitis caused by Curvularia lunata. Sabouraudia **2**, 35 (1962).

SAUBERMANN, G., u. H.J. SCHOLER: Aspergillose der Hornhaut. Basel-New York: S. Karger 1959.

THEODORE, F.H.: The role of so-called saprophytic fungi in eye infections. 11th Symposium of the section on microbiology, New York; Academy of medicine (Edited by G. DALLDORF). Chap. 3. Springfield, Ill.: Charles C. Thomas 1962.

ZIMMERMAN, L.E.: Keratomycosis. Survey Ophthal. **8**, 1 (1963).

Dr. D.H. HOFFMANN
Oberarzt der Univ.-Augenklinik
2 Hamburg, Martinistr. 52

E. Schimmelmykosen im Anogenitalbereich

Aus der I. Universitäts-Hautklinik in Wien
(Vorstand: Prof. Dr. J. Tappeiner)

Sekundäre Aspergillose in perianalen Fistelgängen

Von

O. Male, Wien

Mit 2 Abbildungen

Während bei den vormittags gezeigten, tiefen Aspergillosen die Pilze die alleinigen oder mindestens primären Erreger darstellten, gibt es darüber hinaus offenbar Fälle, in denen die Aspergillen zwar nur eine — chronologisch gesehen — sekundäre Rolle spielen, die aber für den Krankheitsverlauf bestimmend ist; und zwar in der Weise, daß bereits bestehende

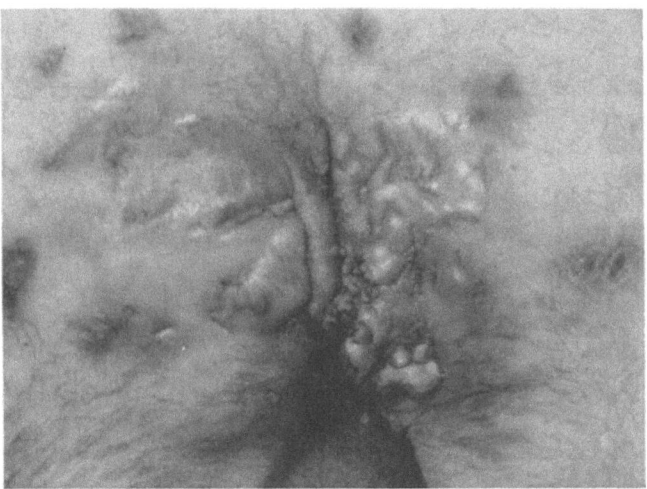

Abb. 1. Perianale Infiltrate und Fistelgänge

Affektionen anderer Ätiologie, z. B. bazillärer, traumatischer oder congenitaler Natur, durch die Aspergillen sekundär besiedelt werden, wodurch der ursprünglich nicht pilzverursachte Prozeß nun in die Bahn einer Mykose gelenkt wird. Ein derartiger pathogenetischer Ablauf lag an einem Fall unserer Klinik vor, über den im folgenden berichtet werden soll.

Der bei der Aufnahme 54jährige, kräftige, sportliche Patient wies im Gesäßbereich ausgedehnte, tiefreichende, derbe bis knorpelharte, chronisch-entzündliche Infiltrate mit zahlreichen, lebhaft jauchig-sezernierenden, teils narbig eingezogenen Fistelgängen auf (Abb. 1). Unmittelbar perianal bestanden papillomatöse Wucherungen, die, besonders beim Pressen, erheblich bluteten. Die inguinalen Lymphdrüsen waren beiderseits hochgradig vergrößert und dolent. Die Fistelgänge waren nur bis knapp unter die Oberfläche sondierbar, jedoch erwies sich bei einer später vorgenommenen Operation, wie gleich vorweggenommen sei, daß sie einen regelrechten Fuchsbau bildeten, der Subcutis, Fascie und Muskulatur durchsetzte und an mehreren Stellen bis ans Periost sowie in die Fossa ischiorectalis reichte.

Anamnestisch gab der Patient an, bis vor 30 Jahren völlig gesund gewesen zu sein. Insbesondere hätten keinerlei Veränderungen in der jetzt betroffenen Region — wie etwa perianale Fisteln, Fissuren oder ähnliches — bestanden. Bei einer Bergwanderung habe er nun, mangels Toilettenpapier, an dessen Stelle Gras und Blätter verwendet, worauf es in den folgenden Tagen zu einer perianalen Entzündung und Pustelbildung gekommen sei. Diese Erscheinungen besserten sich zwar nach Lokalbehandlung, ohne jedoch völlig abzuheilen. Allmählich entwickelten sich Rhagaden, die sich im Laufe der Jahre in Fistelkanäle zunehmender Tiefe und Ausdehnung umwandelten, bis sich schließlich der vorhin gezeigte, drastische Zustand ausbildete. Im Verlauf dieser 30jährigen Entwicklung wurde praktisch das gesamte moderne Therapieregister in Anwendung gebracht. Durchwegs ohne nennenswerten Erfolg. Lediglich eine über 5 Monate durchgeführte Aureomycin-Medikation mit 1,5—2 g pro Tag bewirkte vorerst einen leichten Entzündungsrückgang, dann jedoch eine deutliche Verschlechterung gegenüber vorher. Einen gleichen Erfolg hatte eine über mehrere Wochen durchgeführte Behandlung mit täglich 60 Mill. E Penicillin in Infusionsform, daneben Streptomycin, Reverin und Chloramphenicol.

Zufolge dieser Unbeeinflußbarkeit des Leidens hatte der Patient schließlich resigniert und seit ca. 5 Jahren keine ärztliche Hilfe mehr in Anspruch genommen. Erst als die Schmerzen unerträglich und die Blutungen bedenklich wurden, suchte er unsere Klinik auf.

Aus den Befunden der Durchuntersuchung seien nur die wesentlichsten herausgegriffen: Senkung 135/140; sekundäre Anämie leichteren Grades; Leukozytenwerte um 13000; Monozyten 10—12%. Gesamteiweiß und Elektrophorese: im Bereich der Norm. Frei'sche Probe negativ. Tuberkulosebazillen weder bakteriologisch noch im Tierversuch nachweisbar, Tuberkulinproben 1:10000, 100000 und 1 Mill. negativ. Aktinomyceten, Nocardien oder Enterococcen waren trotz wiederholter gezielter Versuche nicht nachweisbar, jedoch ergab die Untersuchung des Fistelsekretes regelmäßig reichlich Proteus vulgaris, mehrmals Candida pseudotropicalis und Staphylococcus albus sowie — bei jeder einzelnen Überprüfung — sehr massiv Aspergillus candidus. Nach Ausschluß einer anderen Ätiologie und im Hinblick auf das permanente und massive Vorkommen dieser Keime war anzunehmen, daß mindestens einer davon eine ursächliche Rolle an den Krankheitserscheinungen spielte. Retrospektiv läßt sich nun nicht entscheiden, welcher Erreger der primäre war, jedoch kann mit einiger Sicherheit angenommen werden, daß es der Aspergillus, dessen Pathogenität ja recht gut bekannt ist, nicht war. Dafür spricht auch der negative Ausfall der serologischen Untersuchungen, die Herr JANKE liebenswürdigerweise ausführte. Am ehesten dürften wohl der Proteus, eventuell auch die Staphylococcen, als Primärerreger anzunehmen sein.

Dessenungeachtet scheint der Pilz aber trotz seines erst sekundären Hinzutretens für den Verlauf der Erkrankung doch eine sehr wesentliche Bedeutung gehabt zu haben. Denn andernfalls, nämlich bei rein bakterieller Ätiologie, wäre die völlige Resistenz der Erscheinungen gegenüber der höchstdosierten antibiotischen Therapie doch ganz unwahrscheinlich. Besonders auch deren nachträgliche Verschlechterung. Dieses Verhalten legte die Vermutung nahe, es könnten zwischen den einzelnen Keimen symbiotische Beziehungen bestehen, was wir in der Warburg-Apparatur prüften. Tatsächlich ließ sich hierbei eine sehr eindrucksvolle Wachstumsstimulierung des Aspergillus durch den Proteus und, etwas schwächer, auch durch die Candida nachweisen. Umgekehrt stimulierte der Aspergillus auch den Proteus ganz außerordentlich, wodurch die völlige Resistenz gegenüber Antibiotika erklärt werden könnte (Abb. 2). Der Staphylococcus

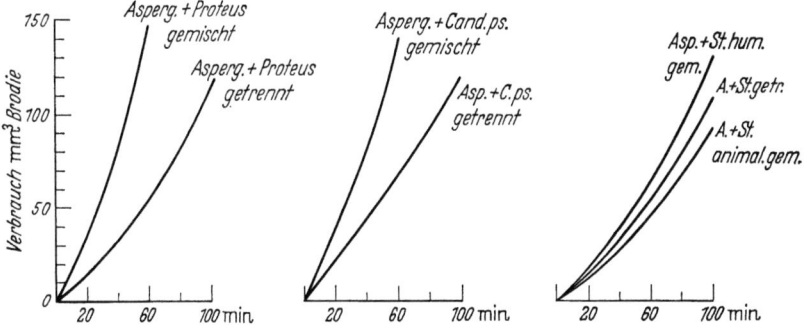

Abb. 2. Wachstumsstimulierung von Aspergillus fumigatus durch Proteus vulgaris und Candida pseudotropicalis

bewirkte eine leichte Wachstumshemmung, ein animaler Stamm eine geringe Anregung. Aus diesen Relationen scheint nun die Folgerung zulässig, daß dem Aspergillus am besprochenen Krankheitsbild eine ätiologisch zwar nur mittelbare, im Effekt aber doch sehr wesentliche Rolle zukommt. Eine Funktion also, die somit gewissermaßen als „indirekte Pathogenität" anzusprechen wäre.

Über diese postulierte indirekte Wirkung hinaus fanden wir im histologischen Gewebsschnitt in den Fistelwänden Strukturen, die eine frappierende Übereinstimmung mit dem Aspergillus aufweisen. Und zwar sowohl in der Morphe, als auch in den Größenrelationen zwischen Hyphen, Vesiceln und Sterigmen, Formelementen also, die sonst nur in der saprophytären Wachstumsphase auftreten. Da diese Strukturen sich lediglich mit Pilzfärbungen darstellen ließen, erhebt sich nun die Frage, ob sie nicht trotzdem als Aspergillen anzusprechen wären, obwohl ihr Erscheinungsbild durchaus nicht der geläufigen parasitären Gewebswuchsform gleicht. Diese Abweichung vom üblichen Bild wäre vielleicht durch die symbiotische Beeinflussung bzw. Änderung der lokalen Terrainbedingungen (z. B. Resistenzlage) zu erklären, was zur Diskussion gestellt wird.

Dr. Otto Male
Oberarzt der I. Univ.-Hautklinik
Wien IX/Österreich, Alserstr. 4

Aus der Frauenklinik Finkenau, Hamburg
(Direktor: Prof. Dr. H. Dietel)

Mykosen durch Schimmelpilze im Genitalbereich

Von

H. Malicke, Hamburg

Die Tatsache, daß Schimmelpilze fast überall auf der Haut vorkommen, läßt die Frage auftauchen, welche Rolle diese Pilze auf der gesunden und kranken Haut und Schleimhaut des Genitalbereiches spielen. Schon Haussmann ist 1870 dieser Frage nachgegangen, indem er versuchte, Sporen und Mycelien verschiedener Penicillium-, Aspergillus- und Mucorarten in die Scheide zu inokulieren. Die Fortsetzung dieser etwas fragwürdigen Experimente blieb dann aber aus.

Wie sieht es nun heute aus? — Bei der Durchsicht der uns zugänglichen gynäkologischen Literatur der letzten 10 Jahre fanden wir nur eine einzige Mitteilung von Bank aus dem Jahre 1952, in der eine Mykose durch Schimmelpilze geschildert wird: Im Anschluß an eine Abortcurettage war es in diesem Fall zu anhaltenden Blutungen gekommen. Bei der Abrasio wurden außer foetalen Zotten und Deziduateilen Pilzfäden in überaus großer Menge gefunden. Kulturell wurde Mucor corymbifer nachgewiesen.

In der dermatologischen Literatur ist etwas mehr darüber zu finden. So konnte Perazzi bei mykologischen Untersuchungen der Genitalregion von 260 Frauen in 3,8% Mucorarten und in 16,9% andere Schimmelarten nachweisen. Diese Arbeit wurde 1926 von Grütz im Zentralblatt referiert.

PIRILÄ gelang es 1941, aus Geschwüren an den äußeren Genitalien einer Frau Mucor corymbifer zu züchten; da keine weiteren Keime nachgewiesen werden konnten, hielt er diesen Pilz für den Erreger. Einige Jahre später veröffentlichte er einen Fall von Balanitis mit ausgedehnten Ulcerationen der Eichel. Bei der Frau dieses Patienten kam es ebenfalls zu Erscheinungen in Form eines Ulcus suspectum mit Ödem der rechten großen Labie. In beiden Fällen wurde Mucor corymbifer gezüchtet und nach negativem Ausfall von bakteriologischen und serologischen Untersuchungen als Erreger angesehen. Die Erkrankungen heilten nach lokaler antiseptischer Therapie aus.

1952 berichtete HÖFER über eine Cephalosporiose der Haut bei einem Mann mit Ersterscheinungen am Genitale. JANKE beschrieb 1953 2 Fälle von Scopulariopsidosis der Haut mit Befall der Prostata. Therapeutische Beeinflussung der Hautherde war erst nach Prostatasanierung möglich. 1958 demonstrierte EHRMANN einen Patienten mit einer Mucorbalanitis.

Aus der Veterinärmedizin sind uns zahlreiche Fälle bekannt, bei denen die Schimmelpilzerkrankung des Genitale zu ernsten Folgen führte. So beschrieben AINSWORTH und AUSTWICK 1959 Rinderaborte durch Aspergillus, Absidia, Mucor und andere Schimmelpilzarten. Die Infektion kann hämatogen auf dem Wege über verschimmeltes Heu oder Stroh und über den Respirationstrakt erfolgen. Dieser Infektionsmodus konnte tierexperimentell belegt werden. Eine andere Möglichkeit ist die Ascension von Schimmelpilzen in das innere Genitale anläßlich des Deckaktes.

Diese wenigen erreichbaren, wenn auch eindrucksvollen Beispiele zeigen, daß Schimmelpilze als Krankheitserreger auch im Genitalgebiet eine Rolle spielen können. In welchem Ausmaß dies geschieht, wird erst dann beurteilt werden können, wenn auf breiterer Basis mykologische Befunde erhoben werden. Einstweilen mangelt es noch an Untersuchungen über die Häufigkeit der Schimmelpilzbesiedelung des Genitale. Nicht einmal negative Befunde sind bekannt. Fast alle beschriebenen Fälle sind zufällige Einzelbeobachtungen, bei denen die mykologische Untersuchung gewissermaßen die „ultima ratio" darstellte, nachdem bakteriologische, serologische und andere Untersuchungen nicht zum Ziele geführt haben.

Welche Möglichkeiten bieten sich nun, zur weiteren Klärung der Rolle der Schimmelpilze im Genitalbereich beizutragen? — Zunächst einmal ist es ratsam, bei unklaren Veränderungen in diesem Bereich öfter an die Möglichkeit einer Mykose zu denken. Die sich bereits anbahnende Entwicklung von mykologischen Laboratorien auch in gynäkologischen Kliniken schafft eine weitere Voraussetzung für Untersuchungen auf breiter Basis. Werden nun Schimmelpilze gefunden, können diese nicht einfach in Bausch und Bogen als Verunreinigung verworfen werden, wie dies vielfach autoritär entschieden wird; vielmehr ist in jedem Fall zu klären, ob sich die gleichen Schimmel auch bei wiederholten Untersuchungen, sowie nach Ausschluß von Hefen und Dermatophyten nachweisen lassen.

Nicht zuletzt durch engere Zusammenarbeit und Erfahrungsaustausch zwischen den verschiedenen Fachrichtungen, wie Dermatologie, Gynäkologie und auch Veterinärmedizin, wird sich das bis jetzt noch spärliche Wissen über Mykosen durch Schimmelpilze im Genitalbereich vertiefen lassen.

Literatur

AINSWORTH, G. C., and P. K. C. AUSTWICK: Fungal Diseases of Animals. Review Series No. 6 of the Commonwealth Bureau of Animal Health (1959).

BANK, E.: Die Mucor-Mykose des Endometriums. Gynaecologia (Basel) **134**, 249 (1952).

EHRMANN: Mucor-Balanitis. Ref. Derm. Wschr. **138**, 973 (1958).

HAUSSMANN, D.: Die Parasiten der weiblichen Geschlechtsorgane des Menschen und einiger Tiere. Berlin: A. Hirschwald 1870.

HÖFER, K.: Cephalosporiose der Haut mit Ersterscheinungen am männlichen Genitale. Z. Haut- u. Geschl.kr. **13**, 131 (1952).

JANKE, D.: Scopulariopsisarten als menschenpathogene Dermatophyten. Z. Haut- u. Geschl.kr. **20**, 35 (1953).

PERAZZI, P.: I miceti dimoranti nella regione genitale della donna. Ref. Zbl. Haut- u. Geschl.kr. **20**, 321 (1926).

PIRILÄ, P.: Eine Mucormykose der äußeren Genitalien. — Über die Schimmelpilze als Ursache von Hautkrankheiten. Acta derm.-vener. (Stockholm) **22**, 377 (1941).

— Cases of Mucor mycosis of the skin and lymph glands observed in man. Acta derm.-vener. **28**, 186 (1948).

Dr. H. MALICKE
Frauenklinik Finkenau
2 Hamburg 22, Finkenau 35

F. Animale Mykologie

Aus dem Institut für Mikrobiologie und Infektionskrankheiten der Tiere
(Vorstand: Prof. Dr. A. MAYR)
und dem Institut für Tierpathologie der Universität München
(Vorstand: Prof. Dr. H. SEDLMEIER)

Vorkommen von Schimmelpilzerkrankungen der inneren Organe bei Säugetieren

Von

B. MEHNERT und B. SCHIEFER, München

Obwohl über Schimmelpilzerkrankungen der inneren Organe bereits lange vor dem Bekanntwerden der durch Bakterien bei Haustieren hervorgerufenen Krankheiten berichtet worden ist, sind die Kenntnisse des

19. Jahrhunderts bis zum heutigen Tage nicht nennenswert erweitert worden. Trotz des allgemeinen Aufschwunges, den die Mykologie in den letzten Jahren erhalten hat, haben die Schimmelpilzerkrankungen in ihrer Bedeutung für das Tier noch keine befriedigende Bearbeitung erfahren. Auf Grund der Schwierigkeiten, die der Beurteilung eines kulturell erhobenen Pilzbefundes wegen der ubiquitären Verbreitung der Schimmelpilze anhaften, lassen sich die bisher vorliegenden Berichte über die Beteiligung eines Schimmelpilzes an einem Krankheitsgeschehen bei Tieren nur bedingt verwerten. In vielen dieser Publikationen wurde entweder über den vermutlichen Pilz nichts Genaueres ausgesagt oder es wurde bei der Beschreibung des Pilzes die Reaktion des Körpers völlig außer acht gelassen. Aus diesen Gründen können wir uns bei der Berichterstattung über das Vorkommen von Schimmelpilzerkrankungen bei Haustieren im wesentlichen nur auf unsere eigenen Beobachtungen stützen, bei denen die einzelnen Fälle stets durch mykologische und histologische Untersuchungen abgesichert wurden.

Im Vordergrund unseres Interesses stand das Auftreten der am häufigsten in der Umgebung des Tierkörpers nachweisbaren Mucoraceen und Aspergillaceen als mögliche Krankheitserreger bei Säugetieren. Dabei konnten wir feststellen, daß im Gegensatz zu den Verhältnissen bei Vögeln Erkrankungen der Atemwege bei Säugern verhältnismäßig selten sind, sofern man von allergotoxischen Erscheinungen absieht. Soweit Pneumomykosen bei Säugern zur Beobachtung gelangten, waren sie vornehmlich durch Aspergillus fumigatus, seltener durch andere Aspergillus-Arten und nur in Ausnahmefällen durch Mucor pusillus bedingt. In den meisten Fällen dürfte die Infektion auf die Inhalation größerer Sporenmengen, die von verschimmeltem Futter oder Einstreu stammten, zurückzuführen sein. In zwei Fällen wurde der Befall der Lunge mit Aspergillus fumigatus bei Pferd und Rind durch die Applikation von Antibiotika provoziert.

Weitaus häufiger als Pneumomykosen wurden bei Säugern Erkrankungen im Bereich des Verdauungstraktes festgestellt, wobei die ubiquitär verbreiteten Schimmelpilze auf unterschiedliche Weise dem Makroorganismus Schaden zufügen können. Auf der einen Seite sind verschiedene Schimmelpilze in der Lage, ohne im Tierkörper zu nennenswerter Vermehrung zu gelangen, allein durch ihre Toxine den Makroorganismus zu schädigen. Auf der anderen Seite können sie jedoch auch durch ein aktives Eindringen ihrer Hyphen in das Körperinnere das Gewebe mechanisch zerstören. Die Ausbreitung im Gewebe setzt voraus, daß — wie bei anderen fakultativ pathogenen Pilzen — durch die Einwirkung einer Noxe auf den Makroorganismus für den Pilz das Durchwandern der Schleimhäute ermöglicht wird. Im Falle einer Intoxikation dagegen genügt es, daß sich die toxinbildenden Schimmelpilze vor der Aufnahme in den Tierkörper im Futter angereichert haben.

Im Gegensatz zum Schimmelpilzbefall lassen sich beim Auftreten einer Schimmelpilztoxikose — außer nervösen Symptomen und schweren Darmbeschwerden vor dem Tode — bei der Sektion petechiale und ekchymotische Blutungen in den serösen Häuten sowie multiple Blutungen und haemorrhagische Infarkte in den parenchymatösen Organen nachweisen. Ein Pilznachweis gelingt dabei nicht. Bei dem ebenfalls vom Darm ausgehenden Schimmelpilzbefall werden neben der Darmschleimhaut, dem mukösen Gewebe und der Darmmuskulatur meist nur die regionalen sub-Lymphknoten in Mitleidenschaft gezogen. In ganz seltenen Fällen kommt es zu einer Generalisation.

Spontanfälle von Mucormykose beim Vorliegen eines manifesten Diabetes mellitus, wie sie beim Menschen wiederholt beschrieben worden sind, konnten wir bei diabetischen Hunden noch nicht diagnostizieren.

Als toxinbildende Pilze wurden bisher nur Aspergillus-Arten nachgewiesen und zwar Aspergillus nidulans, A. niger, A. flavus und A. fumigatus. Beim Pilzbefall der Schleimhaut mit nachfolgender hämatogener oder lymphogener Aussaat handelte es sich vornehmlich um Rhizopus-, Mucor- oder Absidia-Arten. Durch diese Phycomyceten wurden nach dem Durchdringen der Mukosa des Darmes vor allem die Darmlymphknoten bei Ferkeln mit reduziertem Ernährungs- und Allgemeinzustand in den ersten Lebenswochen befallen. Aspergillus-Arten, A. nidulans und A. niger, traten dagegen bei Katzen im Gefolge von Viruserkrankungen (Katzenseuche) auf.

Außer den erwähnten Schimmelpilzerkrankungen im Bereich des Respirations- und Verdauungstraktes wurden beim Rind auch Aborte durch Schimmelpilze hervorgerufen. Die histologischen Befunde lassen keinen Zweifel daran, daß auch hier Mucor- oder Aspergillus-Arten ursächlich beteiligt sind; der in der Literatur beschriebene Infektionsweg über den Respirationstrakt des Muttertieres erscheint uns jedoch nach unseren Untersuchungsergebnissen als fragwürdig.

Ebenso bestehen Bedenken bezüglich den angeblich durch Schimmelpilze hervorgerufenen Mastitiden des Rindes, über die in der Literatur berichtet wird. Es gelang uns bisher nicht, einen solchen Fall zu diagnostizieren.

Da nach den Angaben von HAUKE (1961) nur etwa die Hälfte aller pathologisch veränderten Eutersekrete Bakterien enthalten, könnte man bei einem Nachweis eines Schimmelpilzes versucht sein, in dem nachgewiesenen Pilz einen Krankheitserreger zu sehen. Deshalb bedarf es auch hier unbedingt zur Absicherung eines kulturellen Befundes der ergänzenden histologischen Untersuchung.

Zu den Möglichkeiten eines Pilznachweises im Gewebe und der Unterscheidung der Schimmelpilze von anderen, ebenfalls nur fakultativ pathogenen Pilzen, wie z. B. den Hefearten, im histologischen Schnitt wird in einem folgenden Referat Stellung genommen (s. S. 123).

Literatur

AINSWORTH, G.C., and P.K.C. AUSTWICK: A survey of animal mycoses in Britain: General Aspects. Vet. Rec. **67**, 88—97 (1955).

— — A survey of animal mycoses in Britain: Mycologial Aspects. Trans. Brit. mycol. Soc. **38**, 369—386 (1955).

— — Fungal diseases of animals. Commonwealth Agricultural Bureaux, Farnham Royal, Bucks, England 1959.

AUSTWICK, P.K.C., and I.A.I. VENN: Routine investigations into mycotic abortion. Vet. Rec. **69**, 488—491 (1957).

BENDIXEN, H.C., u. N. PLUM: Schimmelpilze (Aspergillus fumigatus und Absidia ramosa) als Abortursache beim Rinde. Acta path. microbiol. Scand. **6**, 252 bis 322 (1929).

FORGACS, J., and W.T. CARLL: Mycotoxicoses. Adv. vet. Sci. **7**, 273 (1962).

GITTER, M., and P.K.C. AUSTWICK: Mucormycosis and Moniliasis in a litter of sucking pigs. Vet. Rec. **71**, 6—11 (1959).

HAUKE, H.: Zellgehalt der normalen und pathologisch veränderten Milch. Dtsch. Tierärztl. Wschr. **68**, 660—664, 724—727 (1961).

HENRICI, J.N.: An Endotoxin from Aspergillus fumigatus. J. Immunol. **36**, 319—338 (1939).

MAYER, A.C., u. EMMERT: Verschimmelung (Mucedo) im lebenden Körper. Dtsch. Arch. Anat. Physiol. (Meckl.) **1**, 310 (1815).

ROLLE, M., u. E. KOLB: Zur Frage des Vorkommens von Schimmelpilzen (Mucoraceae, Aspergillaceae) im Magen-Darmkanal der Haustiere. Zschr. Hyg. **139**, 415—420 (1954).

SALVIN, S.B.: Endotoxin in pathogenic fungi. J. Immunol. **69**, 89—99 (1952).

VANBREUSEGHEM, R.: Mycoses of Man and Animals. London: Sir Isaac Pitman & Sons Ltd. 1958.

WEIKL, A.: Infektiöser Abortus bei Rind und Schaf. Mh. Tierheilk. **12**, 53—64 (1957).

Priv.-Doz. Dr. BRIGITTE MEHNERT
Inst. f. Mikrobiologie
und Infektionskrankheiten der Tiere
und Dr. BRUNO SCHIEFER
Inst. f. Tierpathologie der Universität
8 München 22, Veterinärstr. 13

Aus der Medizinischen Tierklinik der Universität München
(Vorstand: Prof. Dr. K. Ullrich)

Verticillium- und Alternaria-Befall der Haut bei Pferd und Hund

Von

H. Kraft, München

Neben den allgemein als „hautpathogen" anerkannten Pilzarten der Gattungen Mikrosporon, Trichophyton und Epidermophyton bei Mensch und Tier (Kraft) wurden bei kulturellen Untersuchungen von Hautveränderungen bei Tieren recht häufig 2 „nicht-pathogene" Mycetenarten festgestellt, Verticillium beim Pferd und Alternaria beim Hund.

Klinisch findet man auf der Haut von *Pferden* nicht selten etwa linsengroße, manchmal bis pfennigstückgroße haarlose Stellen vor allem auf der Kruppe, aber auch an Kopf und Hals. Diese Veränderungen machen den Pferden offenbar keine Beschwerden, sie werden vom Besitzer auch meist nur als „Schönheitsfehler" betrachtet. Untersucht man vom Rande dieser Veränderungen ausgerissene Haare, so wächst auf dem Sabouraud-Agar eine weiße Kultur von puderartiger Konsistenz. Bei mikroskopischer Untersuchung der Kultur können die quirlständigen Konidien von *Verticillium* in großer Zahl gefunden werden.

Inwieweit Verticillium hier für die Veränderungen primär verantwortlich gemacht werden kann, ist nicht endgültig zu entscheiden. Da der Pilz auf Heu und Stroh vorkommt, kann von dort die Invasion ohne weiteres erfolgt sein. Spezielle Untersuchungen in dieser Richtung konnten nicht gemacht werden. Da aber außer Verticillium keine anderen Erreger auf den Hautveränderungen festgestellt werden konnten, liegt der Verdacht einer Beteiligung des Myceten als Ursache der Dermatose nahe.

Die Veränderungen sind nicht sehr hartnäckig, heilen z. T. von selbst ab, oder können durch einmaliges Waschen mit einem Antimykotikum oder durch Abreiben mit 1—2%igem Salicylspiritus beseitigt werden.

Bei *Hunden* mit seborrhoischem Ekzem läßt sich kulturell fast ausnahmslos auf Sabouraud-Agar *Alternaria* züchten. Die längs- und querseptierten Makrokonidien findet man häufig schon im Nativmaterial unter dem Mikroskop (siehe auch Dietrich). Auffallend ist, daß sich sowohl Mycel als auch Makrokonidien nicht mit Laktophenolblau anfärben. Für die Diagnostik spielt dies aber keine Rolle, da die schwarzbraune Eigenfarbe (Schwärzepilz) Mycel und Konidien ungefärbt im Mikroskop sichtbar werden läßt. Auch hier ist die Frage, ob es sich beim seborrhoischen Ekzem um eine primäre oder sekundäre Besiedlung mit dem Pilz handelt. Sicher ist das relativ feuchte Milieu dem Wachstum von Alternaria sehr zuträglich. Der Nachweis des Myceten gelang mir bei Tieren bisher fast ausschließlich bei Hunden mit seborrhoischem Ekzem, so daß m. E. ein Zusammenhang zwischen dieser Hautveränderung und dem Alternaria-Befall bestehen muß.

Die Behandlung macht auch hier keine besonderen Schwierigkeiten, da schon bei der beim seborrhoischen Ekzem üblichen Therapie mit Natrium-Thiosulfat per os Heilung eintritt. Auch antimykotisch wirksame Salben bringen die Dermatose zum Abheilen.

Der Verticillium-Befall beim Pferd und der Alternaria-Befall beim Hund wird deshalb zur Diskussion gestellt, weil beide Pilzarten fast ausnahmslos bei den beschriebenen Hautveränderungen bei Pferd bzw. Hund gefunden wurden. Daß eine Besiedlung vom Boden oder von Heu und Stroh her möglich ist, soll nicht bestritten werden. Ich bin aber nicht sicher, ob man so ohne weiteres sagen kann, daß beide Pilzarten als „nicht-pathogen" für die Haut von Tieren anzusehen sind, wie man das z. B. auch lange Zeit für Epidermophyton behauptet hat und erst Funde bei Hautveränderungen der Tiere diese Ansicht widerlegt haben (KRAFT, KREMPL-LAMPRECHT).

Literatur

DIETRICH, W.: Frankfurt 1963, mündliche Mitteilung.
KRAFT, H.: Zur Diagnostik und Therapie bei großen Haussäugetieren. Tierärztl. Umsch. **18**, 292 (1963).
— Zur Diagnostik der Dermatomykosen beim Hund. 17. Welttierärztekongreß Hannover 1963.
KREMPL-LAMPRECHT: München 1963, mündliche Mitteilung.

Doz. Dr. H. KRAFT
Medizinische Tierklinik der Univ.
8 München 22, Veterinärstr. 13

Aus der Klinik für kleine Haustiere, Hamburg-Othmarschen
(Leiter: Dr. H. DREISÖRNER)

Nachweis von Schimmelpilzen im Gehörgang von Katzen und Hunden

Von

H. DREISÖRNER und H. RIETH, Hamburg

Im Anschluß an die Mikrosporie-Epidemie unter den Hamburger Katzen in den vergangenen 2 Jahren, deren Bekämpfung die ironische Bezeichnung „Hamburger Katzenkrieg" erhalten hatte, tauchte die Frage auf, ob auch andere Krankheitserscheinungen dieser Tiere pilzbedingt sein könnten.

Es war aufgefallen, daß eine Reihe von Tieren an Otitis externa litt, wobei sehr häufig die Ohren gekratzt und der Kopf immer wieder geschüttelt wurde. Die Inspektion der Gehörgänge ergab meist bräunliche bis schwarze schmierige, oft übelriechende Beläge. Milben waren nur ausnahmsweise beteiligt.

Mykologisch untersucht wurden 53 Katzen, überwiegend aus einem Hamburger Katzenheim, das als Durchgangsstation für herrenlose, z. T. asoziale Tiere angesehen werden kann. Mit sterilen Watteträgern wurden Gehörgangsabstriche vorgenommen und Pilzkulturen angelegt. In ähnlicher Weise wurde während der Sprechstunde von 18 Hunden, die ebenfalls an Otitis externa litten, Material abgenommen.

Das Ergebnis bei den relativ verwahrlosten Katzen unterschied sich erheblich von dem bei den gutgehaltenen Hunden. Sämtliche Katzen wiesen in ihren Gehörgängen verschiedenartige Schimmelpilze auf, insbesondere Mucor, Aspergillus, Penicillium, Gliocladium, Paecilomyces, Scopulariopsis, Stemphylium und Alternaria. Einige Katzen hatten außerdem Mikrosporum canis im äußeren Gehörgang. Die Hunde wiesen nur in 2 Fällen Schimmelpilze auf, und zwar Aspergillus; sonst wuchsen nur Bakterien.

In der Literatur ist sehr wenig über den Pilzbefall der Gehörgänge von Kleintieren zu finden. Da die Otitiden aber ein ernstes und schwieriges therapeutisches Problem darstellen, sind zunächst Reihenuntersuchungen erforderlich, um vergleichen zu können, welche Sporen von Schimmelpilzen normalerweise im Gehörgang von Kleintieren vorkommen.

Da in mehreren Fällen der von uns untersuchten Katzen Pilzfäden im Nativpräparat nachweisbar waren, ist damit der Beweis erbracht, daß die betreffenden Pilze im äußeren Gehörgang wuchsen. Beim fehlenden Nachweis von Pilzfäden ist die Wahrscheinlichkeit gegeben, daß lediglich angeflogene Pilzsporen sich im Gehörgang befanden und dann in der Kultur auskeimten, ohne daß diesem Befund eine pathogene Bedeutung zukommt.

Inwieweit Schimmelpilze als reine Opportunisten einen aus andern Gründen erkrankten Gehörgang besiedeln und damit als Nosoparasiten zu bezeichnen sind oder ob sie primär eine Otomykose verursachen können, läßt sich auf Grund unserer bisherigen Beobachtungen nicht entscheiden. Es möge aber hiermit angeregt werden, ähnliche Untersuchungen an anderer Stelle durchzuführen, um die Ergebnisse vergleichen und diskutieren zu können.

    Dr. H. Dreisörner
   2 Hamburg-Othmarschen
   Jungmannstr. 18
    und Dr. H. Rieth, Univ.-Hautklinik,
  2 Hamburg 20, Martinistr. 52

Aus der Abteilung für experimentelle Medizin
der F. Hoffmann-La Roche & Co. Aktiengesellschaft, Basel

Spontane Aspergillose und Mucormykose des Kaninchens

Von

H. J. Scholer und R. Richle, Basel

Mit 11 Abbildungen

Das Vorkommen spontaner, wahrscheinlich primärer Aspergillose und Mucormykose beim Kaninchen wird im folgenden durch je eine Beobachtung belegt. Bruchstückartige Befunde an einigen weiteren Tieren vervoll-

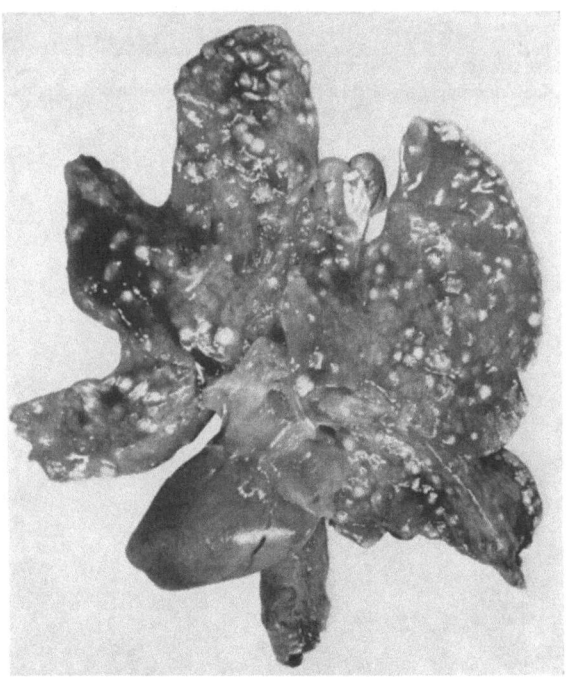

Abb. 1. *Aspergillose des Kaninchens*. Frische disseminierte Eiter- und Nekroseherde der Lunge

ständigen das Bild von Eintrittspforte und Ausbreitung der beiden Pilzkrankheiten. Soweit wir die Literatur kennen, wurde spontane Aspergillose des Kaninchens erst zweimal verzeichnet (4, 7), spontane Mucormykose

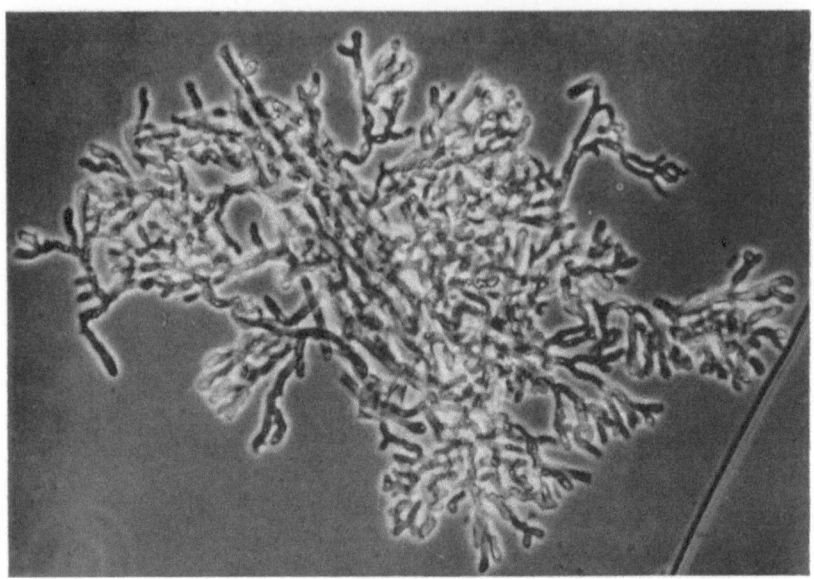

Abb. 2. Kalilaugenpräparat von einem Lungenherd: Sternförmige Aspergillus-Kolonie. Phasenkontrast, 400mal

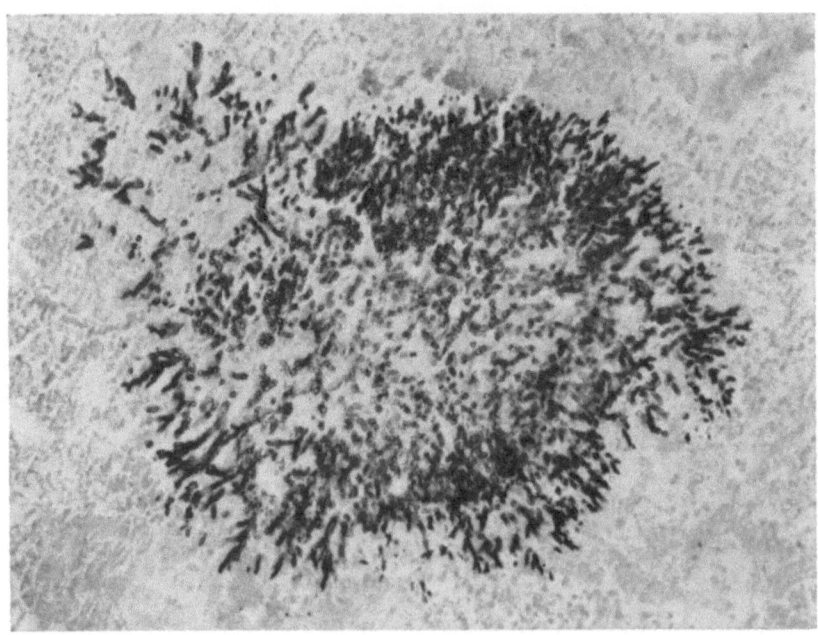

Abb. 3. Aspergillus-„Druse" der Lunge im histologischen Schnitt. Methenamin-Silber, 200mal

überhaupt noch nie, obwohl LICHTHEIM's klassische Beschreibung einer experimentellen Mucormykose bei diesem Tier aufs Jahr 1884 zurückgeht (5).

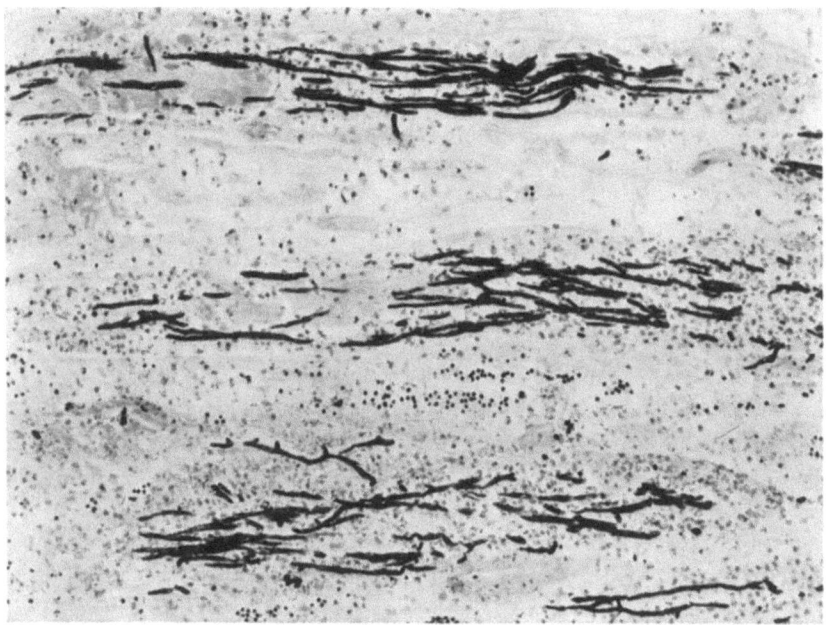

Abb. 4. Longitudinale Bündel von Aspergillus-Fäden in Sammelröhren des Nierenmarkes. Methenamin-Silber, 200mal

Aspergillose: Ein ausgewachsenes Kaninchen, noch in keinem Versuch verwendet, magert ab und geht ein. Bei der Sektion sind die Lungen gespickt mit hirsekorn- bis linsengroßen, gelblichen, krümeligen Herdchen (Abb. 1). In der Rinde der einen Niere erkennt man schon äußerlich unregelmäßig begrenzte Eiterherde, die sich auf Schnitt keilförmig ins Mark und in die teilweise nekrotische Papille fortsetzen. Auf gut Glück werden von Lunge und Niere Kalilaugenpräparate angelegt: es treten Pilzelemente hervor, oft in sternförmigen Kolonien, deren Morphologie — man beachte die Y-förmigen Verzweigungen der Fadenenden (Abb. 2) — bereits die Diagnose einer Aspergillose gestattet. Diese wird durch Reinkulturen von *Aspergillus fumigatus* bekräftigt.

Die Herdchen der Lunge erweisen sich histologisch als frische Eiterungen mit Nekrosen aber teilweise erhaltener Alveolarstruktur. In wohl jedem Herdchen liegt eine stern- oder drusenartige Pilzkolonie, die durch die Methenamin-Silberfärbung (3) besonders schön dargestellt wird (Abb. 3). Das Bild entspricht der diffusen pulmonalen Aspergillose des Menschen (8) sowie den beiden publizierten Spontanerkrankungen beim Kaninchen (*4, 7*). Auch die Nierenherde bestehen aus frischen Eiterungen und Nekrosen. Die eitergefüllten Sammelröhren des Markes führen dichtgepackte, longitudinal gerichtete Pilzfäden (Abb. 4). Von solchen Fadenbündeln kann der Pilz allseitig ins nekrotische Gewebe auswachsen. Bei derartiger Invasion sind die für Aspergillus charakteristischen Y-förmigen Verzweigungen besonders schön zu erkennen (Abb. 5).

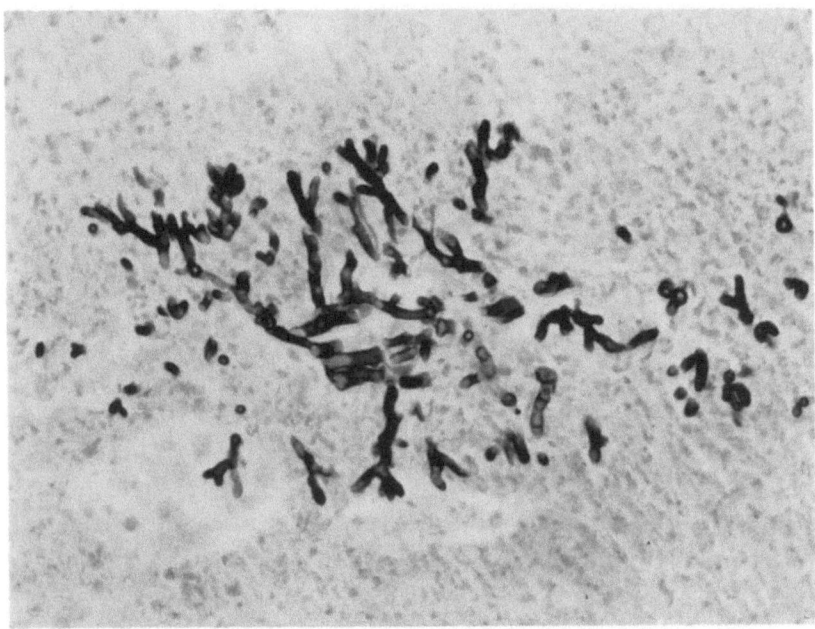

Abb. 5. Infiltrierendes Aspergillus-Wachstum im Nierenmark mit typischen Y-förmigen Verzweigungen. Methenamin-Silber, 400mal

Weder in der Lunge noch in der Niere finden sich Spuren einer anderen Erkrankung, so daß die Mykose als primär angesehen werden darf. Eine intestinale Pseudotuberkulose, auf die hier nicht eingegangen wird, mag vorbestanden und die allgemeine Infektabwehr beeinträchtigt haben. Eintrittspforte des Pilzes ist sehr wahrscheinlich die Lunge, obwohl kein Primärherd lokalisiert werden kann. Die Prädilektion der Niere für hämatogene Aspergillus-Metastasen ist in Human- und Veterinärpathologie und durch Tierexperimente vielfach erwiesen.

In einem fibrinösen, zentral verkästen Knötchen aus der sonst gesunden Lunge eines anderen Kaninchens (Abb. 6) wurden histologisch sichere Aspergillus-Elemente festgestellt; die Kultur ergab *A. fumigatus*. Die disseminierte Aspergillus-Pneumonie des ausführlich beschriebenen Falles dürfte

lymphogen oder hämatogen von einem derartigen Herd ausgegangen sein.
Mucormykose: Ein Kaninchen, gegen Histoplasma capsulatum immu-

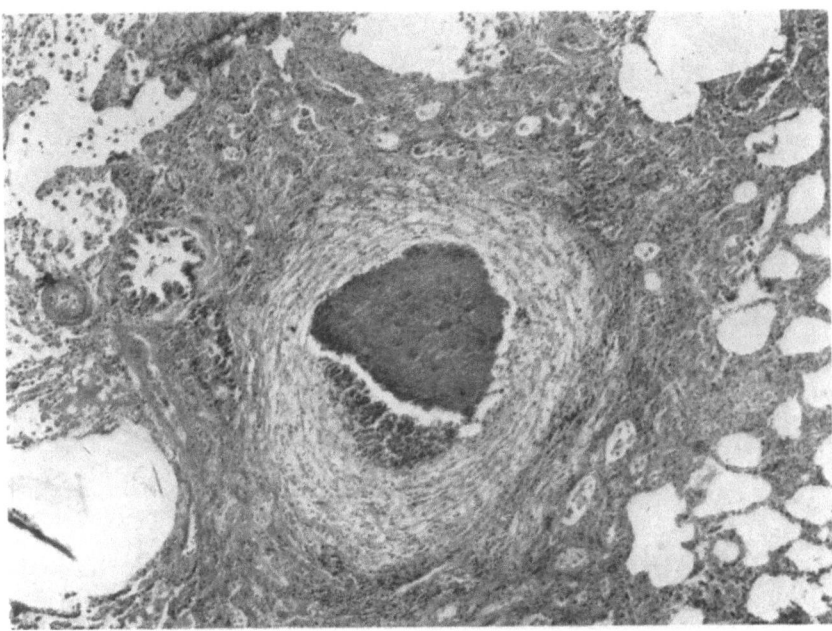

Abb. 6. Zufallsbefund in einer anderen Kaninchenlunge: Abgekapseltes, zentral verkästes Knötchen mit histologisch (Methenamin-Silber) und kulturell nachgewiesenem Aspergillus. H.E., 80mal

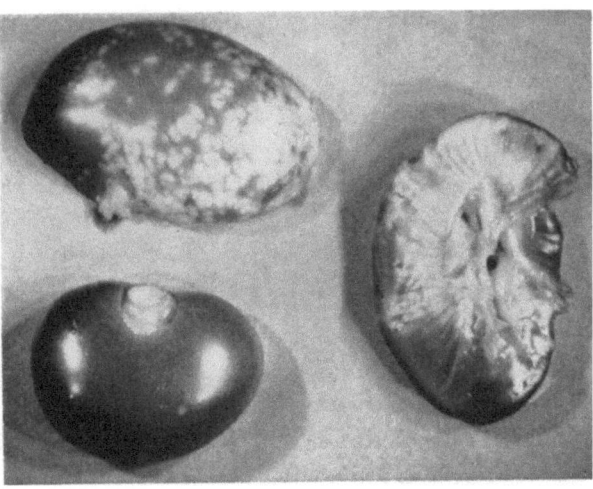

Abb. 7. *Mucormykose des Kaninchens*. Granulome und Nekrosen in Rinde und Mark der einen Niere

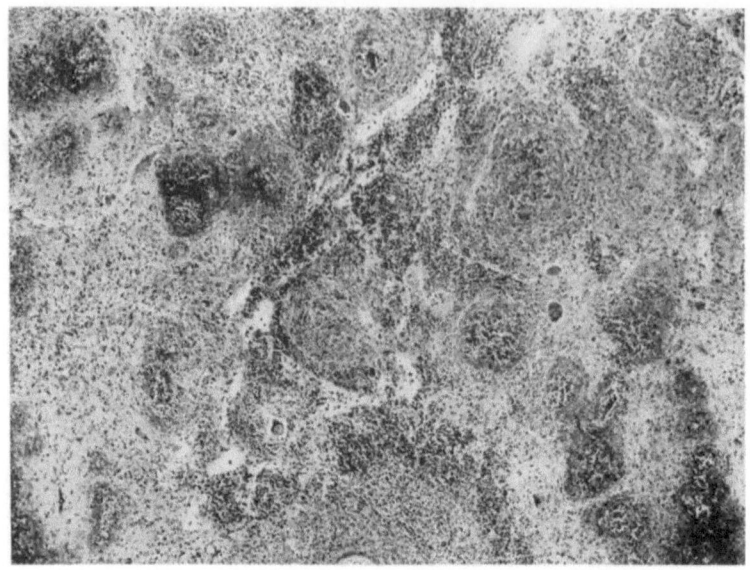

Abb. 8. Tuberculoide Granulome in der Niere (Mucormykose). H.-E., 50mal

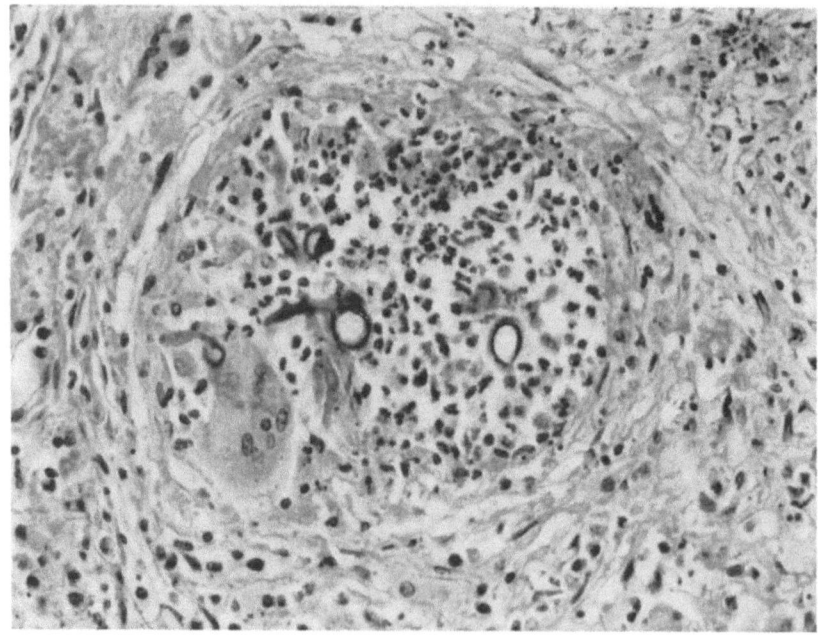

Abb. 9. Kleines Granulom der Milz mit runden, im Wachstum möglicherweise gehemmten Elementen des „Mucor". PAS, 325mal

nisiert (durch intravenöse Injektionen des hitzegetöteten Pilzes), geht unter Atemnot und Durchfall ein. Die Sektion ergibt Lungenödem und leichte Enteritis, doch imponiert vor allem dies: an der Oberfläche der stark vergrößerten einen Niere springen gelbe, konfluierende Herde vor; sie setzen sich als breite Streifen ins Mark fort; in Rinde und Mark sind auch weißliche, verfestigte Knoten festzustellen (Abb. 7). Die Pulpa der großen, mit dem

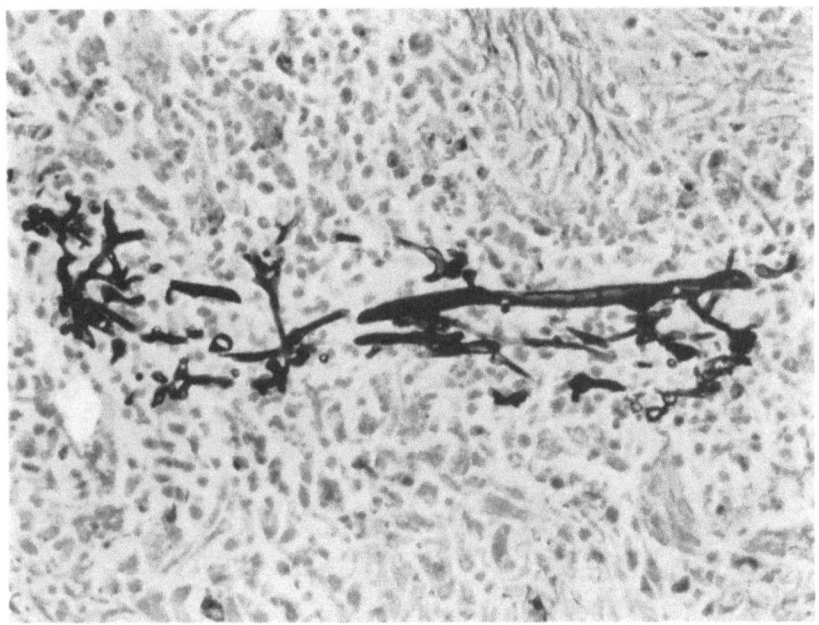

Abb. 10. Typische, unregelmäßige „Mucor"-Fäden in nekrotischer Partie der Milz. Methenamin-Silber, 300mal

Peritoneum verwachsenen Milz ist weitgehend ersetzt durch gelblichweißes Gewebe von bald fester, bald krümeliger Konsistenz. Kalilaugenpräparate von Niere und Milz zeigen polymorphe Pilzfäden, die Kulturen profuses Wachstum von *Absidia corymbifera*, so daß eine Mucormykose diagnostiziert werden kann.

Histologisch finden sich in Nierenrinde und -mark fein- und grobknotige tuberkuloide Granulome (Abb. 8), die oft Eiter- oder Nekroseherde umschließen. Bei Spezialfärbung erkennt man merkwürdige Kugeln oder Blasen; manche scheinen zu sprossen, manche werden durch Riesenzellen phagocytiert (vgl. Abb. 9). Im Gebiet größerer Nekrosen zeigt der Pilz die für Mucormykose charakteristische Morphologie: regellos verzweigte, verhältnismäßig selten septierte Fäden stark wechselnden, oft dicken Kalibers (Abb. 10). Das grundsätzlich gleiche Bild bietet die Milz: Granulome mit runden, in ihrer Vitalität wahrscheinlich beeinträchtigten Pilzelementen (Abb. 9); in Nekrosen profuses Wachstum typischer Fäden.

Derartige vorwiegend chronisch-granulomatöse Mucormykosen sind bei mehreren Tierarten nachgewiesen (1), kaum aber beim Menschen, wo meist ein akut-purulenter und nekrotisierender Prozeß vorliegt (2). Die

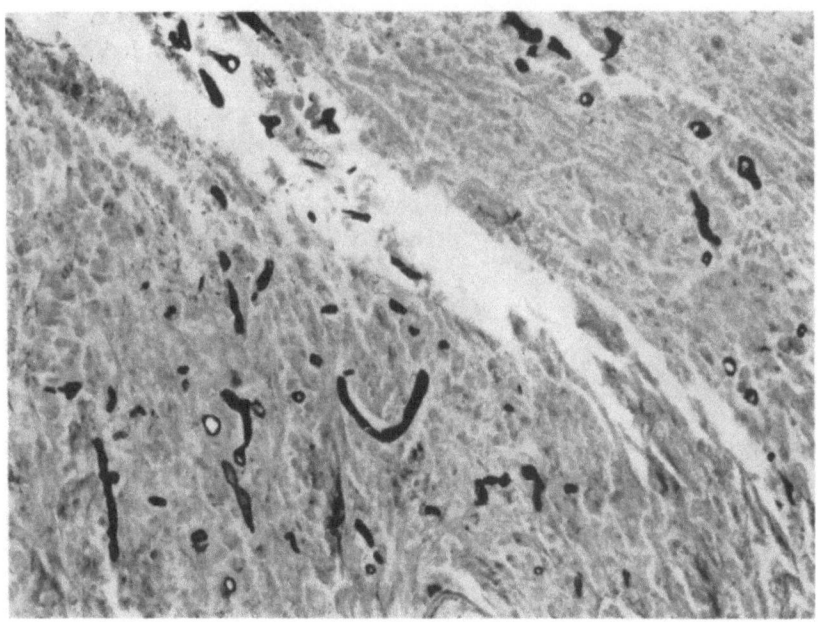

Abb. 11. Zufallsbefund bei einem anderen Kaninchen: Ulceröse Mucormykose des Darmes. Methenamin-Silber, 325mal

beim Menschen so charakteristische Gefäßaffinität des Erregers (2) fehlt im vorliegenden Fall völlig. Wohl im Zusammenhang mit der Verschiedenheit des Parasit-Wirt-Verhältnisses bildet beim Menschen fädiges Pilzwachstum die Regel, während bei unserem Kaninchen und bei anderen Mucormykosen von Tieren rundliche, vielleicht gehemmte Pilzformen vorherrschen.

Obwohl die Sektion des Tieres keine sicheren Anhaltspunkte liefert, halten wir den Darm für die wahrscheinlichste Eintrittspforte der Infektion. Dies aus Analogie mit einer beim Meerschweinchen beschriebenen intestinalen Mucormykose durch A. corymbifera (1, 6) und aufgrund von ulcerösen Mucormykosen des Darmes, die wir bei histologischen Untersuchungen zur Abklärung von Durchfallursachen bei drei Kaninchen feststellen konnten (Abb. 11). Statt wie beim Menschen vor allem die Blutgefäße zu befallen, drang hier der Pilz in die Lymphfollikel der Darmwand ein. Das Anlegen von Kulturen auf Pilze war versäumt worden.

Summary

One case each of spontaneous aspergillosis and mucormycosis in the rabbit is documented by gross and microscopic autopsy findings and cultures. In both instances, the fungous disease appeared to be primary in character and caused death of the animal. In the aspergillus infection, which had probably started from a pulmonary focus, both lungs and one kidney were filled with fresh purulent and necrotic lesions. A fibro-caseous nodule of the type from which such dissemination might occur was demonstrated in the lung of another rabbit. In the case of mucormycosis there were multiple tuberculoid granulomas and extensive necrotic areas in one kidney and in the spleen. In the granulomas growth of the fungus was apparently restricted to round bullous forms while in the necrotic tissue there was free development of the long, irregular filaments characteristic of mucor. The intestine is suggested as portal of entry in the light of intestinal mucormycosis which we have observed in three additional rabbits.

Literatur

1. Ainsworth, G.C., and P.K.C. Austwick: Fungal diseases of animals (Commonwealth Agricultural Bureaux, Farnham Royal 1959).
2. Gloor, F., A. Löffler and H.J. Scholer: Mucormykosen. Path. Microbiol. **24**, 1043—1064 (1961).
3. Grocott, R.G.: A stain for fungi in tissue sections and smears using Gomori's methenamine-silver nitrate technic. Amer. J. clin. Path. **25**, 975—979 (1955).
4. Höppli, R.: Lungenveränderungen beim Kaninchen infolge Schimmelpilzinfektionen. Z. Inf. Krankh. Haustiere **24**, 39—46 (1922).
5. Lichtheim, L.: Über pathogene Mucorineen und durch sie erzeugte Mykosen des Kaninchens. Z. klin. Med. **7**, 140—177 (1884).
6. Paterson, J.S.: Guinea-pig disease; in Harris' "The problems of laboratory animal disease" p. 178, London/New York: Academic Press 1962.
7. Schöppler, H.: Pneumonomycosis aspergillina leporis cuniculi L. Zbl. Bakt. (I. Abt. Orig.) **82**, 559—564 (1919).
8. Segretain, G.: Pulmonary aspergillosis: some aspects of the parasitic forms of aspergillus; in Riddel and Stewart's "Fungous diseases and their treatment". (Butterworth, London 1958).

Dr. H.J. Scholer und Dr. R. Richle,
c/o F. Hoffmann-La Roche & Co. AG.
Basel/Schweiz

Aus der Dermatologischen Klinik und Poliklinik der Philipps-Universität
Marburg a. d. Lahn
(Direktor: Prof. Dr. med. O. BRAUN-FALCO)

Lungenaspergillose beim Schwan (Cygnus olor)

Von

M. THIANPRASIT, Marburg

Mit 1 Abbildung

Aspergillus fumigatus kommt bekanntlich als Saprophyt sehr häufig in der Natur vor (*1, 2, 4, 7, 13*). Trotzdem ist er aber gelegentlich für Infektionen der Atemwege verantwortlich zu machen, die sowohl beim Menschen (*2, 4, 5, 7, 8, 9, 10, 12, 15*) wie auch beim Tier und besonders bei Geflügel (*1, 2, 3, 6, 7, 8, 13*) beobachtet werden können. In diesem Zusammenhang soll über einen Fall von Lungenaspergillose am Höckerschwan durch Aspergillus fumigatus berichtet werden.

Die pathologisch-anatomischen Veränderungen finden sich schon bei der makroskopischen Betrachtung im Luftsack und in den Lungen. Die Oberfläche des Luftsackes zeigt disseminiert angeordnete, dunkelgrüne Flecken neben teilweise konfluierenden, cremefarbenen, harten Knötchen, die über das Niveau erhaben sind (Abb. 1a). Die Knötchen sind ebenfalls auf der Schnittfläche der Lungen zu erkennen (*6*).

Im Nativpräparat aus den dunkelgrünen Flecken des Luftsackes finden sich massenhaft Aspergillusköpfchen, die eine Reihe Sterigmen aufweisen, sowie rauhe Konidien (Abb. 1b).

Die Nativpräparate aus den Knötchen des Luftsackes und der Lungen hingegen zeigen nur septierte und unseptierte Mycelien.

Die auf Hamburger Agar angelegten Kulturen von den pathologischen Veränderungen ergaben nach 10 Tagen typische Aspergillus fumigatus-Kolonien (*13*).

An der Oberfläche des Luftsackes sieht man histologisch stark PAS-positiv tingierte Aspergillusköpfchen, Konidien und Mycelien (Abb. 1c). Darunter befindet sich in den multiplen Knötchen eine abszedierende Entzündung mit zahlreichen Neutrophilen, einigen Erythrozyten und stellenweise zentrale Nekrosen (*6, 13*). Mit der PAS-Reaktion sind im Infiltrat Pilzmycelien nachweisbar (Abb. 1d).

Im Lungengewebe finden sich die Lungenalveolen dicht gefüllt mit Serum, Neutrophilen und Erythrozyten. So entspricht dieser Befund der Herde ganz dem einer Pneumonie (*6, 11, 13*). Pilzelemente lassen sich jedoch in diesen Herden nicht nachweisen.

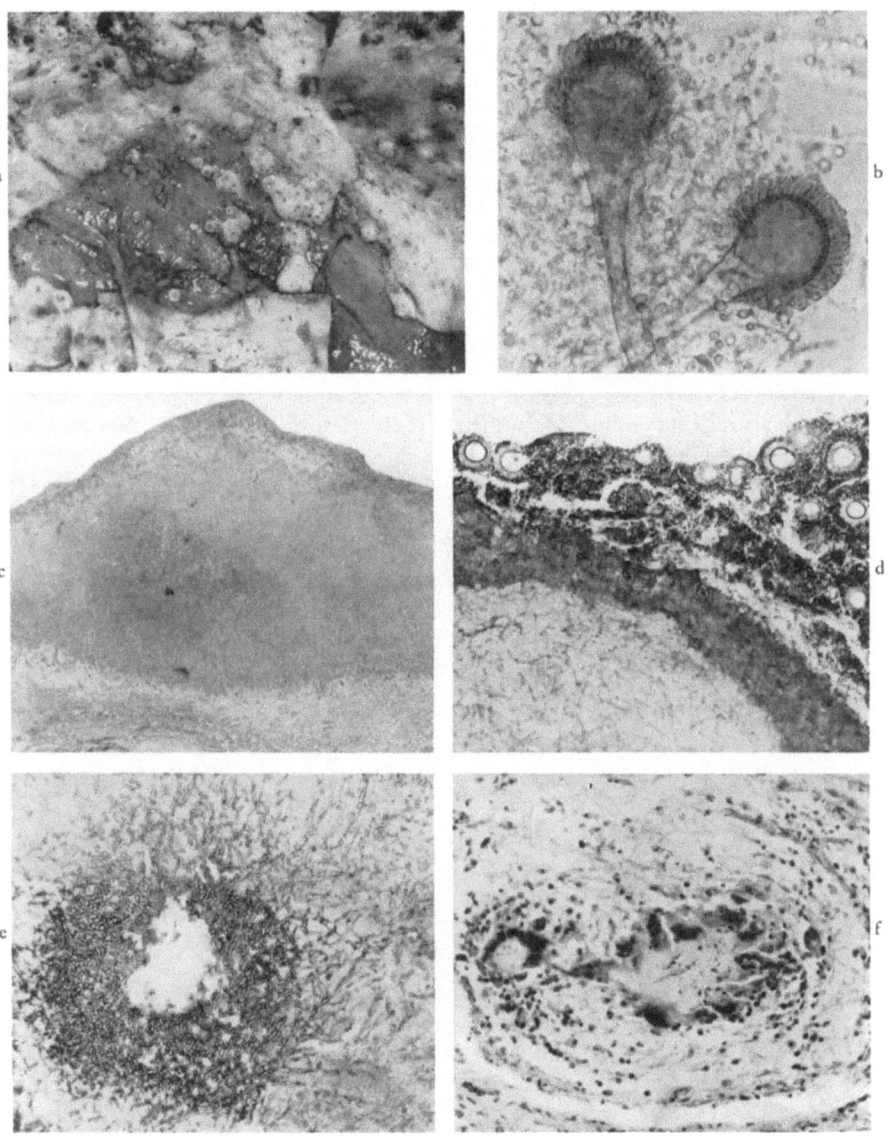

Abb. 1. Lungenaspergillose
a. Vegetatives Pilzwachstum und infiltrativ noduläre Bildung auf dem Luftsack und den Lungen.
b. Aspergillusköpfchen aus den dunkelgrünen Flecken des Luftsackes. Nativpräparat, 560 mal.
c. Abszedierende Entzündung mit Pilzelementen vom Knötchenherd des Luftsackes. PAS-Hämalaun, 38,4 mal. d. Aspergillusköpfchen und Konidien an der Oberfläche des Luftsackes. Mycelien im Luftsackgewebe. PAS-Reaktion, 112,8 mal. e. Lungenabszeß mit Mycelien im Zentrum des Herdes. PAS-Reaktion, 224 mal. f. Granulombildung in Lungen mit metachromatischen Mycelien in Riesenzellen. Toluidinblau-Reaktion, 286,7 mal

An anderen Stellen in der Lunge sieht man multiple Abszeßbildungen mit zentraler Nekrose. Die Hale-PAS-Reaktion macht hier die Pilzelemente hauptsächlich im nekrotischen Zentrum sichtbar (Abb. 1e). Darüber hinaus lassen sich an anderen Partien der Lunge, die nicht pneumonisch verändert sind und keine Abszesse aufweisen, Granulome mit Langhans'schen Riesenzellen, Epitheloidzellen, Rundzellen und Pilzelemente nachweisen (6, 7, 11, 13, 15). Letztere finden sich nicht nur zwischen den Zellen der granulomatös entzündlichen Reaktion, sondern auch innerhalb der Riesenzellen selbst (Abb. 1f).

Zusammenfassend können wir an Hand unserer Untersuchungen folgendes feststellen:

I. Die Aspergillose des Luftsackes beim Höckerschwan tritt in zwei Formen auf:

a) als saprophytäre Form an den Oberflächen des Luftsackes mit dem vegetativen Pilzwachstum.

b) als parasitäre Form mit abszedierender Entzündung und Mycelien im Luftsackgewebe.

II. In den Lungen führt die Infektion gleichzeitig zu pneumonischen Veränderungen, Abszeßbildungen und granulomatöser Reaktion.

Literatur

1. AINSWORTH, G.C., and R.E. REWEL: The incidence of aspergillosis in captive and wild birds. J. Comp. Path. **59**, 213 (1949).
2. CONANT, N.F., D.S. MARTIN, D.T. SMITH, R.D. BAKER and J.L. Callaway: Manual of Clinical Mycology, 2nd Edition, p. 203—212. Philadelphia: W.B. Saunders Comp. 1954.
3. FOX, H.: Disease in captive wild mammals and birds. Philadelphia: Lippincott 1923, Sist. nach Skinner et al. 13.
4. FRANKS, A.G., and A. GUIDICCI: Aspergillosis. In: Medical Mycology, ed. R.D.G. Ph. Simons, p. 384—388. Amsterdam: Elsevier Publ. Comp. 1954.
5. GÖTZ, H.: Fortschritte der medizinischen Mykologie II. Hautarzt **4**, 145 (1953).
6. HOLZ, K.: Aspergillose beim Schwan. Tierärztl. Wschr. **66**, 111 (1953).
7. KADEN, R.: Die Schimmelpilzdermatosen. In: Handbuch der Haut- und Geschlechtskrankheiten, ed. J. JADASSOHN, Bd. IV, Teil 4, p. 332—366. Berlin-Göttingen-Heidelberg: Springer 1963.
8. KALKOFF, K.W. u. D. JANKE: Mykosen der Haut. In: Dermatologie und Venerologie, ed. H.A. GOTTRON und W. SCHÖNFELD, p. 1108. Stuttgart: Thieme 1958.
9. LAPHAM, M.E.: Aspergillosis of the lung and its association with tuberculosis. J. Amer. med. Ass. **87**, 103 (1930).
10. RIETH, H.: Bestimmungstafel der Mykosen. Bayer. Wissenschaftl. Dienst 1958.
11. ROULET, F.C.: Die infektiösen ‚spezifischen' Granulome. In: F. BÜCHNER, E. LETTERER und F. ROULET's Handbuch der allgemeinen Pathologie, Bd. VII/1, p. 450. Berlin-Göttingen-Heidelberg: Springer 1956.

12. SCHNEIDER, L.V.: Primary aspergillosis of the lung. Amer. Rev. Tuberc. 22, 267 (1930).
13. SKINNER, C.E., C.W. EMMONS and H.M. TSUCHIYA: Henrici's Molds, Yeasts and Actinomycetes, p. 206—210. New York: John Wiley & Sons, Inc. 1957.
14. THOM, C., and K.B. RAPER: A Manual of the Aspergilli. Baltimore: Williams & Wilkins Comp. 1945.
15. WEGMANN, T.: Aspergillose. In: Klinik und Therapie der Pilzkrankheiten, ed. G. POLEMANN, p. 272—275. Stuttgart: Thieme 1961.

Dr. M. THIANPRASIT
Dermatol. Klinik u. Poliklinik der Univ.
355 Marburg/Lahn, Deutschhausstr. 9

Aus dem Institut für Tierpathologie
(Vorstand: Prof. Dr. H. SEDLMEIER)
und dem Institut für
Mikrobiologie und Infektionskrankheiten der Tiere
der Universität München
(Vorstand: Prof. Dr. A. MAYR)

Differenzierung von Schimmelpilz- und Sproßpilzinfektionen bei Säugetieren im histologischen Schnittpräparat

Von

B. SCHIEFER und B. MEHNERT, München

Mit 5 Abbildungen

Der Nachweis von Pilzelementen im Gewebe stellt den Pathologen bei der täglichen Routinediagnostik immer wieder vor die Frage, um welche Art von Pilzen es sich dabei handelt. In vielen Fällen steht jedoch für eine exakte Diagnosestellung nur noch das bereits fixierte und geschnittene Material zur Verfügung, so daß eine kulturelle Untersuchung nicht mehr möglich ist und eine Aussage allein aufgrund des Schnittpräparates getroffen werden muß. Für die Notwendigkeit einer möglichst weitgehenden Differenzierung eines Erregers anhand des histologischen Schnittes sprechen auch noch eine Reihe anderer Gründe:

1. kann das Sektionsmaterial wegen zu weit fortgeschrittener Fäulnis bereits für die Anlage einer Pilzkultur untauglich geworden sein,
2. kann durch Oberflächenverschmutzungen der Organe mit Pilzen der kulturelle Pilznachweis das Vorliegen einer Pilzerkrankung oder das Vorhandensein eines anderen Erregers vortäuschen und

3. kann eine Pilzinfektion vom Körper derart unter Kontrolle gebracht worden sein (z. B. durch Phagozytose), daß die geschädigten Pilzzellen zwar in der Kultur nicht mehr anwachsen, histologisch jedoch nachgewiesen werden können.

Außerdem läßt sich nur mit Hilfe des histologischen Schnittpräparates entscheiden, ob ein positives Kulturergebnis auch mit der Invasion von Pilzzellen in den Körper in Zusammenhang steht und ob es im Körper überhaupt zu einer Auseinandersetzung zwischen Pilz und Makroorganismus gekommen ist.

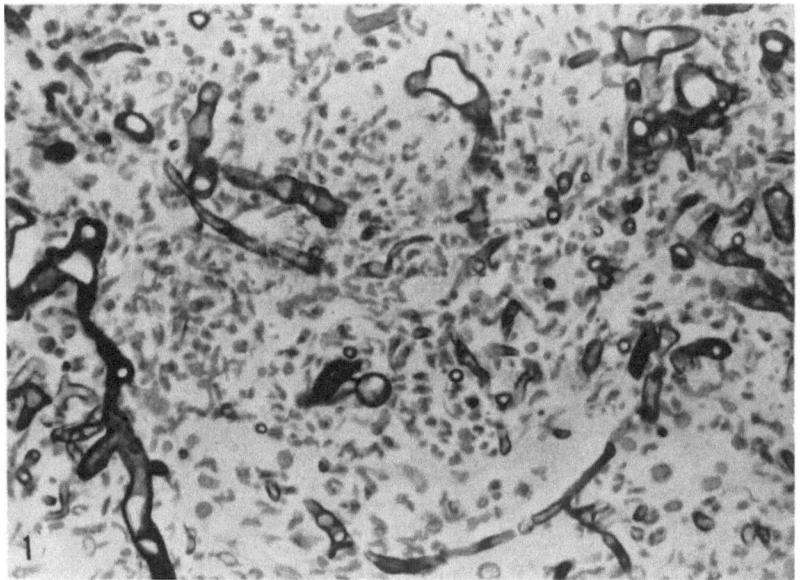

Abb. 1. Mucormykose in der Niere einer Maus; Grocott-Färbung (verlängerte Färbezeit), 400mal

Welcher Art sind nun die histologisch nachweisbaren Gewebsreaktionen bei Pilzinfektionen und welchen Aufschluß geben sie über die Natur eines Erregers?

Betrachtet man die verschiedenen Elemente wie Eiterbildung, Makrophagenreaktion, Epitheloidzellreaktion, Riesenzellbildung, Nekrose und fibröse Reaktion, so wird man bei allen Mykosen — wie auch bei zahlreichen bakteriellen Granulomen — Kombinationen oder zeitlich hintereinander auftretende Einzelelemente erkennen, die nach ROULET (1956) als eine Mobilisation aller dem Organismus zur Verfügung stehenden Entzündungsphänomene und Mechanismen aufzufassen sind. Von einigen Ausnahmen abgesehen (z. B. SKARDA und HOCH (1961)) sind sich die Autoren heute darin einig, daß die Art der Gewebsreaktion noch keine Rückschlüsse auf den Erreger zuläßt. Erst die Entwicklung selektiver Färbemethoden hat hier entscheidende Fortschritte gebracht. Es sei hier nur kurz auf die Färbungen von BAUER, FEULGEN und GRIDLEY, besonders aber auf die von GROCOTT weiterentwickelte Gomorische Methenamine-Silbernitrattechnik hingewiesen. Die Grocott-Färbung gewährleistet nach den Erfahrungen in unseren Instituten die größte Sicherheit bei der Erkennung und Differenzierung von Pilzinfektionen.

a) Mucormykose

Im Gewebe bilden Arten der Gattungen Rhizopus, Mucor und Absidia auffallend breite, stets unseptierte und weitverzweigte Hyphen, deren Durchmesser bis zu 20 μ betragen kann. Die wurzelartige, ungleichmäßige Verzweigung dieser Mucoraceen kann mit den feingliedrigen, gleichmäßig verzweigten Mycelien der Erreger der Aspergillose kaum verwechselt werden (Abb. 1 und 3). Die Darstellung der Hyphen gelingt im HE-Schnitt; deutlicher sichtbar werden sie jedoch in der Giemsa-Färbung. Die Hyphen nehmen dabei einen rötlichen Farbton an. Die Grocott-Färbung ist nach BINFORD (1957) und unseren eigenen Erfahrungen zur Anfärbung der Erreger der Mucormykose bei Einhaltung der üblichen Färbezeiten wenig geeignet. Die Hyphen erscheinen nur als sehr schwach tingierte Fragmente. Die Körperreaktion ist teils eitrig, teils als riesenzellig granulomatös anzusprechen. Besonders erwähnenswert ist die Eigenart der Mucoraceen, in Gefäße einzubrechen, wodurch Thrombosen und Infarkte verursacht werden. Dieses, eigentlich nur bei den Mucoraceen, in so ausgeprägter Form nachweisbare Verhalten dem Gefäßsystem gegenüber fand auch bei tierexperimentellen Untersuchungen — unabhängig davon, ob wir den intraperitonealen oder subkutanen Infektionsweg wählten — stets eine Bestätigung.

b) Aspergillose

Beim Auftreten der Aspergillose in der Lunge von Säugern gelingt die Darstellung der Erreger im Gegensatz zur Mucormykose in der Grocott-Färbung stets ohne große Schwierigkeiten. Bei der Anwendung von HE-Färbungen oder auch bei anderen üblichen Routinefärbungen färben sich die Aspergillus-Species zwar an; bei dieser Art der Darstellung ist aber eine sichere Abtrennung von anderen Pilzen nicht möglich. In der Lunge treten dagegen bei der Grocott-Färbung die typischen dichotomen Verzweigungen und die den Eumyceten eigene Septierung des Mycels, das eine durchschnittliche Breite von 5 μ aufzuweisen hat, besonders deutlich hervor (Abb. 2). Schwieriger gestaltet sich die Diagnose in anderen Organen, da deren Aufbau anscheinend der Ausbreitung von Pilzen größeren Widerstand entgegensetzt. Dies kann z. B. bei sekundären Mykosen des Darmes bei Katzen beobachtet werden, die primär an Katzenseuche erkrankten. Die strenge Schichtung der Muskelfasern (längs und quer) erlaubt den Aspergillus-Arten nicht jene freie Entfaltung wie man sie in der Regel beim Befall der Lunge durch diese Pilze feststellen kann. Trotzdem ist auch hier eine Abgrenzung der Aspergillus-Arten von anderen im Gewebe mit Fadenbildung wachsenden Pilzen, den Erregern der Mucormykose und der Candidamykose, aufgrund der Septenbildung im Mycel und der Art und Weise der Verzweigung möglich (Abb. 3). Die Körperreaktion ist je nach dem Alter des Prozesses sehr unterschiedlich. Bei einem Befall

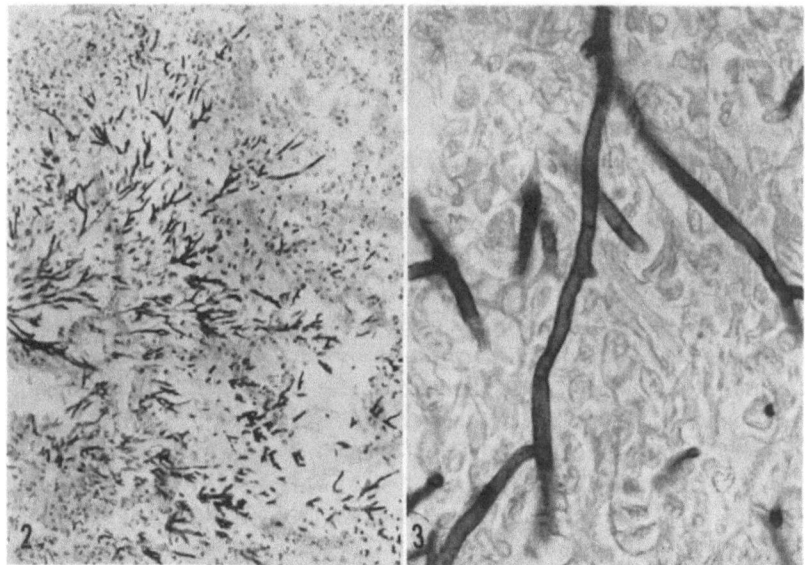

Abb. 2. Aspergillose in der Lunge eines Pferdes nach achttägiger Penicillin-Streptomycin-Therapie; Grocott-Färbung, 100mal

Abb. 3. Aspergillose im Dünndarm einer Katze; das Tier litt an Katzenseuche und war mit Antibiotika behandelt worden; Grocott-Färbung, 400mal

mit Aspergillus-Arten kommt es auch, wie bei der Mucormykose, zu einem Durchwachsen der Gefäße. Es stellt jedoch das Gefäßsystem für die Aspergillus-Arten ganz offensichtlich nicht die gleiche Prädilektionsstelle wie für die Mucoraceen dar.

c) Candidamykose (Candidiasis)

Die differentialdiagnostisch größten Schwierigkeiten bereitet erfahrungsgemäß die Candidamykose oder Candidiasis. Die das Verhalten der Candida-Arten charakterisierende Pseudomycelbildung beim Vordringen von der Körperoberfläche in das Körperinnere (Abb. 5) und in Abszessen ist nämlich nicht — wie häufig angenommen wird — das einzige Spezifikum der Candidamykose. Im Gegensatz zu einer Reihe von Autoren (z. B. GRESHAM und WHITTLE (1961)) vertreten wir die Ansicht, daß die Pseudomycelbildung keineswegs die sog. invasive Form der Erreger der Candidiasis darstellt. Das beweisen eindeutig Fälle der als Blackhead, Typhlohepatitis oder Schwarzkopfkrankheit beschriebenen Leber-Blinddarmentzündung der Hühnervögel, bei der vom Blinddarm aus runde oder ovale Sproßformen von Candida albicans in die Leber gelangen (Abb. 4), sowie Befunde bei der experimentellen Erzeugung eines Mastitis durch Candida-

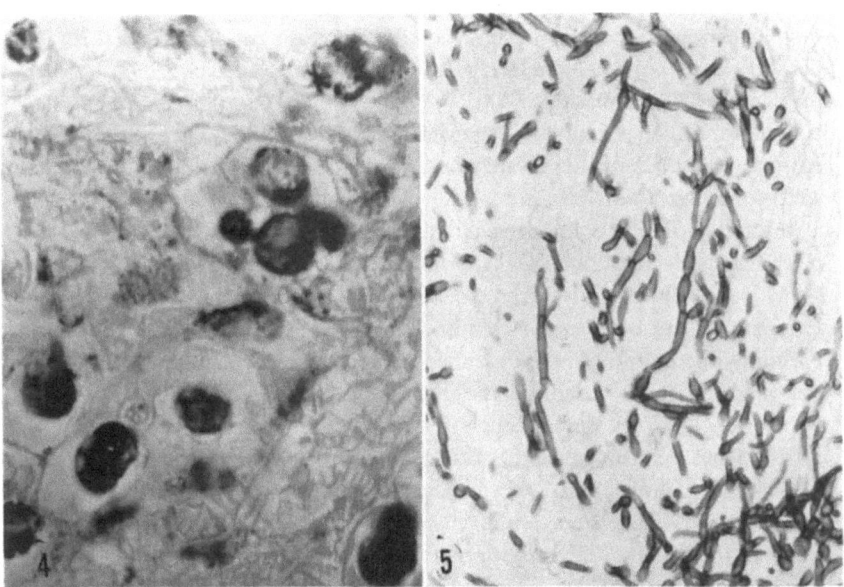

Abb. 4. Runde bis ovale Sproßformen von Candida albicans in der Leber eines an Typhlohepatitis erkrankten Huhnes; Grocott-Färbung, 1000mal

Abb. 5. Pseudomycelentwicklung von Candida albicans im Darm einer primär an Katzenseuche erkrankten Katze, die zur Vermeidung von Sekundärinfektionen unter den Schutz antibiotischer Mittel gestellt worden war; Grocott-Färbung, 400mal

Species (vgl. SCHIEFER und MEHNERT (1963), MEHNERT, ERNST und GEDEK (1963)). Das Auftreten von Pseudohyphen kennzeichnet lediglich den Vorgang, daß der Pilz innerhalb des Makroorganismus vom harmlosen Saprophytismus zum gefährlichen Parasitismus übergegangen ist. Pseudomycelien treten erst innerhalb von Abszessen oder in tieferen Gewebsschichten der Körperoberfläche auf, wenn sich nach der Errichtung eines Abwehrwalles akuter oder chronischer Art die Lebensbedingungen für die Hefezellen zunehmend verschlechtert haben. Die Bildung von verlängerten — anstelle von runden oder ovalen — Sproßformen ist lediglich als eine Reaktion der Zelle auf veränderte Umweltbedingungen (mangelnde Sauerstoff- oder Nährstoffversorgung!) aufzufassen, die eine Hemmung der Zellteilung, jedoch nicht des Zellwachstums, auslösen. In der Peripherie der

Nekrose, im Epitheloidzellwall, treffen wir deshalb die Hefezellen noch in ovaler oder runder Form an, wenn auch in den meisten Fällen von Phagozyten aufgenommen. Da die Makrophagen im Inneren die Hefezellen sozusagen in der ursprünglichen Form konserviert haben, in der sie in das Gewebe eingedrungen sind, kann man daran erkennen, daß das Pseudomycel nicht die invasive Form der Candidamykose darstellt. Die phagozytierten Hefezellen sind in der Grocott-Färbung oft nicht leicht nachweisbar, da sie sich in diesem Zustand nicht mehr so regelmäßig anfärben, was möglicherweise auf den Vorgang der Phagozytose zurückzuführen ist. In der HE-Färbung gelangen sie jedoch stets zum Nachweis. Der Körper reagiert bei der Candidamykose im allgemeinen mit der Bildung eines epitheloidzelligen Granulationsgewebes, welches Herde mit eitriger Einschmelzung abtrennt. Bei akuten Invasionen ist das Vordringen der Hefen stets von einer Makrophagenreaktion begleitet.

Mit Hilfe der hier herausgestellten und demonstrierten Unterscheidungsmerkmale ist es nicht nur möglich, die Erreger der drei genannten Mykosen sicher voneinander zu unterscheiden. Es gelingt vielmehr auch durch die Eigenart der nur bei diesen Pilzen im Gewebe anzutreffenden Hyphen- oder Pseudohyphenbildung diese von allen anderen Erregern abzutrennen (z. B. Kryptokokkose, Nordamerikanische Blastomykose, Histoplasmose und Sporotrichose u. a.), deren Zellen im Gewebe stets nur als kurze rundliche Pilzelemente erscheinen (vgl. SCHIEFER (1963)). Auch beim Erreger der Geotrichose, Geotrichum candidum, gelangen histologisch keine Mycelien, sondern nur Gliedsporen zum Nachweis.

Wir sind uns im klaren darüber, daß die Differenzierung eines Erregers aufgrund des histologischen Schnittpräparates eine kulturelle Untersuchung nicht voll ersetzen kann. Durch das Hervortreten der voneinander unterscheidbaren Pilzelemente bei der Anwendung selektiver Färbemethoden hat aber der Pathologe immerhin die Möglichkeit erhalten, beim Vorliegen ätiologisch zweifelhafter granulomatöser Prozesse entweder eine Pilzinfektion mit Sicherheit auszuschließen, oder aber bei Vorhandensein einer Pilzinfektion über die Art des Erregers eine präzise Aussage zu machen, wodurch auch dem Mykologen die künftige Beurteilung eines Kulturbefundes wesentlich erleichtert werden dürfte.

Literatur

BINFORD, CH. H.: Evaluation of staining methods in the histopathology demonstration and identification of fungi; Vortrag beim Meeting of the Microbiology Section, Amer. Societ. of clinical Pathologists, New Orleans, Okt. 1957.

GRESHAM, G.A., and C.H. WHITTLE: Studies of the invasive, mycelial form of Candida albicans; Sabouraudia **1**, 30—33 (1961).

GROCOTT, R.G.: A stain for fungi in tissue-sections and smears using Gomori's methenamine-silver-nitrate-technic; Amer. J. clin. Path. **25**, 975—979 (1955).

MEHNERT, B., K. ERNST und W. GEDEK: Hefen als Mastitiserreger beim Rind. Zbl. Vet. Med. (im Druck).
ROULET, F. C.: Die infektiösen „spezifischen" Granulome, in Hdb. der allg. Pathologie von BÜCHNER, LETTERER und ROULET, VII. Bd., 1. Teil, S. 325 ff. Berlin-Göttingen-Heidelberg: Springer 1956.
SCHIEFER, B.: Zur Differenzierung bakterieller und mykotischer Granulome; Vortrag anläßlich der 12. Arbeitstagung der Veterinärpathologen am 3. 6. 1963 in Basel.
— u. B. MEHNERT: Untersuchungen zur Ätiologie und Pathogenese der Typhlohepatitis der Hühnervögel; Zbl. Vet. Med. Reihe B, 10, 28—48 (1963).
SKARDA, R., u. F. HOCH: Versuche einer morphologischen Standardisierung der Mykosen; Sbornik ceskoslov. Akad. Zemedelskych. Ved. Veterin. med. 6 (34), 927—930 (1961), ref. Ldw. Zbl. 7, 2100 (1962).

Dr. BRUNO SCHIEFER
Institut f. Tierpathologie der Univ. und
Frau Priv.-Doz. Dr. BRIGITTE MEHNERT
Institut für Mikrobiologie und
Infektionskrankheiten der Tiere
8 München 22, Veterinärstr. 13

Aus der Forschungsstation für Geflügelkrankheiten des
Tierphysiologischen Instituts der Universität Bonn
(Direktor: Prof. Dr. E. SCHÜRMANN)

Die Therapie der Aspergillose des Geflügels

Von

E. GREUEL, Bonn

Die Aussichten für eine Therapie der bisher praktisch als unheilbar angesehenen Pneumomycosis aspergillina haben sich durch die Einführung wirksamer antibiotischer Präparate in jüngster Zeit sehr verbessert. Erste, unter den Bedingungen von Feldversuchen mit Moronal (1) und Flavofungin (2) bzw. unter experimentellen Bedingungen an einem geringen Tiermaterial mit Trichonat (3) erreichte Therapieerfolge werden im Schrifttum bereits erwähnt.

Im folgendem soll über einen Versuch zur Therapie der experimentellen Aspergillose bei Küken mit Moronal, Amphotericin B und Trichonat berichtet werden (4).

Als Infektionsmaterial wurde ein aus der Lunge eines an Aspergillose gestorbenen Huhnes angezüchteter Aspergillus-fumigatus-Stamm verwandt.

Die in Anumbraschalen auf Biomalzagar gehaltenen, gut versporten Pilzkulturen wurden für die Dauer von 30 min in einem Brüter offen auf einem dicht über den zu infizierenden Eintagsküken angebrachten Drahtrahmen so ausgelegt, daß die durch die Luftbewegung abgelösten Sporen auf die Tiere herabrieseln konnten. Insgesamt wurden auf diese Weise 450 Eintagsküken angesteckt und in neun Versuchsgruppen zu je 50 Tieren aufgeteilt. Die Therapie begann 12 Std nach der Infektion in den nachstehend aufgeführten Konzentrationen über das Trinkwasser.

Von drei mit Moronal behandelten Gruppen bekam die erste 125 E/ml, die zweite 250 E/ml und die dritte 500 E/ml Trinkwasser für die Dauer von drei Tagen.

Drei mit Trichonat behandelten Gruppen gaben wir entsprechend 20, 40 und 80 E/ml über die gleiche Zeitspanne.

Zwei weitere Gruppen erhielten 10 bzw. 20 γ/ml Amphotericin B und die letzte Gruppe blieb unbehandelt.

Innerhalb von zwölf Tagen starben 60% der unbehandelten Küken an Aspergillose. In den Moronalgruppen schwankten die Verluste zwischen 22 und 28%, in den Trichonatgruppen zwischen 6 und 12% und in den Amphotericingruppen zwischen 6 und 10%.

Die Durchschnittsgewichte der Küken in den Versuchsgruppen lagen 13 Tage nach der Ansteckung in der Infektionskontrolle zwischen 60 und 70, in den Moronalgruppen zwischen 70 und 80 und in den übrigen Therapiegruppen zwischen 80 und 90 g.

Berücksichtigt man die bei der Sektion der überlebenden Küken noch vorhandenen pathologisch-anatomischen Veränderungen, so wird der therapeutische Effekt der angewandten Präparate besonders deutlich.

In der nicht behandelten Infektionskontrolle waren, von einem einzelnen Küken abgesehen, bei allen Tieren makroskopisch sichtbare Veränderungen der Aspergillose nachzuweisen. In den Therapiegruppen nahmen die pathologisch-anatomischen Befunde mit zunehmender Konzentration der Präparate ab.

49 von 112 Küken der Moronalgruppen, 78 von 137 Küken der Trichonatgruppen und 77 von 92 Küken der Amphotericingruppen waren frei von makroskopisch sichtbarer Aspergillose. Auch das Ausmaß der Veränderungen verringerte sich in Abhängigkeit von den einzelnen Präparaten und Konzentrationen.

Bei kritischer Wertung der Versuchsergebnisse wird deutlich, daß die angewandten Präparate Moronal, Trichonat und Amphotericin B den Verlauf der Aspergillose der Küken günstig beeinflussen. Die geringste Wirkung hat Moronal, die beste Amphotericin B.

Die im Schrifttum oft erwähnte Toxizität von Amphotericin B konnte für Küken nicht bestätigt werden. Die Küken vertragen ein Vielfaches der von uns therapeutisch angewandten Dosen.

Literatur

1. DWURZYNSKI, T.: „Mycostatina" w leczeniu asperigilozy kurczat. Med. weteryn., Warszawa **18**, 99—100 (1962); Ref. Landwirtschaftl. Zentralblatt **7**, 2460 bis 2461 (1962).
2. KISS, J., u. B. KELENTEY: Zur Behandlung der Pneumomykose der Hühnerküken mit Flavofungin. Dtsch. tierärztl. Wschr. **67**, 670—671 (1960).
3. BIRK, D.: Untersuchungen über die Wirkung von Trichonat bei der Pneumomycosis aspergillina der Hühnerküken. Vet. Diss. Gießen (1961).
4. Weitere Untersuchungen zu diesem Thema wurden durchgeführt von QUERNHORST, H.: Untersuchungen zur Therapie der experimentellen Aspergillose des Geflügels. Vet. Diss. Hannover (1963).

Priv.-Doz. Dr. E. GREUEL,
Forschungsstation für Geflügelkrankheiten
des Tierphysiol. Institutes der Universität
53 Bonn

G. Chromomykose, Mucormykose und weitere Mykosen durch schimmelartige Pilze

Aus der Hautklinik der Westfälischen Wilhelms-Universität Münster
(Direktor: Prof. Dr. P. JORDAN)

Beobachtung einer Chromomykose

Von

W. SEIPP, Darmstadt, F. FEGELER und H. REICH, Münster

Mit 3 Abbildungen

Die Chromomykose ist eine verhältnismäßig seltene, vorwiegend in Mittel- und Südamerika, Südafrika und Australien vorkommende Pilzerkrankung. In Europa sind bisher erst vereinzelte Fälle und zwar zunächst in Rußland, später in Finnland beobachtet und beschrieben worden. Hierüber wurde von TSCHERNJAWSKI 1929, POZOJEWA 1930, MERIIN 1932 und SONCK 1954 und 1959 berichtet. Bei der *eigenen* Beobachtung handelt es sich um den ersten Fall in Deutschland.

Der 20jährige Madagasse kam Anfang 1962 nach Deutschland. Ende 1962 begab er sich in Darmstadt in hautfachärztliche Behandlung. Nach seinen Angaben sei der Krankheitsherd am li. Oberschenkel erstmalig vor zehn Jahren aufgetreten und habe sich, ohne subjektive Beschwerden zu verursachen, allmählich vergrößert. Eine Behandlung habe nie stattgefunden.

Bei der ersten Untersuchung fand sich an der Innenseite des li. Oberschenkels ein etwa handflächengroßer, unregelmäßig begrenzter Krankheitsherd, der zentral und proximal aus einer glatten, atrophischen und durch Pigmentverschiebung scheckig wirkenden Narbe bestand, aber in den distalen Randpartien deutliche Aktivität verriet; hier zeigten sich graubraune, „felsige", festhaftende, krustenartige Vegetationen (Abb. 1), deren Abheben mit der Pinzette Schmerzen verursachte und zu siebartigen Blutungen und Hervorquellen eines dünnflüssigen, stark foetiden Sekretes führte.

Der klinische Aspekt gab Anlaß zu einer ganzen Reihe differentialdiagnostischer Erwägungen, u. a. wurde auch der Verdacht auf eine seltene Mykose erwogen. Die histologische Untersuchung (NÖDL*) führte zur Verdachtsdiagnose „Blastomykose". Dies gab Veranlassung zu einer erneuten Probeexcision zwecks eingehender mykologischer und nochmaliger histologischer Untersuchung.

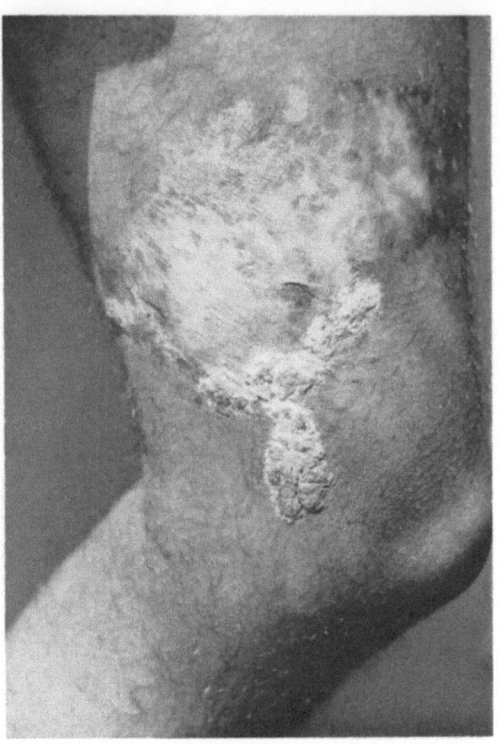

Abb. 1. Chromomykoseherd am li. Oberschenkel

Zur Mykologie: Von zerkleinertem Excisionsmaterial wurden je 15 Grütz- und Sabouraud-Agarschrägröhrchen beimpft. An sämtlichen Impfstellen waren nach etwa 8—10 Tagen braunschwarze Kolonien gewachsen. Die zunächst vermutete Verunreinigung durch saprophytäre Schimmelpilze konnte durch das gleichmäßige Wachstum auf allen überimpften Röhrchen

---

* vgl. Z. Haut- u. Geschl.-Kr. **35**, 305 (1963); eine weitere histol. Darstellung erfolgt an anderer Stelle.

sowie durch Form und Farbe der Kolonien sehr bald ausgeschlossen werden. Der schwarze Farbton der Kolonien an der Agarrückseite ließ an einen der Erreger der Chromomykose denken. Durch weitere Untersuchungen konnte der Pilz als Hormodendrum pedrosoi identifiziert werden.

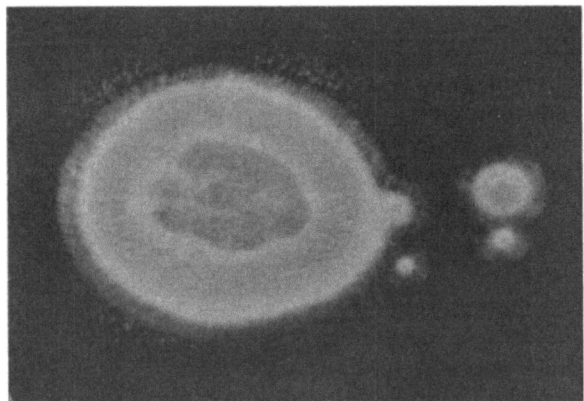

Abb. 2. 3 Wochen alte Kultur von Hormodendrum pedrosoi auf Grützagar

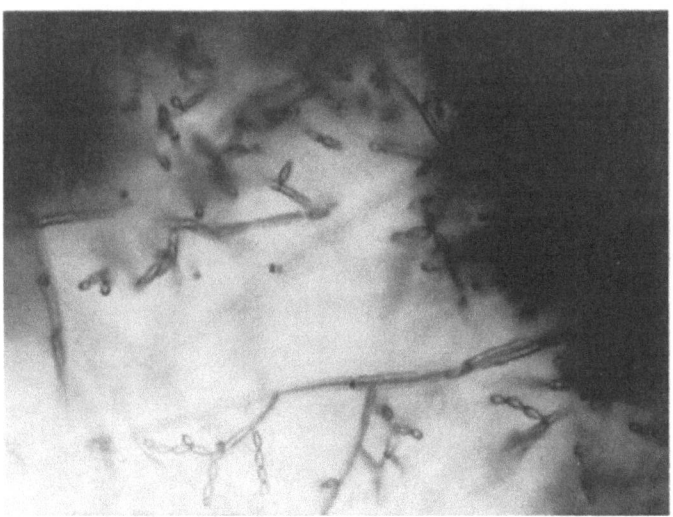

Abb. 3. Mikrokultur von Hormodendrum pedrosoi

Die Kolonien erreichten auf Grützagar innerhalb von 4 Wochen einen Durchmesser von 3—5 ccm. Auf Sabouraud-Agar mit Zusatz von Cycloheximid wurde das Wachstum nur wenig gehemmt. Kurzes Luftmycel gab den Kolonien eine samtartige Oberfläche, zentral fand sich ein knopfförmiger, glatter oder unregelmäßig gewellter Vorsprung (Abb. 2). Gelegentlich waren auch angedeutet speichenförmige oder konzentrische Furchen zu erkennen. Die Farbe lag zwischen schwarzbraun bis schwarzgrau (anthrazitfarben). Bei mikroskopischer Betrachtung waren die Konidiophoren häufig endständig. Sie zeigten oft mehrere konische Ausläufer, die meist in kurzen Ketten angeordnete Konidien trugen (Abb. 3).

Tabelle. *Hormodendrum. Resistenzbestimmung mit verschiedenen mykostatischen Antibiotica*

Ablesung Tage n. Überimpfung	Amphotericin B Gamma/ml					
	62,5	31,2	15,6	7,8	3,9	Kontr.
3	—	(+)	(+)	(+)	(+)	+
6	++	+++	+++	+++	+++	+++
10	+++	+++	+++	+++	+++	+++

	Moronal Gamma/ml					
	400	200	100	50	25	Kontr.
3	(+)	(+)	(+)	+	+	++
6	+++	+++	+++	+++	+++	+++
10	+++	+++	+++	+++	+++	+++

	Pimaricin Gamma/ml						
	100	50	25	12,5	6,25	3,125	Kontr.
3	—	—	—	—	—	—	+
6	—	—	—	—	—	+	+++
10	—	—	—	—	(+)	+	+++

	Griseofulvin Gamma/ml					
	100	50	25	12,5	6,25	Kontr.
3	(+)	+	+	+	++	++
6	+	+	++	+++	+++	+++
10	+++	+++	+++	+++	+++	+++

PEDROSO gelang im Jahre 1911 als erstem der Nachweis des Erregers. In Gewebsschnitten von ulcerierten Knoten am Fuß und Unterschenkel eines Brasilianers fand er „runde Körper" mit dicker Membran und von dunkler Farbe, von denen einige von Riesenzellen phagozytiert waren. Von BRUMPT wurde der aus dem Gewebe dieses Patienten gezüchtete Pilz zunächst zwischen die Gattungen Cladosporium und Hormodendrum eingeordnet und später im Jahre 1922 als Hormodendrum pedrosoi klassifiziert.

In den nachfolgenden Jahren sind weitere Pilze als Erreger beschrieben worden, die den Gattungen Fonsecaea, Phialophora und Hormodendrum bzw. Cladosporium angehören. Sie unterscheiden sich durch die verschiedene Art ihrer Sporulation. Man spricht auch je nach Art der Sporenbildung von einem Phialophora-, Fonsecaea- und Hormodendrum-Typ. BRYGOO und SEGRETAIN, die in Madagaskar bis 1960 insgesamt 129 Fälle von Chromomykose beobachten konnten, fanden als Erreger überwiegend den Hormodendrum-Typ, der auch bei unserem Fall gezüchtet wurde. Bei Resistenzbestimmungen in vitro erwies sich unser Stamm gegenüber Amphotericin B, Moronal und Griseofulvin praktisch resistent. Durch Pimaricin wurde er jedoch in relativ niedrigen Konzentrationen (3 γ/ml) gehemmt (vgl. Tabelle).

Zusammenfassung

Bericht über den ersten Fall einer Chromomykose in Deutschland bei einem 20jährigen Madagassen. Aus dem Gewebe wurde ein Hormodendrum pedrosoi gezüchtet, das auch in Madagaska vorwiegend als Erreger der Chromomykose vorkommt. Die Beobachtung zeigt, daß mit dem Auftreten seltener Mykosen gerechnet werden muß, die früher nur in außereuropäischen Ländern vorkamen.

Literatur

BRYGOO, E. R.: La Semaine des Hôpitaux **33**, 1, 774 (1957).
—, u. G. SEGRETAIN: Bull. Soc. path. exotique **53**, 143 (1960).
CARRION: Zit. n. LAVALLE.
LAVALLE, P.: Chromomykose, in Handb. d. Haut- u. Geschlechtskrkh. — Ergänz.-Werk Bd. IV/4, S. 367; Berlin-Göttingen-Heidelberg: Springer 1963. Dort auch weitere Literatur.
MERIIN, J.: Arch. Derm. Syph. (Berl.) **162**, 300 (1930) u. **166**, 722 (1932).
POZOJEWA, N. G.: Derm. Wschr. **90**, 615 (1930).
RUGE, H.: Chromo(blasto)mykose, in GOTTRON-SCHOENFELD Dermatologie u. Venerologie Bd. V/1, S. 443; Stuttgart: Thieme 1963.
SONCK, C. E.: Acta Derm.-venerol. **39**, 300 (1959).
TSCHERNJAWSKI, J.: Arch. Derm. Dyph. (Berl.) **157**, 196 (1929).

Dr. W. SEIPP, Hautfacharzt,
61 Darmstadt, Elisabethstr. 1—3
Prof. Dr. F. FEGELER, Oberarzt,
Dr. H. REICH, Oberarzt,
Hautklinik der Westfäl. Wilhelms-Universität
44 Münster, v.-Esmarch-Str. 56

Aus der Dermatologischen Klinik und Poliklinik der Universität München
(Direktor: Prof. Dr. Dr. h.c. A. MARCHIONINI)

Über das Vorkommen von Pilzen aus der Gattung Chrysosporium auf der Haut und Diskussion ihrer systematischen Stellung

Von

L. KREMPL-LAMPRECHT, München

Mit 3 Abbildungen

Bei der Beschreibung sog. Schimmelpilzdermatosen tauchte in der medizinischen Mykologie bisweilen der Name „Aleurisma" als Erreger auf. Das klinische Erscheinungsbild eines Aleurismabefalles wurde dabei recht verschiedenartig geschildert, erinnerte jedoch meistens in irgendeiner Form an Dermatophytenbefall. So wurden z. B. erwähnt: Das Bild einer Mikrosporie, einer Epidermophytie, einer oberflächlichen oder tiefen Trichophytie, einer Onychomykose und eines mykotischen Ekzems.

In sämtlichen bisher publizierten Fällen wurde immer ein und dieselbe Aleurismaart erwähnt, nämlich *A. carnis* (SEROWY und JUNG, JANKE und ROOS). Auch bei der von den französischen Mykologen GOUGEROT, SARTORY, BORY angegebenen Art A. lugduense liegt nur eine Synonymbenennung für A. carnis vor. Bei der von letzteren als „dermatomycose trichophytiforme" bezeichneten Erscheinung wurde ferner das Auftreten einer weiteren Aleurismaart erwähnt, nämlich *A. flavissimum*.

Der Name A. flavissimum wurde 1815 von LINK geprägt, der schon 1809 Aleurisma sporulosum beschrieben hatte, das als *Typspecies* für die ganze Gattung Al. diente. 1911 wurde der Name Al. flavissimum von VUILLEMIN wieder aufgegriffen, als er einen lebhaft gelb gefärbten Hyphomyceten beschrieb und ihn — zu Unrecht, wie sich später herausstellte — als Aleurisma flavissimum identifizierte. Dieser Pilz bildete Sporen an undifferenzierten Hyphen, entweder an der Spitze, seitlich oder intercalar, die durch Zerfall des Mycels frei wurden. Für diese *Sporen mit breiter, basaler Abrißstelle* schlug VUILLEMIN den Namen „*Aleurosporen*" vor, eine Bezeichnung, die in der Folgezeit allgemein Eingang fand in der Mykologie. Im Laufe der Zeit folgten dann weitere Beschreibungen mehr oder minder gut oder richtig definierter Aleurismaarten, so daß allmählich, wie CARMICHAEL treffend feststellt, ein taxonomisches Durcheinander herrschte, vergleichbar dem bei den Dermatophyten vor der Revision durch Emmons.

Eine kritische Untersuchung aller aleurosporenbildenden Hyphomyceten, bzw. sämtlicher Pilze, die z. B. aufgrund ihrer äußerlichen Ähnlichkeit zu diesen gerechnet worden waren, war daher unerläßlich. Sie wurde

1962 von CARMICHAEL J. W. in Angriff genommen, der nicht weniger als 34 Gattungen daraufhin untersuchte und in ihrer systematischen Stellung diskutierte. Dabei ergaben schon die Voruntersuchungen, daß mehrere Gattungen keine Aleurosporen bilden oder daß die Beschreibung des Originalstammes so ungenau war, daß spätere darauf basierende Bestimmungen zumindest ungesichert, wenn nicht gar unmöglich waren. Zusammengefaßt zeitigten die Voruntersuchungen etwa folgendes Ergebnis: Pilze mit hyalinen, einzelligen Aleurosporen, die bis dahin fälschlich unter dem Namen „Aleurisma" aufgeführt worden waren, fand CARMICHAEL bei folgenden Gattungen: Aleurisma, Blastomyces, Emmonsia, Geomyces, Gilchristia, Glenosporella, Myceliophtora, Sporotrichum und Zymonema.

Da sich bei den mikroskopischen Beobachtungen gezeigt hatte, daß die bis dahin als Typspecies geltende Art „Aleurisma sporulosum" gar keine Aleurosporen (im Sinne VUILLEMINS) bildet (der Name Aleurisma also unzutreffend ist für Aleurosporen-bildende Pilze), wurde von CARMICHAEL als passender Gattungsname — entsprechend den Regeln des Intern. Code of bot. Nomenclature unter Berücksichtigung der Priorität der richtigen Erstbenennung — der Name *Chrysosporium* (CORDA 1833) wieder eingeführt.

Die Gattung Chrysosporium umfaßt alle die Pilzarten, die an der Spitze oder an Seitenzweigen ihrer septierten, hyalinen Hyphen hyaline oder hellfarbige, einzellige, rundliche, birnförmige oder keulige Aleurosporen bilden, die unter Auflösung oder Bruch dieser Hyphen frei werden.

Als akzessorische Sporenform treten in dieser Gattung häufig Arthrosporen auf.

Das zugehörige perfekte Stadium (Hauptfruchtform) steht bei den Gymnoascaceae.

Als *Typspecies* der taxonomisch neu revidierten Gattung Chrysosporium gilt *Chrysosporium merdarium*.

Es handelt sich dabei um einen Pilz, dessen Kolonien zu Beginn ihres Wachstums kräftig gelb sind und dann grün werden. Die charakteristischen Aleurosporen haben durchschnittlich eine Größe von $4—5 \times 5—6\ \mu$.

Erstmalig wurde dieser Pilz von LINK (1918) auf Dünger gefunden und als „Sporotrichum merdarium" beschrieben. 1833 fand CORDA ihn auf Leder und beschrieb ihn als „Chrysosporium corii", 1888 fanden COSTANTIN und ROLLAND ihn auf Bärendung und nannten ihn „Blastomyces luteus" und 1903 isolierte ihn VUILLEMIN von Rattenmist, fand die gleiche Farbfolge bei seiner Entwicklung und nannte diesen Pilz 1911 unglücklicherweise „Aleurisma flavissimum", wobei er gleichzeitig den seither gebräuchlichen Begriff der „Aleurosporen" prägte. Wie schon aus dieser kurzen Schilderung des Schicksals der Typspecies hervorgeht, ist es unmöglich, im Rahmen dieses Vortrags näher auf die Revisionsuntersuchungen einzugehen, daher sei bei den übrigen Arten nur kurz der neurevidierte Name den wichtigsten Synonyma gegenübergestellt:

Synonymbenennungen

	früher aufgeführt als
Chrysosporium pannorum:	Sporotrichum pannorum
	Sporotrichum carnis
	Aleurisma carnis
	Aleurisma lugduense
	Aleurisma guilliermondi
	Geomyces vulgaris
	Glenosporella albicans
Chrysosporium keratinophilum:	Aleurisma keratinophilum
Chrysosporium luteum:	Myceliophtora lutea
	Scopulariopsis lutea
Chrysosporium inops:	Glenosporella dermatitidis
	Aleurisma dermatitidis
Chrysosporium dermatitidis:	Blastomyces dermatitidis
	Zymonema gilchristi
	Zymonema dermatitidis
	Gilchristia dermatitidis
Chrysosporium parvum:	Emmonsia parva
	Haplosporangium parvum
Chrysosporium parvum var. crescens:	Emmonsia crescens
Chrysosporium pruinosum:	Sporotrichum pruinosum

Chrysosporium asperatum und
Chrysosporium tropicum als neue Arten.

Von diesen zehn hier genannten Chrysosporium-Arten habe ich von Januar—Juli 1963 über 50mal Chrysosporium pannorum isoliert, vorwiegend aus Haut, seltener aus Nagelmaterial, meistens unter einem Bild einer fraglichen Tinea. Dieses Chrys. pann. (also das frühere Aleurisma carnis) ist ubiquitär und charakterisiert durch seine *extreme makromorphologische Variabilität*. Ein und derselbe Stamm wandelt z. B. seine Farbe von weiß-gelblich-grau-olivgrün bis bräunlich, oft sogar innerhalb einer einzigen Kolonie! Die Kulturrückseite ist gelb in verschiedenen Nuancen, das Pigment geht in den Nährboden über. Im scharfen Gegensatz zu dieser makromorphologischen Variabilität steht die streng konstante und sehr charakteristische Mikromorphologie, die Entstehung von $2 \times 3~\mu$ großen, hyalinen Aleurosporen an bäumchenartigen, spitzwinkelig (verticillat) verzweigten Sporenträgern (Abb. 1 oben und 2).

Zwei Isolierungen von Chrysosporium keratinophilum gelangen aus Nagelmaterial (klinisches Bild einer Tinea unguium). (Abb. 1 Mitte). Einmal wurde auch Chrysosporium luteum isoliert, das kaum als Ursache der entsprechenden Hautläsion in Frage kommen dürfte. Für gewöhnlich tritt es

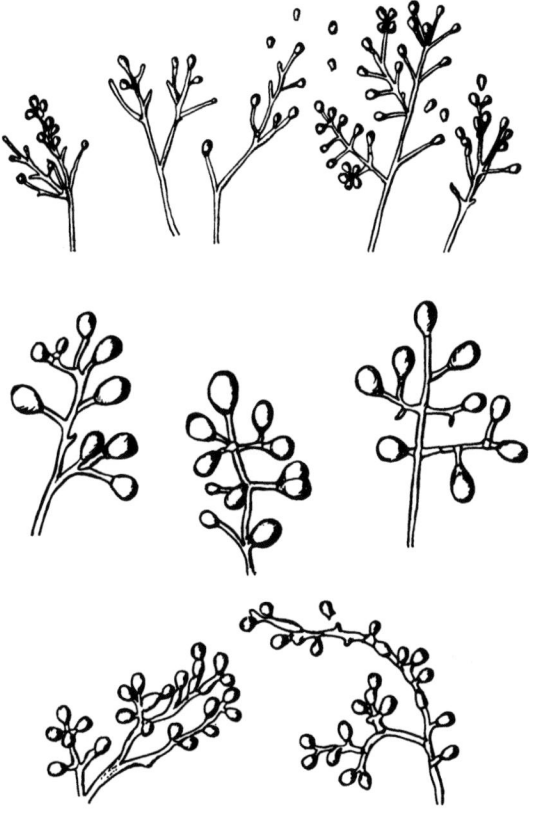

Abb. 1. Oben: Chrysosporium pannorum. Mitte: Chrysosporium keratinophilum. Unten: Chrysosporium luteum

als Sekundärbesiedler höherer Pilze auf (charakteristisch ist seine starke cellulolytische Fähigkeit) und nur ein einziges Vorkommen ist laut Literaturangaben bisher „aus Hautschabsel vom Fuß" isoliert worden (Abb. 1 unten und 3).

Überblickt man zusammenfassend die in der Literatur angegebenen Fundstellen, bzw. natürlichen Vorkommen von Pilzen aus der Gattung Chrysosporium, so findet man — je nach dem Überwiegen ihrer keratinolytischen oder der cellulolytischen Fähigkeit — außer dem Erdboden oder dem Dung von Tieren immer wieder die Angabe „von Haut" oder von verschiedenen eiweißhaltigen Substraten.

Die Gattung Chrysosporium umfaßt also Pilze, die mit Recht das Interesse des medizinischen Mykologen verdienen. Abgesehen von der leichten

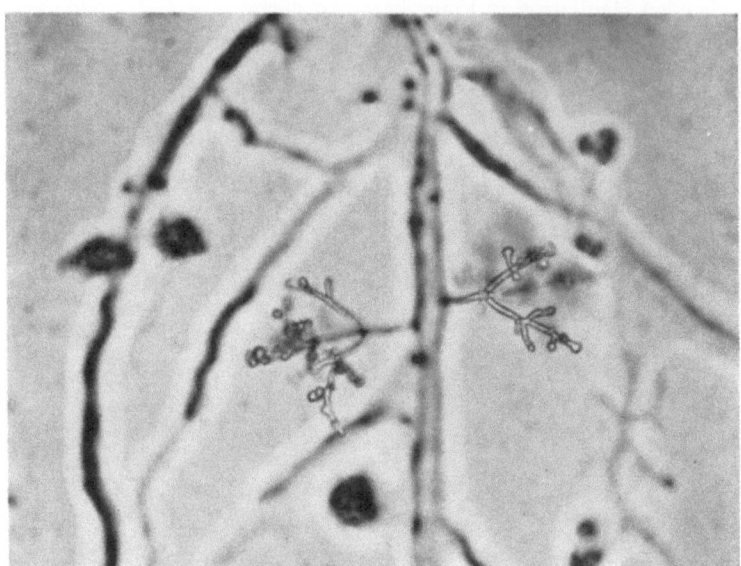

Abb. 2. Chrysosporium pannorum

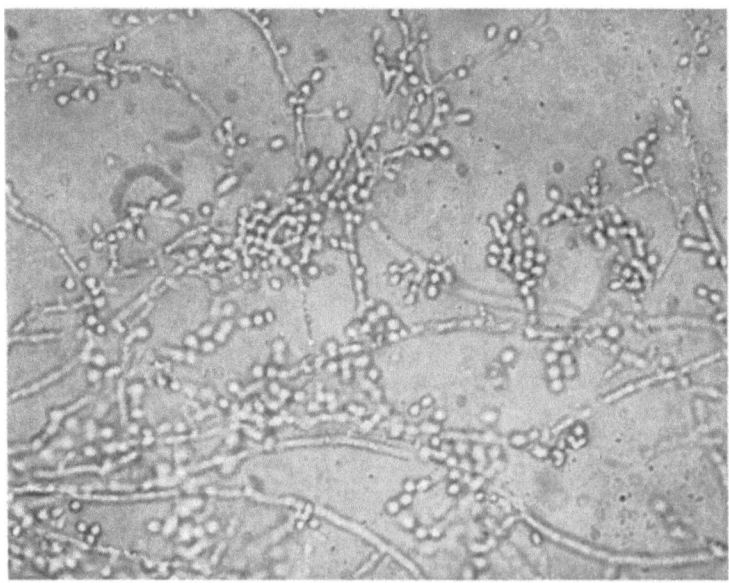

Abb. 3. Chrysosporium luteum

Verwechslungsmöglichkeit, die dem Ungeübten zwischen Chrysosporium und untypischen Stämmen von Trichophyton mentagrophytes unterlaufen kann, sind dafür folgende Gesichtspunkte anzuführen:

1. Das klinische Erscheinungsbild einer Chrysosporiuminfektion wurde als trichophytieähnlich beschrieben.

2. Analog zur Gattung Trichophyton ist auch bei der Gattung Chrysosporium das perfekte Stadium bei den Gymnoascaceae zu suchen. Ferner treten in beiden Gattungen Aleurosporen und Arthrosporen auf und beide Gattungen haben ausgeprägte keratinolytische Fähigkeiten. Es bestehen also zwischen den Dermatophyten und Chrysosporium nähere verwandtschaftliche Beziehungen als etwa zwischen Dermatophyten und anderen sog. Schimmelpilzen, die regelmäßig auf der Haut gefunden werden können.

3. Bereits aufgrund der noch geringen publizierten Untersuchungen ist man geneigt, die Frage nach der Pathogenität dieser Pilzgattung zu bejahen. Mit dem aus Chrysosporium pannorum gewonnenen Pilzantigen wurden positive Intrakutanteste erzielt. Ebenso ist es gelungen, im Tierversuch nach Sporeneinreibung eine Chrysosporium-Infektion zu erzielen, die durch Retrokulturen gesichert wurde. (Übertragung von Material aus dem Hautherd mit Schuppen und Bläschen auf Pilznährboden ergab wieder den zur Infektion benützten Pilz Chrysosporium pannorum).

Frau Priv.-Doz. Dr. LUISE KREMPL-LAMPRECHT,
Dermat. Klinik u. Poliklinik d. Universität
8 München 15, Frauenlobstr. 9

Aus der Hautklinik der Westfälischen Wilhelms-Universität Münster
(Direktor: Prof. Dr. P. JORDAN)

Scopulariopsis und Cephalosporium als Erreger von Dermatomykosen

Von

F. FEGELER, Münster

Mit 2 Abbildungen

Cephalosporium- und Scopulariopsisarten sind sowohl als Erreger oberflächlicher als auch tiefer Mykosen bekannt. Eine ausführliche Zusammenstellung bis 1948 beobachteter und beschriebener Cephalosporiosen stammt von COUTELEN, COCHET und BIGUET. Von deutscher Seite ist in den letzten Jahren von JANKE, HÖFER, HAENSCH sowie von BOMMER, HAUFE und

HAUFE über diese relativ seltene Mykose berichtet worden. Während bei den Cephalosporiosen vorwiegend tiefe Mykosen beschrieben wurden, sind bei der Scopulariopsidose die oberflächlichen die häufigeren (JANKE, JUNG, MARTIN-SCOTT). An erster Stelle stehen die Onychomykosen, worauf bereits BRUMPT 1910 hinwies. Aber auch Mykosen, die einer oberflächlichen und tiefen Trichophytie (FRAGNER; MARTON und FLORIAN) gleichen, sind beschrieben worden.

Die durch die genannten Schimmelpilze verursachten Mykosen sind im Vergleich zu den durch Dermatophyten bedingten Hautpilzerkrankungen selten. Immerhin werden aber Scopulariopsis- und Cephalosporiumarten bei Überimpfung von Hautschuppen und Nagelpartikel z. Z. wohl häufiger gezüchtet als das Epidermophyton floccosum. Es erhebt sich jedoch oft die Frage, ist der gezüchtete Schimmelpilz tatsächlich der Erreger der Dermatomykose oder ist es nicht gelungen, einen Dermatophyten zu züchten.

Bei der routinemäßigen kulturellen Untersuchung von Hautschuppen und Nagelpartikeln im mykologischen Laboratorium der Klinik konnten in den Jahren 1961/62 insgesamt 22mal eine Scopulariopsis (Tab. 1) und 8mal ein Cephalosporium (Tab. 2) gezüchtet werden. Der Nachweis einer

Tabelle 1. *Häufigkeit der Züchtung von Scopulariopsis in den Jahren 1961/62*

Untersuchungs-material	Nativpräparat	
	positiv	negativ
Hautschuppen	2	7
Nagelpartikel	10	3
Gesamt	12	10
	22	

Tabelle 2. *Häufigkeit der Züchtung von Cephalosporium in den Jahren 1961/62*

Untersuchungs-material	Nativpräparat	
	positiv	negativ
Hautschuppen	—	3
Nagelpartikel	3	2
Gesamt	3	5
	8	

Scopulariopsis gelang 9mal in Hautschuppen und 12mal in Nagelpartikeln. 7mal waren die Schuppen von den Füßen, 2mal von anderen Körperstellen (Brust, Hals) entnommen worden. 12mal gelang der Nachweis von den Fußnägeln (vorwiegend Großzehennägeln) und nur 1mal von den Fingernägeln. Cephalosporium wurde 3mal von Hautschuppen und 5mal von Nagelpartikeln gezüchtet. Je einmal stammten die Hautschuppen von den Füßen, von der Hand und vom Oberschenkel, die Nagelpartikeln ausschließlich von den Zehennägeln. Das Nativpräparat war bei Nachweis von Scopulariopsis 12mal (von 22), überwiegend in Nagelpartikeln, bei Nachweis von Cephalosporium 3mal (von 8) und zwar ausschließlich in Nagelpartikeln positiv.

Tabelle 3. *Scopulariopsis*.
Resistenzbestimmung mit verschiedenen mykostatischen Antibiotica

Ablesung Tage n. Überimpfung	Amphotericin B Gamma/ml					
	62,5	31,2	15,6	7,8	3,9	Kontr.
3	(+)	(+)	(+)	++	++	++
6	+	++	++	++	++	++
10	++	++	+++	+++	+++	+++
	Moronal Gamma/ml					
	400	200	100	50	25	Kontr.
3	+	+	++	++	++	++
6	+	++	++	++	++	++
10	++	++	+++	+++	+++	+++
	Pimaricin Gamma/ml					
	100	50	25	12,5	6,25	3,125	Kontr.
3	—	—	—	—	(+)	(+)	++
6	—	—	—	—	(+)	(+)	+++
10	—	—	—	—	(+)	(+)	+++
	Griseofulvin Gamma/ml					
	100	50	25	12,5	6,25	Kontr.
3	+	+	++	++	++	+++
6	++	++	+++	+++	+++	+++
10	+++	+++	+++	+++	+++	+++

Während Scopulariopsisarten rein makroskopisch in der Kultur an der braunen granulösen Oberfläche leicht zu erkennen sind, bereitet die Abgrenzung von Cephalosporium gegenüber der flaumig wachsenden Form des Trichophyton mentagrophytes rein makroskopisch Schwierigkeiten. Einfach sind jedoch beide Pilze durch das mikroskopische Bild zu erkennen. Um die Frage der Pathogenität dieser beiden Erreger zu prüfen, führten wir Keratinteste mit Haaren und Nagelspänen durch.

Für Scopulariopsis wurde bereits 1951 von BLANK gezeigt, daß der Pilz sehr gut auf Kalbsklauen wuchs und dabei tief in die Hornsubstanz eindrang. Jung hat ein Jahr später Teile von gesunden Fingernägeln und menschlichen Bart- und Haupthaaren auf Kulturen von Scopulariopsis gebracht. Dabei war nach wenigen Tagen auf Nägeln und Haaren ein Wachstum der Pilze zu erkennen. Nach zwei Wochen waren die Nägel vollkommen durchwachsen, wobei massenhaft Sporen und wenig Mycel gebildet wurde. Im menschlichen Kopf- und Barthaar war ein weniger gutes Wachstum zu beobachten.

Tabelle 4. *Cephalosporium.*
Resistenzbestimmung mit verschiedenen mykostatischen Antibiotica

Ablesung Tage n. Überimpfung	Amphotericin B Gamma/ml					
	62,5	31,2	15,6	7,8	3,9	Kontr.
3	++	++	++	++	++	+++
6	+++	+++	+++	+++	+++	+++
10	+++	+++	+++	+++	+++	+++

	Moronal Gamma/ml					
	400	200	100	50	25	Kontr.
3	+++	+++	+++	+++	+++	+++
6	+++	+++	+++	+++	+++	+++
10	+++	+++	+++	+++	+++	+++

	Pimaricin Gamma/ml						
	100	50	25	12,5	6,25	3,125	Kontr.
3	—	—	—	(+)	+	+	++
6	—	—	+	+	++	++	+++
10	—	—	+++	+++	+++	+++	+++

	Griseofulvin Gamma/ml					
	100	50	25	12,5	6,25	Kontr.
3	++	++	+++	+++	+++	+++
6	+++	+++	+++	+++	+++	+++
10	+++	+++	+++	+++	+++	+++

Bei eigenen Versuchen wurden ebenfalls Nagelteilchen von gesunden Fingernägeln und Haaren auf Kulturen von Scopulariopsis und Cephalosporium gebracht. Nagelpartikel und Haare wurden bereits nach wenigen Tagen von beiden Erregern umwachsen. Nach etwa zehn Tagen zeigten sich auch nach gründlichem Abwaschen der Haare und der Nagelpartikel in Aqua dest. bei Betrachtung im Kalilaugen-Präparat deutlich Sporen und Mycelfäden sowohl an den Haaren (Abb. 1) als auch in den Nagelpartikeln (Abb. 2). Das Keratin erschien an den pilzbefallenen Abschnitten im Gegensatz zu den nicht befallenen aufgelockert bzw. zerstört. Ein regelrechtes

Scopulariopsis und Cephalosporium als Erreger von Dermatomykosen 145

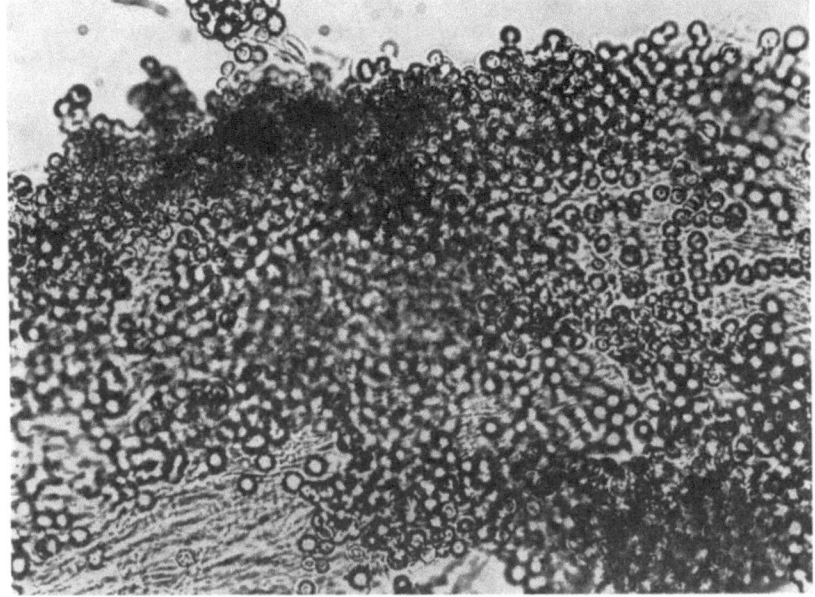

Abb. 1. Scopulariopsis-Sporen im menschlichen Haar, ca. 500mal

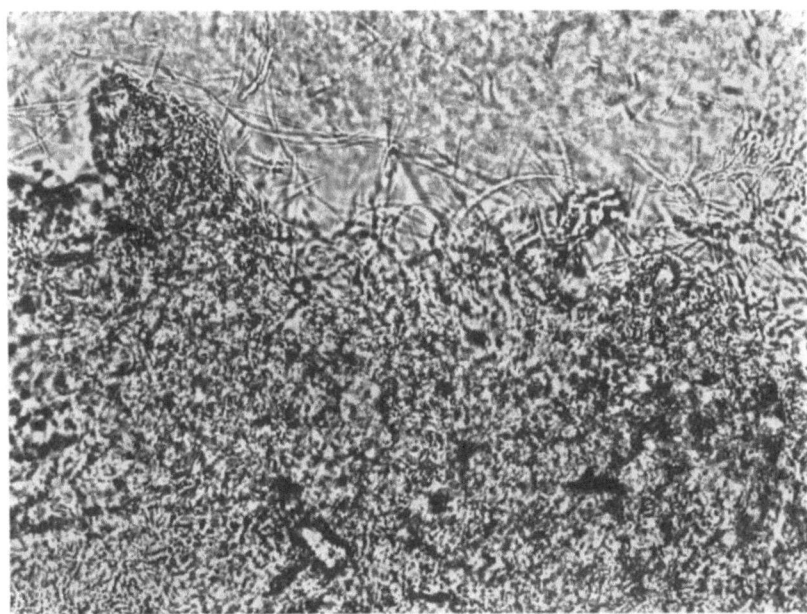

Abb. 2. In die Nagelsubstanz einwachsende Hyphen von Cephalosporium, ca. 125mal

Einwachsen in die Haare konnte jedoch nicht sicher beobachtet werden. Weitere Untersuchungen nach anderen Methoden werden fortgesetzt.

Eine besondere Bedeutung haben diese Erreger im Rahmen der modernen antibiotischen Therapie der Pilzkrankheiten erlangt. Es wurde daher in vitro die Empfindlichkeit von Cephalosporium und Scopulariopsis gegen verschiedene bekanntere per os oder parenteral mykostatisch wirksame Antibiotica getestet. Dabei zeigte sich, daß Scopulariopsis (Tab. 3) gegen Amphotericin B, Moronal und Griseofulvin praktisch resistent und lediglich gegenüber Pimaricin gut empfindlich war. Es wurde bereits durch 6,25 und 3,125 γ/ml deutlich und durch 12,5 γ/ml vollständig gehemmt. Auch Cephalosporium war gegen Amphotericin B, Moronal und Griseofulvin resistent und wurde durch Pimaricin in Konzentrationen von 25 γ/ml teilweise und 50 γ/ml vollständig gehemmt (Tab. 4).

Zusammenfassung

Scopulariopsis- und Cephalosporiumarten sind offenbar in der Lage, Krankheitsbilder nach Art der bekannten Dermatomykosen, speziell Onychomykosen, zu verursachen. Besonders die Großzehennägel werden von ihnen befallen. Bei beiden Pilzen ließ sich in vitro eine deutliche Affinität zum Keratin der Nägel, weniger der Haare, nachweisen. Mit Ausnahme von Pimaricin verhielten sie sich gegen verschiedene mykostatisch wirksame Antibiotica (Amphotericin B, Moronal, Griseofulvin) in vitro resistent.

Literatur

Bommers, S., F. Haufe u. U. Haufe: Derm. Wschr. **143**, 229 (1961).
Blank, F.: Dermatologica **102**, 95 (1951).
Brumpt: Zit. n. Jung.
Coutelen, F.G. Cochet et J. Biguet: Ann. parasitol. **23**, 364 (1948).
Ehrmann, G., u. J. Granits: Z. Haut- u. Geschlkrkh. **19**, 129 (1955).
Fragner, P.: Zbl. Hautkrkh. **95**, 99 (1956).
Haensch, R.: Zschr. Haut- u. Geschlkrkh. **23**, 137 (1957).
Höfer, K.: Zschr. Haut- u. Geschlkrkh. **13**, 131 (1952).
Janke, D.: Zschr. Haut- u. Geschlkrkh. **14**, 35 (1953), Arch. f. Derm. **188**, 357 (1949/50).
—, u. W. Rohrschneider: Derm. Wschr. **123**, 48 (1951).
Jung, H.D.: Arch. f. Dermat. **195**, 77 (1952).
Martin-Scott, J.: Transactions Brit. Myc. Soc. **37**, 38 (1954).
Marton, K., u. E. Florian: Zbl. Hautkrkh. **100**, 204 (1958).

Prof. Dr. Ferdinand Fegeler, Oberarzt
der Hautklinik der Westfälischen
Wilhelms-Universität
44 Münster/Westf., v.-Esmarch-Str. 56

Aus der Hautklinik des Städt. Krankenhauses Ludwigshafen/Rh.
(Chefarzt: Prof. Dr. P. Zierz)

Vorkommen von Schimmelpilzen bei Hand- und Fußmykosen

Von

P. D. Blandin, Ludwigshafen/Rhein

Im Rahmen der seit etwa $2^1/_2$ Jahren in unserer Klinik durchgeführten mykologischen Routineuntersuchungen wurden zu Anfang ausschließlich Dermatophyten und Sproßpilze identifiziert, während kulturelles Wachstum von Schimmelpilzen zunächst als Folge von Verunreinigungen gewertet wurde. Angeregt durch die Arbeiten von Jung, Janke, Janke und Theune, Kaben und Rieth u. a. sind wir aber schon bald dazu übergegangen, auf das Vorkommen der Gattung Scopulariopsis zu achten und seit etwa einem Jahr auch den Schimmelpilzgattungen Chrysosporium, bisher auch Aleurisma genannt, Cephalosporium und Aspergillus Aufmerksamkeit zu schenken. Diese Schimmelpilze wurden registriert, wenn in den vier mit dem jeweiligen Untersuchungsmaterial beimpften Röhrchen mehrere Kolonien des gleichen Schimmelpilzes gewachsen waren. Da der überwiegende Anteil des bei uns anfallenden Untersuchungsmaterials von Haut- und Nagelveränderungen der Hände und Füße herrührt, die klinisch als Hand-, Fuß- und Nagelmykosen anzusprechen sind, soll speziell über die bei dieser Gruppe von krankhaften Veränderungen erhobenen Schimmelpilzbefunde berichtet werden.

Von insgesamt 146 positiven, aus Interdigitalschuppen der Hände und Füße oder aus Finger- bzw. Zehennagelsubstanz gezüchteten Pilzkulturen wurden Schimmelpilze der eben genannten Gattungen in 29 Fällen gefunden. Eine weitaus größere Anzahl von Fällen, in denen nur eine einzelne Schimmelpilzkolonie gewachsen war, wurde nicht berücksichtigt. Zahlenmäßig bei weitem an der Spitze unserer Schimmelpilzstatistik steht die Gattung Scopulariopsis mit 17 Fällen, was z. T. aber wohl darauf zurückzuführen ist, daß auf Scopulariopsis fast von Anfang an geachtet worden war. Pilze dieser Gattung konnten 3mal aus Zehennagelsubstanz, 2mal aus Fingernagelsubstanz, 6mal aus Hautschuppen der Zwischenzehenräume und 6mal aus Hautschuppen der Hände gezüchtet werden. In 10 dieser Fälle war das Nativpräparat positiv, in den übrigen 7 Fällen negativ. In 5 Fällen wurden gleichzeitig Sproßpilze gefunden, in einem Fall von Zwischenzehenmykose kam nebeneinander T. rubrum und Scopulariopsis vor, in einem anderen fanden sich gleichzeitig T. mentagrophytes, Scopulariopsis und Sproßpilze.

Chrysosporium sive Aleurisma wurde in 7 Fällen gefunden, davon 6mal in Kulturen, die von Fingernagelsubstanz angelegt worden waren, während im 7. Fall Hautschuppen der Hände das Ausgangsmaterial darstellten. Die Nativpräparate waren hier nur in 2 Fällen positiv. Chrysosporium war in einem Fall mit Sproßpilzen der Gattung Candida kombiniert, in einem anderen mit Schimmelpilzen der Gattung Penicillium, in einem 3. Fall mit verschiedenen Schimmelpilzen, unter denen Chrysosporium aber immerhin mit 8 Kolonien vertreten war.

Cephalosporium diagnostizierten wir in 5 Fällen, 4mal war es aus Hautschuppen der Füße, 1mal aus Fingernagelsubstanz gewachsen. Die entsprechenden Nativpräparate waren in 3 Fällen positiv, in 2 Fällen negativ. Gekoppelt war das Vorkommen von Cephalosporium 2mal mit dem Nachweis von Sproßpilzen, 1mal mit dem von T. rubrum.

Daß kultureller Nachweis von Schimmelpilzen, auch solcher Gattungen, die von vielen Autoren als fakultativ pathogen angesehen werden, nicht ausreicht, den gefundenen Pilz auch als Krankheitserreger aufzufassen, ist hinreichend bekannt. Eine Wiederholung der Kulturuntersuchungen, wie sie zwar meist gefordert wird, aber nur selten tatsächlich routinemäßig verwirklicht werden kann, wurde in den aufgeführten Fällen — mit einer Ausnahme — auch bei uns nicht vorgenommen. In einigen Fällen erschienen aber die Umstände dazu angetan, eine pathogenetische Bedeutung der gefundenen Schimmelpilze in Erwägung zu ziehen und zwar dann, wenn folgende 4 Bedingungen gleichzeitig erfüllt waren:

1. Typische, einer Mykose entsprechende klinische Erscheinungen

2. Positives Nativpräparat

3. Wachstum mehrerer bis zahlreicher Kolonien des diagnostizierten Schimmelpilzes in mehreren bis allen beimpften Röhrchen

4. Fehlen von Dermatophyten und Sproßpilzen in den vom gleichen Material angelegten Kulturen.

Diese Bedingungen trafen hinsichtlich Scopulariopsis 6mal zu und zwar bei allen 3 Fällen von Zehennagelveränderungen, bei 1 Fall von Tinea manuum und bei 2 Fällen von Zwischenzehenmykose. Am eindrucksvollsten ist eine 61jährige Patientin aus jüngster Vergangenheit in Erinnerung, bei der mehrere Zehennägel beider Füße Veränderungen aufwiesen, die von denen einer durch Dermatophyten hervorgerufenen Onychomykose klinisch nicht sicher zu unterscheiden waren, wenn man von einer vielleicht besonders stark ins Gelbbräunliche gehenden Verfärbung absieht. Im Nativpräparat waren reichlich Pilzfäden zu sehen, in den 4 Kulturröhrchen wuchsen 14 Kolonien von Scopulariopsis, die nur in 1 Röhrchen mit einzelnen anderen Schimmelpilzkolonien vergesellschaftet waren. Die befallenen Nägel wurden in Evipannarkose extrahiert, beim nochmaligen Beimpfen von Kulturröhrchen mit Teilen der entfernten Nägel wurde in allen 4 Röhrchen wieder — und diesmal ausschließlich — Scopulariopsis, insgesamt 16 Kolonien, gezüchtet. Unter der Nachbehandlung mit Kaliumpermanganat-Bädern, Castellani'scher Lösung und Salicyl-Vaseline war der Heilverlauf bisher sehr zufriedenstellend. Die Patientin steht noch in ambulanter Überwachung. Bei der Nagelextraktion wurde selbstverständlich eine gründliche Nagelbettcurettage durchgeführt. Erwähnenswert ist, daß bei der gleichen Patientin aus Fingernagelsubstanz, sowie aus Hautschuppen der Zwischenfingerfalten und der Submammärfalten Candida albicans gezüchtet wurde. In etwa einen Parallelfall stellte ein 29jähriger Mann dar, bei dem beide Großzehennägel verdickt, aufgefasert, weißlich-gelblich verfärbt und mit bräunlichen Flecken durchsetzt waren. Bei positivem Nativpräparat wurde an allen Impfstellen sämlicher Röhrchen gleichmäßiges Wachstum von Scopulariopsis beobachtet. Gleichzeitig bestand eine Mykose der Inguinalgegend, des Gesäßes und der Zwischenzehenräume. Die Kulturen aus Hautschuppen dieser Regionen ergaben allerdings T. rubrum. Ob dieser Pilz bei den Nagelveränderungen als Wegbereiter für die Ansiedelung von Scopulariopsis gedient haben mag, bleibt dahingestellt. Bei einem 19jährigen Mädchen und bei zwei 70jährigen Männern mit interdigitaler Fußmykose haben wir aber, im Gegensatz zu den vorhin beschriebenen Fällen, wieder ausschließlich Scopulariopsis gefunden.

Der Nachweis von Chrysosporium (= Aleurisma) war nur in 2 Fällen mit der Erfüllung der geforderten Bedingungen verbunden. Es handelte sich um Fingernagelveränderungen, die einer typischen Onychomykose entsprachen. Auch hier waren bei positivem Nativpräparat jeweils eine Anzahl gleichartiger Kolonien von Chrysosporium in mehreren Röhrchen bei Fehlen von Dermatophyten und Sproßpilzen nachzuweisen. Für Cephalosporium trafen nur 1mal die genannten Kriterien zu, bezeichnenderweise handelte es sich auch hier um Nagelveränderungen und zwar an den Fingernägeln. Überhaupt war es auffallend, daß die eindrucksvollsten Schimmelpilznachweise bei Nagelveränderungen gelangen.

In allen denjenigen Fällen, in denen neben Schimmelpilzen auch Dermatophyten oder Sproßpilze gefunden wurden, mag es naheliegen, die Schimmelpilze nur als sekundäre Besiedeler der durch die Dermatophyten oder Sproßpilze hervorgerufenen Krankheitserscheinungen anzusehen, in anderen Fällen wiederum mag es sich um Kultivierung bangloser Saprophyten oder um Verunreinigung der Kulturen durch Anflugkeime gehandelt haben, bei den nach strengeren Maßstäben ausgewählten Fällen erscheint aber die Erregernatur der gezüchteten Schimmelpilze diskutabel. Um überhaupt einmal ausreichende Unterlagen für eine Diskussion auf breiter Basis über die gewiß sehr schwierige Frage der Pathogenität von Schimmelpilzen zu beschaffen, möchte ich vorschlagen, bei der Routinediagnostik von Pilzkulturen auch die gewachsenen Schimmelpilze zu registrieren.

Literatur

JANKE, D.: Z. Haut- u. Geschlkrkh. XIV, 35 (1953).
—, u. J. THEUNE: Hautarzt **13**, 145 u. 193 (1962).
JUNG, H.D.: Arch. Dermat. Syph. **195**, 77 (1952).
KABEN, U., u. H. RIETH: Mykosen V, 108 (1962).

Dr. PAUL-DIETER BLANDIN
773 Villingen
Karlsruher Str. 2

H. Verschiedene aktuelle mykologische Fragen

Aus der Universitäts-Hautklinik Gießen
(Direktor: Prof. Dr. R. M. BOHNSTEDT)

Wirkung von Röntgenweichstrahlen auf Schimmelpilze und Dermatophyten

Von

W. KNOTH und R. C. KNOTH-BORN, Gießen

Mit 4 Abbildungen

Bestrahlt man Pilze nach Überimpfung auf Nährbodenschalen mit weichen Röntgenstrahlen, so lassen sich an ihnen verschiedene Schädigungsfolgen studieren.

Unsere Untersuchungen führten wir an den Schimmelpilzen: Aspergillus niger, Mucor rhizopodiformis, Cephalosporium acremonium und Scopulariopsis brevicaulis sowie an den Dermatophyten: Trichophyton mentagrophytes, Epidermophyton floccosum und Mikrosporum gypseum durch. Zur Bestrahlung verwandten wir ein Röntgenweichstrahlgerät (Dermopan), eingestellt auf 29 kV, 25 mA, AL-Filter 0,3 mm, GHWT 2,0 mm und FHA 5 cm. Nach vorausgegangenen eingehenden Versuchen wählten wir eine tägliche Dosis von 10000 r. Die unter Röntgenstrahleneinwirkung stehenden Pilze und die zugehörigen Kontrollkulturen blieben 21 Tage im Versuch.

Ergebnisse

Durch die oben angegebene Röntgenstrahlendosis wird die Kulturausdehnung der verhältnismäßig schnell wachsenden *Schimmelpilze* (Aspergillus niger, Mucor rhizopodiformis, Cephalosporium acremonium) nicht beeinflußt. Lediglich die bestrahlten Kulturen von Scopulariopsis brevicaulis zeigen im Vergleich zu den Kontrollen eine geringe Wachstumsretardierung, wenn man die Flächenausdehnungen untereinander vergleicht.

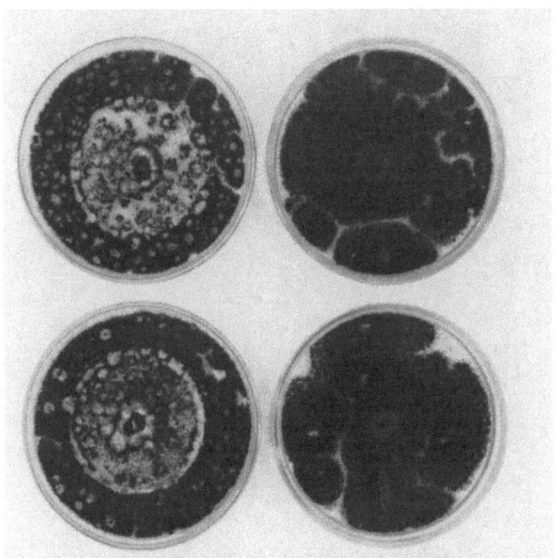

Abb. 1. Schalenkulturen von Aspergillus niger. Li. Bildseite: Versuchskulturen nach 160000 r Röntgenweichstrahlen. Re. Bildseite: unbestrahlte Kontrollkulturen

Im Gegensatz zu der Unbeeinflußbarkeit oder nur geringen Hemmung des Flächenwachstums stehen die Veränderungen der makroskopischen Ausgestaltung der Schimmelpilzkulturen während einer hochdosierten Röntgenbestrahlung. Bestrahlte Kulturen von *Aspergillus niger* besitzen eine verminderte Dichte des Pilzrasens. Hinzu kommt, daß die perizentralen Neuimplantate in größeren Abständen sich angesetzt haben und spärlicher als bei den Kontrollkulturen wachsen. Bei Lupenbetrachtung fallen in diesen Herden statt ausschließlich schwarzen, auch entfärbte Köpfchen auf. Der zuvor geschilderte Befund ist ab 50000 r sichtbar. Bei fortgesetzter Röntgenbelastung und Kultivierung wird das Bestrahlungsfeld wider Erwarten etwas dichter, hebt sich aber nach Überschreiten der Ausmaße des Strahlentubusses von der weitergewachsenen Kulturperipherie noch deutlich ab. Die primäre Beimpfungsstelle, gleich Zentrum der Versuchskulturen, ist in

Fingernagelgröße fast homogen schwarz gefärbt. Darauf folgt ein schmaler Aufhellungsring, der wiederum von einer schwarzen Umrandung begrenzt wird (Abb. 1). Bis zum Abschluß des Versuches lassen sich keine weiteren, andersartigen Befunde mehr erheben.

Der schnellwachsende Köpfchenschimmel *Mucor rhizopodiformis* läßt am Anfang keine makroskopisch sichtbaren Veränderungen an den bestrahlten Kulturen erkennen. Erst wenn der Durchmesser des Wachstumshofes mehr

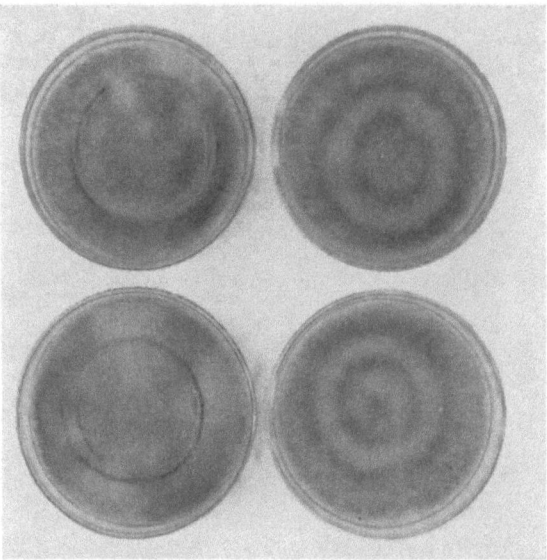

Abb. 2. Schalenkulturen von Mucor rhizopodiformis. Li. Bildseite: Versuchskulturen nach 160000 r Röntgenweichstrahlen mit Impressionsring nach Aufsetzen des Röntgentubus. Re. Bildseite: unbestrahlte Kontrollkulturen

als 3 cm beträgt, fällt der Verlust der konzentrischen Ringbildungen im Vergleich zu den Kontrollkulturen auf. Dieses Phänomen bleibt bis zum Ende der Bestrahlung bestehen (Abb. 2). Andere strahleninduzierte Symptome, wie geringe Vergreisung des sog. Luftmycels mit gleichzeitiger Verfilzung des vom Tubus begrenzten Feldes sind nicht immer konstant und im ganzen gesehen weniger auffällig.

Ähnlich wie beim Aspergillus niger kommt es unter der Röntgenbestrahlung bei den *Cephalosporium acremonium*-Kulturen zur Verminderung der Wachstumshofdichte, wovon besonders auch die Höhe des Pilzrasens betroffen ist. Dieser Befund hält sich während der gesamten Bestrahlungszeit in gleichbleibender Form. Das Zentrum der Versuchskulturen bleibt, im Gegensatz zu der gleichen Stelle bei den Kontrollen, in Form einer verdichteten, primären Implantatstelle mit anschließender Ringbildung sichtbar. Nach dem Hinauswachsen des Pilzes über das Bestrahlungsfeld, begrenzt durch die Ausdehnung des Röntgentubus, beginnt sich die makroskopische Ausgestaltung der Kultur zu normalisieren (Abb. 3).

Der Schimmelpilz *Scopulariopsis brevicaulis*, dessen Wachstumshofausdehnung durch die Röntgenbestrahlung im Gegensatz zu den drei vorgenannten geringgradig gehemmt wird, zeigt makroskopisch an den Versuchskulturen den totalen Verlust der kakaoartigen Pudrigkeit und Farbgebung. Während die Kontrollen um die zentrale Knopfbildung einen Ring besitzen,

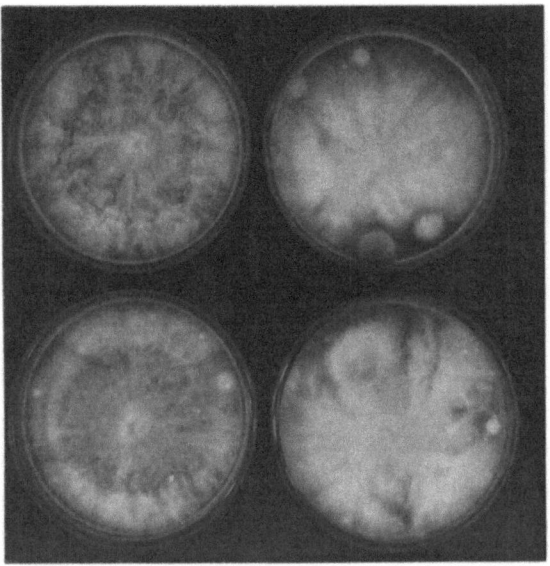

Abb. 3. Schalenkulturen von Cephalosporium acremonium. Li. Bildseite: Versuchskulturen nach 120000 r Röntgenweichstrahlen. Re. Bildseite: unbestrahlte Kontrollkulturen

der wie mit Kakaopulver bestäubt aussieht, sind die bestrahlten Kulturen durchgehend von der Mitte bis zum Rand gleichartig cremefarben, mattglänzend, hefeähnlich gefärbt bzw. gestaltet. Dieser Befund ist nach Einstrahlung von 70000 r an zu sehen. Im weiteren Verlauf des Versuchs tritt eine vermehrte, irrgartenartige Gyrierung hinzu, die zum Teil tiefe lückenbildende Einschnitte bewirkt. Die Kontrollkulturen weisen demgegenüber eine radiäre, annähernd regelmäßige, sektorenbegrenzende Furchung auf. Die äußere Wachstumshofzone der Kontrollen, die nach peripherwärts auf die bräunlich-tingierte folgt, ist so ähnlich gefärbt, wie wir es für die röntgenbestrahlten Kulturen vom Zentrum bis zum Rande hin geschildert haben (Abb. 4).

Die mit der gleichen Bestrahlungstechnik und Röntgendosis behandelten *Dermatophyten* sind strahlenempfindlicher als die Schimmelpilze. Neben der deutlichen Retardierung der Wachstumshöfe fallen Veränderungen der Kulturausgestaltung auf.

Beim *Trichophyton mentagrophytes* kommt es zur Aufhellung des Kulturzentrums und zur Verminderung des flaumigen Wuchsphänomens. Im Zuge der Ausbreitung der Kulturen wird eine zonale, ringförmige Ausgestaltung sichtbar, die bei den Kontrollen nicht in Erscheinung tritt. In ähnlicher Weise verhalten sich die röntgenbestrahlten Kulturen von *Epidermophyton floccosum*. Das röntgenbestrahlte *Mikrosporum gypseum* bildet unter teilweisem Verlust der körnig-gipsigen Wuchsform fädig-flaumiges Luft-

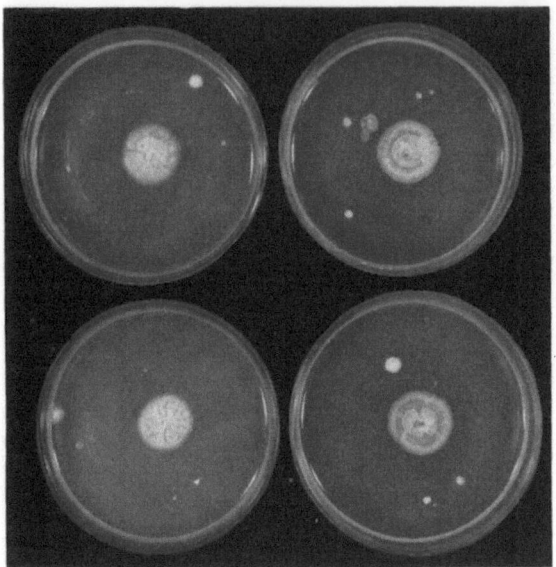

Abb. 4. Schalenkulturen von Scopulariopsis brevicaulis. Li. Bildseite: Versuchskulturen nach 80000 r Röntgenweichstrahlen. Re. Bildseite: unbestrahlte Kontrollkulturen

mycel aus. Hierdurch kommt es zur Maskierung der sonst üblichen Ringbildungen im Wachstumshof.

In weiteren Versuchen haben wir bei Anwendung verschiedener Strahlendosen, bei Einzeit- und fraktionierter Bestrahlung besonders auf die Wachstumshemmwirkung mittels planimetrischer Kontrolluntersuchungen geachtet. Sowohl über diese Ergebnisse, als auch über solche, die nach histologischer Untersuchung röntgenbestrahlter Pilzkulturen erhoben werden konnten, wird an anderer Stelle berichtet.

Zusammenfassung

Nach unseren Versuchen erwiesen sich Aspergillus niger, Mucor rhizopodiformis, Cephalosporium acremonium und Scopulariopsis brevicaulis gegenüber Röntgenweichstrahlen weniger empfindlich als Trichophyton mentagrophytes, Epidermophyton floccosum und Mikrosporum gypseum.

Bei den hier vor allem interessierenden Schimmelpilzen sind erst jenseits einer Dosis von 50000 r Veränderungen der makroskopischen Kulturausgestaltung erkennbar, die bei einer Dosis von 80000 r deutlich manifest werden. Die Wachstumshöfe der Versuchs- und Kontrollkulturen von Aspergillus niger, Mucor rhizopodiformis und Cephalosporium acremonium werden gleichgroß. Die Zuwachsraten beider Kulturkollektive sind nicht voneinander verschieden. Lediglich bei Scopulariopsis brevicaulis läßt sich eine geringgradige Hemmung der Kulturausdehnung unter der Strahlenbehandlung messen. Mit Röntgenstrahlen können die vier untersuchten Schimmelpilze bis zu einer von uns noch geprüften Dosis von 210000 r nicht abgetötet werden.

Prof. Dr. W. Knoth, Oberarzt,
und Frau Dr. Rita C. Knoth-Born,
Univ.-Hautklinik
63 Gießen, Gaffkystr. 14

Aus der Universitäts-Hautklinik Tübingen
(Direktor: Prof. Dr. W. Schneider)

Zur Resistenz von Schimmelpilzen gegen Cycloheximid

Von

W. Adam und L. Schwankl, Tübingen

Mit 4 Abbildungen

In der Kultivierung von Dermatomyceten hat die Einführung der Selektivnährböden, insbesondere die Verwendung des gegen das Schimmelwachstum gerichteten Cycloheximids (C) zweifellos einen entscheidenden Fortschritt bedeutet. Hinsichtlich Umfang und Geschwindigkeit der Verbreitung nur mit der späteren therapeutischen Verwendung von Griseofulvin vergleichbar, hat sich C in den Pilzlaboratorien eingeführt; in der Folgezeit wurde über beachtliche Verbesserungen der Ergebnisse in der kulturellen Ausbeute an Dermatophyten berichtet.

Eine gewisse Schwierigkeit in der Anwendung von C als Zusatz zum Nährmedium wird dadurch bedingt, daß durch höhere Konzentration des Antibiotikums nicht nur Schimmel, sondern auch Hefen und Dermatophyten in ihrem Wachstum beeinträchtigt werden. So beobachteten wir (Adam und Steitz 1958), daß manche Stämme von Trichophyton mentagrophytes, aber auch eine Reihe von Hefen durch Zusatz von 0,5 mg/ml Nährboden deutlich in ihrem Wachstum gehemmt wurden; bei Candida albicans ließ sich auf der Objektträgerkultur eine Hemmung der Pseudomycelbildung in Abhängigkeit von der Höhe des C-Zusatzes nachweisen.

Es gilt also, im Selektivnährboden die C-Konzentration so zu wählen, daß bei möglichst weitgehender Unterdrückung der Schimmel eine möglichst geringe Wachstumsbeeinflussung der Dermatophyten erfolgt. Im allgemeinen wird für die Routinediagnostik ein C-Zusatz zwischen 0,1 und 0,5 mg/ml Nährboden benützt; nach den oben zitierten Untersuchungen schien uns ein Zusatz von 0,3 mg/ml Nährmedium die günstigsten Bedingungen zu bieten. Allerdings erreicht man mit dieser Konzentration in vielen Fällen keine völlige Unterdrückung, sondern nur eine Hemmung des Schimmelwachstums; es ist deshalb häufig rasche Überimpfung eben angehender Dermatophyten auf Sekundärkulturen nötig. Die Ausgangskulturen werden in unserer Klinik auf je 2 Nährböden angelegt, von denen einer 0,5 mg/ml Neomycin (N-Kultur), der andere dazu noch 0,3 mg/ml Cycloheximid (N+C-Kultur)

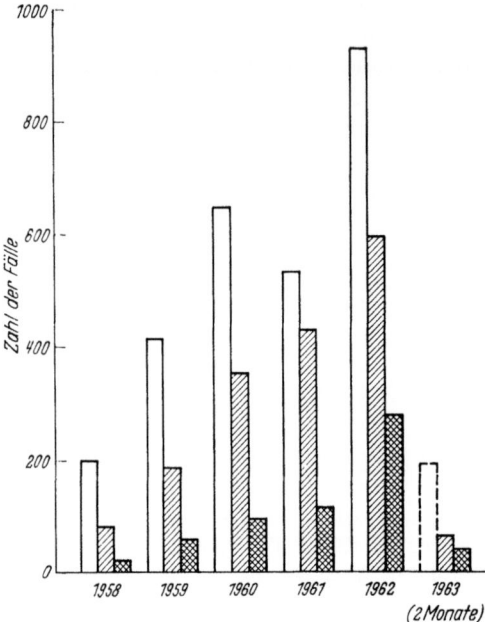

Abb. 1. Absolute Zahlen der kulturell untersuchten Fälle (weiße Säulen), der schimmelbewachsenen N-Kulturen (schraffierte Säulen) und der schimmelbewachsenen N+C-Kulturen (kreuzschraffierte Säulen) in den Jahren 1958 bis 1962. Zum Vergleich: 2 Monate des Jahres 1963

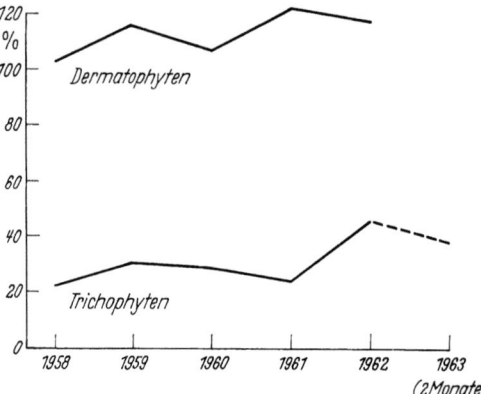

Abb. 2. Untere Kurve: Prozentzahlen der gegen 0,3 mg/ml Cycloheximid im Nährboden resistenten Schimmel, jeweils bezogen auf die schimmelbewachsenen N-Kulturen in den Jahren 1958 bis 1962. Zum Vergleich: 2 Monate des Jahres 1963. Obere Kurve: Mehrausbeute an Dermatophyten auf N+C-Kulturen 1958 bis 1962; die auf N-Kulturen gezüchteten Fadenpilze sind dabei als 100% gesetzt

enthält. Wir erhielten bei diesem Vorgehen auf den N+C-Kulturen jeweils eine höhere Ausbeute an Dermatophyten; etwa drei Viertel bis zwei Drittel der auf den N-Platten gewachsenen Schimmel war auf den N+C-Nährböden unterdrückt.

Abb. 1 zeigt das Zahlenverhältnis der jeweils bearbeiteten Fälle zu den Schimmeln, die auf den antibiotisch präparierten und auf den zusätzlich mit C versehenen Kulturen in den letzten fünf Jahren gewachsen waren. Der Vergleich der absoluten Zahlen ergibt zunächst nur mit zunehmender Fallzahl auch ein Ansteigen der auf den Kulturen festgestellten Schimmel. Vergleicht man aber das prozentuale Verhältnis der auf den N+C-Kulturen gewachsenen, also gegen 0,3 mg/ml Cresistenten Schimmel zu jenen auf den nur antibiotisch vorbehandelten Kulturen (Abb. 2), so scheint sich in den beiden letzten Jahren eine relative Zunahme resistenter Schimmelpilze zu ergeben — annähernd gleiche Einsaat von Schimmelpilzen auf den Parallelkulturen vorausgesetzt. Die Möglichkeit einer zunehmenden Adaptation von Schimmeln an das Antibiotikum, das nunmehr mindestens sechs Jahre lang in jedem mykologischen Laboratorium verwendet wird, ist in Analogie zu dem, was wir über die sog. Krankenhaus-Staphylokokken und über die zunehmende relative Penicillin-Resistenz der Neisseria gonorrhoeae wissen, durchaus in Betracht zu ziehen. Im übrigen ist für das vorliegende Material bemerkenswert, daß mit der Ab- und Zunahme der resistenten Schimmel während der Berichtsjahre nicht regelmäßig eine Zu- und Abnahme der Dermatophytenausbeute verbunden war.

Zur Prüfung der Frage, ob durch eine Erhöhung der C-Konzentration im Nährboden eine wesentliche Verminderung der Schimmelpilze erreicht werden könnte — wobei der C-Zusatz mit Rücksicht auf das Dermatophyten-Wachstum von vornherein unter einer gewissen Grenze bleiben muß — haben wir alle Schimmel, die in dem Kulturmaterial von zwei Monaten auf N+C-Platten wuchsen, auf ihre Empfindlichkeit verschieden hohen C-Konzentrationen gegenüber untersucht.

Insgesamt wurde in dem angegebenen Zeitabschnitt Material von 188 Fällen bearbeitet. Es handelte sich dabei um geläufiges Untersuchungsgut, vor allem um Hautschuppen und Nagelgeschabsel, das zum kleineren Teil von klinischen und poliklinischen Kranken stammte, zum größten Teil von auswärtigen Einsendern zur Untersuchung geschickt worden war. Das Material wurde in der oben genannten Weise auf Doppelkulturen (Sabouraud-Maltose-Agar mit N-Zusatz und N+C-Zusatz) gebracht. Schimmelwachstum wurde auf der N-Kultur in 63 Fällen festgestellt, 38mal wurde auch die N+C-Kultur, 7mal nur diese von Schimmeln bewachsen. Dabei ergab sich unter den C-resistenten Schimmeln ein deutliches Überwiegen von Penicillium-Arten, was insofern überraschte, als wir bei den oben erwähnten früheren Untersuchungen eine besonders gute Wirkung von C gegen Penicillium gefunden hatten. Im übrigen ist bemerkenswert, daß sich etwa 40% der Schimmel, die auf dem C-freien Nährmedium gewachsen waren, als gegen 0,3 mg/ml C-resistent erwiesen. Diese Beobachtung verstärkt den Eindruck

158 W. ADAM et al.: Resistenz von Schimmelpilzen gegen Cycloheximid

einer jetzt gegenüber früher vermehrten C-Resistenz von Schimmeln, wie er schon im Überblick über die oben dargestellten Jahresergebnisse entstanden war.

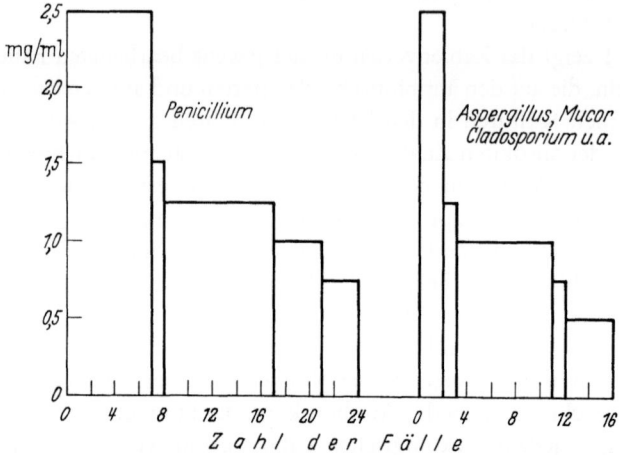

Abb. 3. Wachstumsgrenzen verschiedener aus menschlichem Untersuchungsmaterial kultivierter Schimmelpilze bei unterschiedlichen Cycloheximid-Konzentrationen in absoluten Zahlen

Für die abgestufte Prüfung wurden 40 Schimmelstämme verwendet; 5 eigneten sich wegen primär spärlichen Wachstums nicht für den Versuch. Die Schimmel wurden von der Primärkultur isoliert und auf Schrägröhrchen gebracht, die mit Zusätzen von 0,25; 0,5; 0,75; 1,0; 1,25; 1,5 und 2,5 mg/ml C versehen waren.

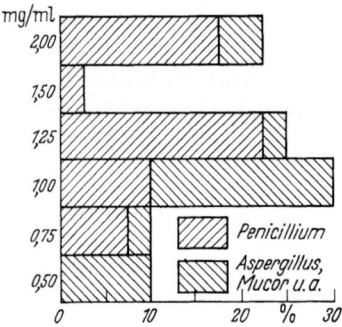

Abb. 4. Prozentualer Anteil der Wachstumsgrenzen von Schimmeln bei steigenden Cycloheximid-Konzentrationen im Nährboden, getrennt nach Penicillium und anderen Gattungen

Das Ergebnis der Untersuchung ist in den Abb. 3 und 4 dargestellt. Es zeigt sich darin einerseits, daß in dem Material, wie oben erwähnt, Penicilliumstämme mehr als die Hälfte aller — relativ — resistenten Schimmel ausmachten, unter Berücksichtigung der prozentualen Verteilung aber auch, daß vier Fünftel der geprüften Stämme noch einer Konzentration von 1,0 mg/ml C gegenüber resistent waren. Demnach könnte die überwiegende Mehrzahl der geprüften, gegen niedrigere C-Konzentrationen resistenten Schimmel durch Erhöhung der C-Zugabe zum Nährmedium *nicht bis zur völligen Wachstumshemmung* gebracht werden, weil dadurch der Sinn des C-Zusatzes gefährdet würde, der in der Verbesserung der Dermatophyten-Ausbeute besteht. Unsere Vermutung, daß in dem höheren C-Bereich eine Bildung von Fruchtformen unterbleiben würde, hat sich nicht bestätigt:

Praktisch alle geprüften Schimmel, auch die, welche nur bis zur Grenze von 1,25 mg/ml wuchsen, haben noch bei C-Konzentrationen von 0,5, ein großer Teil auch bei 0,75 und 1,0 mg/ml C Fruchtformen entwickelt.

Zusammenfassend läßt sich feststellen, daß in dem geprüften Material Schimmelpilze überwogen, die sich noch gegen C-Konzentrationen als resistent erwiesen, welche das Dermatophytenwachstum mindestens erheblich beeinträchtigen. Von einer mäßigen Erhöhung des C-Zusatzes zum Nährboden ist eine wesentliche Verbesserung der Ergebnisse nicht zu erwarten. Der Möglichkeit einer langsamen Adaptation von Schimmeln gegenüber C sollte aufgrund der vorliegenden Untersuchungsergebnisse Aufmerksamkeit geschenkt werden.

Doz. Dr. Wilhelm Adam, Oberarzt,
und L. Schwankl,
Univ.-Hautklinik
74 Tübingen

Über den Nutzen einer mykologischen Grundausrüstung für die Allgemeinpraxis

Von

G. Martin, Wiesbaden

Wenn wir praktischen Ärzte uns bemühen, an den Fortschritten der Mykologie teilzunehmen, so müssen wir bei allem Streben doch mit einem mykologischen Elementarwissen uns begnügen. Von unserer Begeisterungsfähigkeit, unserer Verantwortung und der Berücksichtigung unserer Grenzen wird es abhängen, daß es nicht ohne Nutzen geschieht.

Zum eigentlichen Tagungsthema, den Erkrankungen durch Schimmelpilze, möchte ich einige wenige Beobachtungen beisteuern: Drei Aspergillus-Arten begegneten uns bisher in der Praxis, und zwar Aspergillus fumigatus, Asp. niger und Asp. amstelodami, der zur Asp.-glaucus-Gruppe gehört. Diese Pilze wurden im Bronchialsekret, im Gehörgang und im Duodenalsediment nachgewiesen, im letzten Falle war Bronchialsekret verschluckt worden, das Pilzmycel enthielt. Dies war ein wertvoller Hinweis auf den Befall des Respirationstraktes.

In einem Falle enthielt ein Urin-Sediment Pilzfäden, die sich bei der kulturellen Identifizierung als Penicillium-Art identifizieren ließen. Es konnte in diesem Falle festgestellt werden, daß der Schimmelpilz sich in der unsauberen Flasche schon entwickelt hatte, bevor von seiten des Patienten der Urin eingefüllt worden war.

Wenn ich als praktischer Arzt davon spreche, daß in meinem Praxis-Labor Pilzkulturen angesetzt und abgelesen werden, so mag das als ungewöhnlich erscheinen. Es erhebt sich hierbei die Frage, ob man überhaupt in einer Allgemeinpraxis Mykologie betreiben kann und soll.

Um Ihnen einen Eindruck davon zu geben, mit wie wenig Ausrüstung man für einfache Untersuchungen auskommt, habe ich hier auf einem Tisch aufgebaut, was als Minimum benötigt wird:

1 Mikroskop, Schrägagarröhrchen mit Sabouraud-Glucoseagar und Supracillin-Zusatz, Petrischalen mit Reis-Agar für die Hefediagnostik, 1%ige Brillantkresyl-Lösung für gefärbte Frischpräparate, 15%ige Kalilauge für ungefärbte Frischpräparate, 1 kleines Heft (Folia Ichthyolica Nr. 6) und 1 große Tafel (Mykosen-Wandtafel von „Bayer"-Leverkusen). Der kleine Brutschrank ist nicht Bedingung. Objektträger, Deckgläschen, Bunsenbrenner, Impföse und Präpariernadeln vervollständigen das Instrumentarium.

Hat man erst gelernt, die Pilzelemente zu erkennen, dann findet man sie relativ häufig, viel häufiger jedenfalls, als man zuvor vermutet hätte. Dabei ist der dermatologische Sektor beim praktischen Arzt sehr schmal und betrifft nur wenige Prozent der Patienten. Im Sputum, im Vaginalsekret, im Duodenalsaft, im Stuhl eröffnet der Pilznachweis nicht selten den Weg zur gezielten erfolgreichen Behandlung und läßt andere Behandlungen, wie z. B. die antibiotische komplikationsärmer verlaufen.

Gerade die Frühfälle einer Pilzerkrankung können rechtzeitig erkannt werden, wenn sich der praktische Arzt mit der Pilzdiagnostik soweit vertraut macht, daß er die häufiger vorkommenden Arten erkennt und Zweifelsfälle an die Fachärzte und Kliniken weiterleiten kann.

Im Praxislabor einfache Nährböden herzustellen, bereitet keinerlei Schwierigkeit, wenn man Fertignährböden verwendet.

Einige Beispiele sollen zeigen, wie wichtig auch für den praktischen Arzt das Ergebnis einer mykologischen Untersuchung sein kann:

Bei 350 Sekretuntersuchungen fanden wir 41mal (= 12%) mikroskopisch Pilzelemente. Der kulturelle Nachweis gelang noch etwas häufiger. Werden Pilze bereits im mikroskopischen Frischpräparat nachgewiesen, so ist nach unseren Erfahrungen eine sofortige Behandlung indiziert, auch wenn die Beschwerden gering sein mögen. Es zeigte sich wiederholt, daß Frauen ihre Beschwerden mitunter negieren, da eine Reihe von vergeblichen Behandlungsversuchen sie gleichgültig gemacht hat. Erst nach der erzielten Besserung, z. B. eines Candida-Fluors durch Moronal® wissen die Patientinnen wieder, wie wenig Beschwerden eine gesunde Vagina macht, und sind dankbar, daß aufgrund der mykologischen Untersuchung eine gezielte Therapie möglich geworden war.

In der Vagina — am stärksten ist immer das untere Drittel befallen — fanden wir häufig Pilze der Gattung Candida, seltener aus der Gattung Torulopsis. Die Candidiasis greift besonders bei dicken Patientinnen leicht auf die Oberschenkel über. Gelegentlich fanden wir in dieser Region ein Eczema marginatum durch einen Dermatophyten, niemals bisher ein Erythrasma.

Die Verwendung von 1%igem Brillantkresylblau in der ärztlichen Praxis hat sich aus zwei Gründen bewährt: Es lassen sich zugleich auch Trichomonaden nachweisen, und nach der Anfärbung kann man vom Objektträger weg das Material noch auf Nährboden ausstreichen, da die Pilze noch lebensfähig sind.

Drei Fälle aus der Praxis mögen zeigen, wie einfach die mykologische Diagnostik in der Allgemeinpraxis durchgeführt wurde:

Bei einem 40jährigen Mann begann in zeitlichem Zusammenhang mit außerehelichem Verkehr eine Balanitis. Erfolglose Selbstbehandlung mit Clont, vier Wochen Salbenbehandlung, plötzliche Exazerbation durch Terracortril-Salbe. Die mykologische Untersuchung ergab Candida albicans, der Urin enthielt 5% Zucker. Die Moronalbehandlung führte zu einem raschen Erfolg, der Diabetes wurde dann eingestellt.

In einem andern Falle fand sich als Nebenbefund bei einer Appendicitis eine Glossitis. Moronal-Suspension wurde ins Krankenhaus mitgegeben. Rasche Abheilung, obwohl die Glossitis schon drei Monate hindurch anderen Behandlungsmaßnahmen getrotzt hatte.

Bei einem älteren Patienten kam es nach Wohnungswechsel zu einer schweren Grippebronchitis, die bei Behandlung mit Sulfonamiden und Antibiotica sich nicht besserte, sondern ständig verschlimmerte. Das Sputum wurde mykologisch untersucht, es enthielt massenhaft Candida albicans, wie sich auf der Reisagarplatte innerhalb von 48 Stunden feststellen ließ. Tromacaps, per os und inhaliert, brachte schlagartige Besserung.

Diese wenigen Beispiele mögen zeigen, daß mit relativ einfachen Mitteln auch der praktische Arzt dazu beitragen kann, das aktuelle Problem der ständigen Zunahme der durch Pilze verursachten oder mitverursachten Erkrankungen diagnostisch und therapeutisch lösen zu helfen.

Dr. GERHARD MARTIN
prakt. Arzt
62 Wiesbaden, Rheinstr. 59

I. Filme

From the Department of Obstetrics and Gynecology,
Juntendo University, School of Medicine, Tokyo, Japan

Candida

Von

Sh. Mizuno, Tokyo

In Zeitraffertechnik wird mit diesem Film ein sehr anschauliches Bild der Pilzgattung Candida vermittelt. Dieser Pilz wurde in früheren Jahrzehnten zu den Schimmelpilzen gerechnet, die moderneren Systeme stellen ihn zu den fadenbildenden Hefen.

Der Nachweis von Candida albicans im Vaginalsekret wird demonstriert, ebenso das Sprossen der Hefezellen, die Bildung von Pseudomycel und echtem Mycel sowie das charakteristischste Merkmal von Candida albicans, die Bildung der typischen Chlamydosporen.

Aus der Universitäts-Hautklinik Hamburg-Eppendorf
(Direktor: Prof. Dr. Dr. J. Kimmig)
und dem Institut für den Wissenschaftlichen Film, Göttingen
(Direktor: Dr. G. Wolf)

Mikrokinematographische Beobachtung des Überganges vom Parasitismus zum Saprophytismus bei einem aus einer Lunge herauswachsenden Aspergillus fumigatus

Von

H. Rieth, Hamburg, K.-H. Höfling und H. H. Heunert, Göttingen

Die parasitäre Phase läßt sich morphologisch von der saprophytären dadurch unterscheiden, daß die typischen Konidien an den Aspergillus-Köpfchen nur dann auftreten, wenn abgestorbenes organisches Material zur Verfügung steht. Im lebenden Gewebe werden nur fädige und rundliche Elemente gebildet.

Unter Verwendung verschieden starker Zeitraffung werden alle Phasen des aus der Lunge auswachsenden Schimmelpilzes bis zur Bildung der Konidienketten an den Köpfchen gezeigt. Sobald Temperatur und Feuchtigkeit es zulassen, benutzt der Pilz das abgestorbene Lungengewebe des an Aspergillose verendeten Kükens als weitere Nahrungsquelle. Es kommt rasch zu üppigem Wachstum mit allen Formen der saprophytären Phase.

From the Medical Research Institute Squibb

Behandlung der Candida-Infektionen mit Moronal

Von

E. Drouhet, Paris

Warum haben sich Infektionen mit Hefepilzen, vor allem Candida albicans, in den letzten Jahren immer mehr in den Vordergrund geschoben? Sicher ist die Antibiotika-Therapie einer der wesentlichen Gründe. Beim Gesunden kommen auf eine Milliarde bakterieller Keime etwa 5 Sproßpilze. Unter einer Antibiotika-Behandlung aber wird der physiologische Antagonismus zwischen Bakterien und Pilzen durch Vernichtung der Bakterien weitgehend aufgehoben. Eine dominierende Soorpilz-Flora im Darm kann dann eine Enteritis hervorrufen — aber auch ohne enteritische Erscheinungen zum Ausgangspunkt für lokalisierte und generalisierte Mykosen werden. Bei der Frau kann es vom Rektum aus leicht zu einer Überwanderung des Dammes und zu einer Infektion der Vagina mit quälendem Candida-Fluor kommen, die mit einer gewissen Regelmäßigkeit beim Partner zu einer Balanitis führt.

Der Säugling und das Neugeborene haben noch sehr wenig Resistenz gegen Candida. Ein Mundsoor darf deshalb gerade in diesem Alter nicht bagatellisiert werden. Die Gefahr liegt darin, daß Candida albicans alle Teile des Organismus befallen kann, die Haut, die Schleimhäute und die inneren Organe (Lungenmykose). Eine „Windeldermatitis" kann tatsächlich eine Candida-Infektion sein und ist dann meist die Folge eines stärkeren Befalls des Darmes mit Hefen.

Beim Erwachsenen ist das „anorektale Syndrom", eine dort lokalisierte Candida-Infektion, eine häufige postantibiotische Komplikation. Am häufigsten aber sind Candida-Mykosen der Vagina (Candida-Fluor). Im Kolposkop sind weiße Beläge übrigens nur in den klassischen Fällen erkennbar. Leitsymptom ist hier der für alle Candida-Infektionen charakteristische Juckreiz.

Ein Spezifikum gegen Candida ist das aus Streptomyces noursei gewonnene Antibiotikum Moronal (Nystatin, Mycostatin). Im Gegensatz zu antibakteriellen Antibiotika und den als Antimykotika verwendeten Antiseptika schädigt Nystatin die physiologische Darm- und Vaginal-Flora nicht.

Moronal ist in Wasser unlöslich und wird vom Intestinaltrakt nur in geringem Ausmaß resorbiert. Bei jeder Moronal-Behandlung strebt man deshalb den unmittelbaren Kontakt zwischen Medikament und Erreger an.

Der Juckreiz klingt unter der Therapie mit Moronal meist innerhalb von 24 bis 48 Stunden ab, eine konsequent durchgeführte Behandlung führt nicht nur zu einer klinischen, sondern auch kulturellen Erscheinungsfreiheit.

Rezidive nach einer Moronal-Behandlung gehen fast immer auf eine *Re-Infektion* zurück. Bei jeder schweren Candida-Infektion sollte deshalb auch der Intestinaltrakt saniert werden.

Besonders wichtig ist die Behandlung der *Candida-Kolpitis bei Schwangeren*, da Candida für den Säugling im ersten Trimenon praktisch obligat pathogen ist.

Der Nachweis von Candida albicans kann durch spezielle Nährmedien, die sich charakteristisch färben, vereinfacht werden (Nickerson-Medium). In der Praxis hat sich aber vielfach die Diagnose ex juvantibus bewährt, d. h. ein Therapieversuch mit Moronal.

Den entscheidenden Fortschritt in der Behandlung von Candida-Infektionen verdankt die Welt den Entdeckerinnen des Moronal, den Amerikanerinnen Brown und Hazen.

Dr. EDOUARD DROUHET
Institut Pasteur
Paris XVe, France
25, rue du Docteur Roux

Namenverzeichnis

ADAM, W., und H.-J. LUCKE: Häufigkeit und Bedeutung von Anflugschimmeln. S. 19

—, und L. SCHWANKL: Zur Resistenz von Schimmelpilzen gegen Cycloheximid. S. 155

BLANDIN, P.D.: Vorkommen von Schimmelpilzen bei Hand- und Fußmykosen. S. 147

DREISÖRNER, H., und H. RIETH: Nachweis von Schimmelpilzen im Gehörgang von Katzen und Hunden. S. 109

DROUHET, E.: Behandlung der Candida-Infektionen mit Moronal. S. 163

EGGENSCHWILER, E.: s. H.J. SCHOLER, S. 71

FAASS, W.: Das klinisch-röntgenologische Bild der pulmonalen Aspergillose. S. 45

FEGELER, F.: Scopulariopsis und Cephalosporium als Erreger von Dermatomykosen. S. 141

—, s. W. SEIPP, S. 131

GLOOR, F.: s. H.J. SCHOLER, S. 71

GÖTZ, H.: Zur Problematik der Schimmelpilze als pathogene Organismen. S. 9

GREUEL, E.: Die Therapie der Aspergillose des Geflügels. S. 129

GRÜNEBERG, TH., und J. THEUNE: Zur Behandlung einer in die Siebbeinzellen eingebrochenen disseminierten knotigen Aspergillose der Haut. S. 42

HEUNERT, H.H.: s. H. RIETH, S. 162

HÖFLING, K.-H.: s. H. RIETH, S. 162

HOFFMANN, D.H.: Schimmelpilzinfektionen des Auges und der Orbita. S. 92

JANKE, D.: Zur Klinik und Mykologie der Aspergillosen. S. 37

KADEN, R.: Zum Pathogenitäts-Problem der Schimmelpilze in der Dermatologie. S. 13

KNOTH, W., und R.C. KNOTH-BORN: Wirkung von Röntgenweichstrahlen auf Schimmelpilze und Dermatophyten. S. 150

KNOTH-BORN, R.C.: s. W. KNOTH, S. 150

KRAFT, H.: Verticillium- und Alternaria-Befall der Haut bei Pferd und Hund. S. 108

KREMPL-LAMPRECHT, L.: Über das Vorkommen von Pilzen aus der Gattung Chrysosporium auf der Haut und Diskussion ihrer systematischen Stellung. S. 136

LOEFFLER, W.: Systematische Probleme um einige Pilze, die als Krankheitserreger bekannt oder dafür verdächtig sind. S. 4

LUCKE, H.-J.: s. W. ADAM, S. 19

MALE, O.: Sekundäre Aspergillose in perianalen Fistelgängen. S. 99

MALICKE, H.: Mykosen durch Schimmelpilze im Genitalbereich. S. 102

MARTIN, G.: Über den Nutzen einer mykologischen Grundausrüstung für die Allgemeinpraxis. S. 159

MEHNERT, B., und B. SCHIEFER: Vorkommen von Schimmelpilzerkrankungen der inneren Organe bei Säugetieren. S. 104

—, s. B. SCHIEFER, S. 123

MEINHOF, W.: Keratinophile Schimmelpilze im Tierexperiment. S. 32

MEMMESHEIMER JR., A. R.: Experimentelle Aspergillose beim Menschen. S. 29

MIZUNO, SH.: Candida. S. 162

PALDROK, H.: Über das Vorkommen von Schimmelpilzinfektionen in nordischen Ländern. S. 22

REICH, H.: s. W. SEIPP, S. 131

RICHLE, R.: s. H. J. SCHOLER, S. 111

RIETH, H.: Synopsis der Schimmelpilzinfektionen bei Mensch und Tier. S. 1

—, K.-H. HÖFLING und H. H. HEUNERT: Mikrokinematographische Beobachtung des Überganges vom Parasitismus zum Saprophytismus bei einem aus einer Lunge herauswachsenden Aspergillus fumigatus. S. 162

—, s. H. DREISÖRNER, S. 109

SCHIEFER, B., und B. MEHNERT: Differenzierung von Schimmelpilz- und Sproßpilzinfektionen bei Säugetieren im histologischen Schnittpräparat. S. 123

—, s. B. MEHNERT, S. 104

SCHIRREN, C.: Penicillium-Arten auf gesunder Haut. S. 16

SCHOLER, H. J., F. GLOOR und E. EGGENSCHWILER: Aspergillose der Kieferhöhle. S. 71

—, und R. RICHLE: Spontane Aspergillose und Mucormykose des Kaninchens. S. 111

SCHWANKL, L.: s. W. ADAM, S. 155

SEELIGER, H.P.R.: Fehlerquellen bei der Diagnostik der Lungenaspergillose des Menschen. S. 59

SEIPP, W., F. FEGELER und H. REICH: Beobachtung einer Chromomykose. S. 131

SKOBEL, P.: Zum Bilde des Pseudo-Myzetoms. S. 66

STAIB, F.: Zur Morphologie von Aspergillus-Arten im Untersuchungsmaterial Kranker. S. 53

THEUNE, J.: s. TH. GRÜNEBERG, S. 42

THIANPRASIT, M.: Über das histochemische und färberische Verhalten von Aspergillus fumigatus FRESENIUS in Gewebe und Kultur. S. 78

— Lungenaspergillose beim Schwan (Cygnus olor). S. 120

WULF, K.: Aspergillose der Paukenhöhle. S. 89

ZIERZ, P.: Über die Bedeutung von Schimmelpilzen bei der Otitis externa. S. 85

Sachverzeichnis

Abort durch Absidia 103
— — Aspergillus 23, 103, 106
— — — flavus 23
— — — fumigatus 23
— — — versicolor 23
— — Mucor 24, 103, 106
Absidia 2, 4, 24, 106, 117, 125
— auf Schleimhaut 106
— corymbifera 2, 117
— — als Mykoseerreger 24
— — bei Sinusitis 74
— — in der Milz 117
— — in der Niere 117
— im Gewebe 125
— lichtheimi 24
— ramosa als Mykoseerreger 24
Abtötung der bakteriellen Begleitflora 65
Acremonium in Zehennagelmaterial 11
Actinomyces israelii in Tränenröhrchen 97
Adaptation von Pilzen an Cycloheximid 157
Adiaspiromykose = Adiasporomykose 24
Adiasporomykose 3
Äthylalkohol zur Reinigung 19
Aktinomyces im Gehörgang 85
Albugo (Weißrost) 4, 6
Aleuriosporen 136
Aleurisma-Arten 2
— -Befall 136
— carnis 15, 24, 136, 138
— —, Hautreaktion nach Einreibung 15
— — in Hautveränderungen 24
—, Epidermophytie 136

— dermatitidis 138
— flavissimum 136
— guilliermondi 138
— sp., Haartest 33
— keratinophilum 138
— lugduense 136, 138
—, Mikrosporie 136
—, Onychomykose 136
—, Trichophytie 136
— sporulosum 136
Aleurosporen 137
Allergene aus Schimmelpilzen 15
Allergenwirkung 87
allergische Faktoren 15
allergotoxische Erscheinungen durch Schimmelpilze 105
Allescheria 5
— boydii 2
— — am Auge 92
— — Myzetombildung 67
Allescheriose 2
Alopecia und Aspergillus 40
Alternaria bei Fußmykose 23
— beim Hund 108
— beim Pferd 108
— im Gehörgang von Katzen 109
— tenuis in Zehennagelmaterial 11
Alternaria-Befall der Haut 108
a-Aminosäuren 81
Amphotericin B 41, 44, 52, 94, 95, 96, 129, 130, 134, 135, 143, 144, 146
— —, Aspergillose 41, 52
— —, Augenmykose 94
— —, Cephalosporium 144
— —, Chromomykose 134, 135
— —, Hormodendrum 134, 135

Sachverzeichnis

— —, experimentelle Kükenaspergillose 129, 130
— —, Infusionen 44
— —, intraokulare Aspergillose 95
— —, in vitro 146
— —, Schimmelpilzinfektion der Orbita 96
— —, Scopulariopsis 143
— —, Toxizität 130
— —, Venenthrombosierung 44
Anflugpilze 13, 19, 86
Angiom und Aspergillom 47
Antagonismus zwischen Pilzen und Bakterien 163
anthrakosilikotische Knötchen 69
Antibiotika, mykostatische 143, 144
Antibiotika-Behandlung und Candida albicans 163
—, sekundäre Mykose 3
Appendizitis durch Aspergillus unguis 56
Archimycetes 4, 6
—, Ähnlichkeit mit Protozoen 6
Arthroderma 5
Asci 5
Ascohymeniales 5
Ascoloculares 5
Ascomycetes 5, 6
—, Fungi imperfecti 6
—, Verwandtschaftskreise 8
asexuelle Fruktifikation 6
Aspergillaceae 5
Aspergillaceen, Differenzierung gegen Mucoraceen 125
— bei Säugetieren 105
Aspergillom, broncho-pulmonales 40, 70, 75
—, chirurgische Behandlung 52
—, Aspergillus fumigatus 47
—, — glaucus 47
—, — niger 47
—, — oryzae 47
—, Differentialdiagnose 47
— der Kieferhöhle 71
— der Lunge 46, 63
—, Lungenechinococcus 47
— in Lungenresektionspräparat 41, 42

—, Röntgenbild 46
— und Angiom 47
— und Karzinom 47
— und Kaverne 47
— und Lungenabszeß 47
—, Röntgenbild 46
Aspergillomelemente 38
Aspergillose, befallene Körperteile 2
—, Behandlung 41, 52, 90, 95, 129, 130
—, — mit Amphotericin B, 95, 129, 130
—, — antibiotisch-operative 41
—, — chirurgische 42, 43, 44
—, — mit Flavofungin 129
—, — mit Moronal 129, 130
—, — mit Trichonat 129, 130
—, — mit Xeroformpuder 90
—, Einteilung wie bei Sporotrichose 40
—, experimentelle 29
—, extracutane 40
—, fragliche 40
—, generalisierte 40
—, Grundkrankheit 56
— der Haut 30
—, histologischer Nachweis 125
— der Hornhaut 93
—, innere Organe 40
—, intraokulare 95
— beim Kaninchen 111
— der Kieferhöhle 44
—, klinische Einteilung 40
—, mit Knochenbeteiligung 41, 42, 43, 44
— der Lungen, Prognose 45
— und Lungentuberkulose 51
— der Nase 29
— der Nasennebenhöhlen 29, 30
— der Orbita 96
— der Orbitalwand 43
— der Paukenhöhle 89
—, periorbitale 44
—, primäre 30
—, pulmonale, Prognose 45
—, — Röntgenbild 45
— der Siebbeinzellen 42
— des inneren Ohres 89

—, Verwechslung mit Mucormykose 72, 74
— -Diagnostik 59
Aspergillus-Arten 2
— amstelodami 159
— candidus aus Nägeln 22
— — aus perianaler Fistel 100
— — im Haartest 33, 34
— — in Meerschweinchenhaar 33
— flavescens im Gehörgang 22
— flavipes im Gehörgang 22, 86
— flavus bei Abort 23
— — im Gehörgang 56, 85
— — als Toxinbildner 106
— fumigatus, Abort 23
— —, Aspergillom 47
— —, Asthma bronchiale 54
— —, Berufserkrankungen 23
— —, Bronchitis 55
— —, Candida albicans 54
— —, Cavernenbildung 23
— —, Diagnose in der Praxis 159
— —, Einschlüsse in Riesenzellen 39
— —, experimentelle Infektion 30, 31
— —, färberisches Verhalten 78
— —, fakultative Pathogenität 31
— — -Film 162
— —, Formenwandel 37, 38
— —, Gehörgang 22, 86
— —, Hemmung durch Variotin 42
— —, Kaninchenniere 113, 114
— —, Keratitis 23
— —, Kieferhöhle 56
— — aus Lunge vom Hasen 23
— — aus Lunge vom Menschen 23
— — aus Lunge vom Schaft 23
— — aus Lunge von wilden Vögeln 23
— —, Lungenbefall beim Pferd 105
— —, — beim Rind 105
— —, Mycetom 69
— —, Paukenhöhle 89
— —, Pilzelemente im Gewebe 43
— —, Pneumomykosen von Säugern 105
— —, Saprophyt in der Natur 120
— —, Sinusitis maxillaris 23
— —, Torulopsis dattila 69

— —, Toxinbildner 106
— —, Wachstumsstimulierung durch Candida pseudotropicalis 101
— —, — durch Proteus vulgaris 101
— — -Kultur auf Sabouraud-Dextrose-Agar 62
— glaucus, Abbildung 89
— — bei Aspergillom 47
— — im Gehörgang 22, 86
— — in der Paukenhöhle 90
— —, Vorkommen in der Praxis 159
— janus 6, 7
— nidulans 8
— — als Toxinbildner 106
— — -Gruppe 56
— —, pathogene Eigenschaften 87
Aspergillus niger, Aspergillom 47
— —, Berufserkrankungen 23
— —, Gehörgang 22, 85
— —, — Gesunder 86
— —, Haartest 33
— —, Mittelohroperation 56
— — aus Nägeln 22
— —, Paukenhöhle 90, 91
— —, Pathogenität 22
— —, Röntgenweichstrahlen 150
— — als Toxinbildner 106
— oryzae bei Aspergillom 47
— repens 64
— — aus Nägeln 22
— sydowi aus Lunge vom Hasen 23
— terreus aus Nägeln 22
— — im Gehörgang 85
— unguis aus Nägeln 22
— — bei Appendizitis 56
— ustus im Haartest 33
— versicolor bei Abort 23
— — im Gehörgang 86
— und Alopecia 40
Aspergillus-Befall bei Katzenseuche 106
Aspergillus und Blepharitis 40
— -Bronchitis 40
— und Cycloheximid 158
— — Dacryocystitis 40
— -drusen 39, 112
— und Ekzem 40

— in Gefäßwänden 126
— im Gehörgang von Hunden 109
— — — von Katzen 109
— im Gewebe, morphologische Bilder 54, 55
—, Hand- und Fußmykosen 147
— -köpfchen 37, 38, 120, 162
— — im Film 162
— — im Nativpräparat 120
— -Kolonien auf Mycosel-Agar 63
—, Metastasen in der Niere 114
— -Mycel in Cavernenwand 60
— und Otomykose 40
— und Rhodotorula 64
—, Systematik 5, 6, 7, 8, 9, 11
— in der Vagina 102
—, Verwechslung mit Phykomyceten 74
Asthma bronchiale und Aspergillus fumigatus 54
Asymmetrica 18
Atemwegsinfektion durch Aspergillus fumigatus 120
atypische Pyodermien und Schimmel 14
Augenerkrankungen durch Pilze 2
Augenmykosen 92
Auricularia 5
Auriculariales 5
Auxanogramm-Methode 56, 57

Baker'sche Reaktion 79, 82
Balanitis durch Mucor 103
— durch Mucor corymbifer 103
— und Diabetes 161
— und Terracortril-Salbe 161
Basidien, unseptiert 5
Basidiobolus 4
— -Arten 2
Basidiomycetes 5, 8
—, menschenpathogen 8
—, Passage durch den Tierdarm 8
—, tierpathogen 8
Bassi 10
Beauveria 5
— bassiana 3
— -Mykose 3
Begleitflora, Abtötung 65

Berufserkrankungen durch Einatmen von Aspergillus fumigatus 23
— — — von Aspergillus niger 23
— — — von Rhizopus arrhizus 23
biologische Spezialisierung 6
Bitunicatae 5
Biverticillata 18
Blackhead 127
Blastomyces 6, 137
— dermatitidis 138
— luteus 137
„Blastomykose" als Verdachtsdiagnose bei Chromomykose 132
Blattparasiten 5
Blepharitis und Aspergillus 40
Blutagar 60
Bovisten 5
Brandpilze 5
Brillantkresyl-Lösung 160
Bronchial-Carcinom mit Luftsichel 69
Bronchialsekret, Aspergillusnachweis 159
Bronchialwandinvasion durch Aspergillus 40
Bronchitis und Aspergillus fumigatus 55, 56
Bronchopneumonie durch Aspergillus 51
broncho-pulmonales Aspergillom 40, 75
Bronchusaspergillose 29
Byssochlamys 5

Candida albicans auf Reisagarplatte 161
— —, Hemmung durch Cycloheximid 156
— — im Darm 163
— — im Vaginalsekret 162
— — und Antibiotika-Behandlung 163
— — und Aspergillus fumigatus 54
— — und Schimmel im Nagel 11
— parapsilosis und Schimmel im Nagel 11
— pseudotropicalis, Stimulans für Aspergillus fumigatus 101
— und Diabetes 161
— -Enteritis 163

Sachverzeichnis

— -Film 162
— im Gehörgang 85
— -Infektionen, Behandlung 163
— -Kolpitis 164
— beim Säugling 164
—, Systematik 5
— -mykose (= Candidiasis) 126, 128
Candidiasis (= Candidamykose) 126
— in der Allgemeinpraxis 161
Caldwell-Luc-Operation 72
Calvatia gigantea 8
Castellani'sche Lösung 149
Cephalosporiose als tiefe Mykose 142
—, befallene Körperteile 2
— der Haut 103
— der Hornhaut 93
—, Verwechslung mit Trichophytie 142
Cephalosporium 5
— acremonium in totem Haar 36
— — und Röntgenweichstrahlen 150
— -Arten 2
— und Amphotericin B 144
—, Erreger von Dermatomykosen 141
— und Griseofulvin 144
—, Hand- und Fußmykosen 147
— in Hautschuppen 142, 143
— und Moronal 144
— in Nagelsubstanz 145
—, Onychomykose 142
— und Pimaricin 144
— und Trichophyton rubrum 14
—, Verwechslung mit Trichophyton 143
— in Zehennagelmaterial 11
— species im Gehörgang 86
Cephalotheca 5
Ceratocystis 5
Cercospora 5
— apii 2
Cercosporose 2
Cerumen als Pilznährboden 14
Chaetomium 4, 5
Chlamydosporenbildung 162
chromatographische Studien 12
Chromomykose, befallene Körperteile 2
— als „Blastomykose" 132
— in Deutschland 131

— in Finnland 23, 131
— auf Madagaskar 135
Chrysosporium-Arten 2
— asperatum 138
— corii 137
— dermatitidis 138
— inops 138
— keratinophilum 138, 139
— —, aus Nagel isoliert 139
— luteum 138, 139, 140
— —, aus Nagel isoliert 139
— merdarium 137
— pannorum 138
— — in Hautveränderungen 24
— parvum 138
— — var. crescens in nordischen Ländern 24
— — — —, Synonym Emmonsia crescens 138
— pruinosum 138
— tropicum 138
— bei Hand- und Fußmykosen 147
— auf der Haut 136
—, Kriterien für Pathogenität 148, 149
— in nordischen Ländern 23
—, Verwechslung mit Trichophyton mentagrophytes 141
Cladosporiose 2
Cladosporium-Arten 2
— species im Haartest 33, 34, 35
— trichoides 2
— und Cycloheximid 158
— und Hormodendrum 134
—, Erreger von Chromomykose 135
Claviceps 5
Colletotrichum 5
Cordyceps 5
Coremiella cuboidea 2
Corticium 5
Corticosteroidbehandlung und sekundäre Mykose 3
Corticosteroide und Mykose 94
Cryptococcus im Gehörgang 85
Curvularia geniculata 2
— lunata 2
— — aus Hornhautgeschwür 97

Sachverzeichnis

Cycloheximid, Adaption von Schimmelpilzen 157
—, Hemmung von Candida albicans 156
—, — — Trichophyton mentagrophytes 155
— und Dermatophyten 156
— und Hormodendrum pedrosoi 133
— zur Pilzzüchtung 14
— gegen Schimmelpilze 155
Cygnus olor (= Schwan) 120
Czapek-Agar 33

Darm als Eintrittspforte für Mucorinfektion 118
Darmbefall durch Hefen 163
Darmflora und Moronal 164
Dacryocystitis und Aspergillus 40
Debaryomyces 5
dermatomycose trichophytiforme 136
Dermatomykosen durch Cephalosporium 141
— — Scopulariopsis 141
—, Verkennung als Schimmelpilzinfektion 15
Dermatophyten und Cycloheximid 156
— und Röntgenweichstrahlen 150
— und Schimmel 11
—, zusammen mit Sproßpilzen und Schimmelpilzen 149
Diabetes und Balanitis 161
— und Candida 161
— und Mucorinfektion 15, 96, 106
Diagnostik der Schimmelpilze 13, 14
Difco Mildew Testmedium 33
Dinitrochlorbenzol vor experimenteller Infektion 34, 35
Disposition und Pathogenität 15
Disseminierte Hautaspergillose 40
Doppelinfektionen 147
Drusen von Aspergillus 112
Duodenalsediment mit Pilzmycel 159
Dyshidrosis nach Penicillin 18

Eczema marginatum 161
Einteilung der Aspergillosen 40
Eintrittspforte für Mucorinfektion 118
Ekzeme, hyperkeratotische 19

Ekzem und Aspergillus-Befall 40
Emericellopsis 5
Emmonsia 137
— crescens 3
— — bei Nagetieren 24
— parva 138
Empusa 4
Endomycetales 5
endotrich wachsende Schimmelpilze 36
Enteritis durch Candida 163
Entomophthora 4
— coronata 3
Enzymaktivität der Pilze 12
Enzymnachweis 78
Epidermophyton floccosum und Röntgenweichstrahlen 150
— im Gehörgang 85
— bei Mensch und Tier 108
Erdboden als Pilzreservoir 3
Erdsterne 5
Ernährungsbedürfnisse der Pilze 12
Erysiphe 5
Erythrasma 161
Eurotiaceae 5
Eurotiales 5
Exidia 5
Exobasidium 5
Extracutane Aspergillose 40

Faeces mit Geotrichum candidum 25
Färbungen für Pilznachweis 12
fakultativ-pathogene Pilze 3
Fermentapparat der Pilze 10
Feulgen-Färbung 79, 125
Fingernägel, Pilze daraus isoliert 10
Fischmykosen durch Saprolegnia 24
Flavofungin bei Aspergillose 129
Fliegenschimmel 4
Fonsecaea 135
Formgattungen 6
Frischpräparate 160
fruktifizierende Konidienträger 4
Füße und Pilzbefall 17
Fungi imperfecti und Ascomycetes 6
Fungusball 63, 67
Fusariose 3
Fusarium 5

— -Arten 2
— auf der Haut 3
— heterosporium 22
— oxysporum, Hornhautgeschwür 97
— —, Nagelbefall 22
— roseum 22
Fusidium terricola 2
Fußmykose durch Alternaria 23
Fußmykosen und Schimmelpilze 147

Gallocyanin-Färbung 79, 82
Gattungsnamen der Hauptfruchtform 6
Gefäßaffinität von Mucor 118
Gefäßwände, von Aspergillus durchwachsen 126
Geflügel mit Aspergillose 120
Geflügelaspergillose, Behandlung 129
Gehirnmykose durch Mucor 24
Gehörgang von Hunden, Aspergillusbefall 109
— von Katzen, Alternariabefall 109
— — —, Aspergillusbefall 109
— — —, Gliocladiumbefall 109
— — —, Mikrosporumbefall 109
— — —, Mucorbefall 109
— — —, Paecilomycesbefall 109
— — —, Penicilliumbefall 109
— — —, Scopulariopsisbefall 109
— — —, Stemphyliumbefall 109
—, Pilzflora 85
— und Schimmel 11
Generalisierte Aspergillose 40
Generalisierung bei Mykosen 2
Genitalmykose durch Mucor 24
Geomyces 137
— vulgaris 138
Geotrichose 2, 128
Geotrichum-Arten 2
— candidum 128
— — aus Faeces 25
— — aus Sputum 25
— bei Lungenmykose 25
Gewebekulturen, Rostpilze 8
Gewebsform 1
Gibberella fujikuroi 2
Giemsa-Färbung 79
Gießkannenschimmel 5

Gilchristia 137
— dermatitidis 138
Glenospora graphii 2
Glenosporella 137
— albicans 138
— dermatitidis 138
Gliocladium 5
— im Gehörgang von Katzen 109
Gloeosporium 5
Glomerella 5
Glossitis und Moronal 161
1,2-Glycol-haltige Polysaccharide 81
Gram-Färbung 61
Gram-positive Pilzelemente 80, 81
Granulom in den Lungen 121
— der Milz 116
—, Nierenrinde 117, 118
Graphium 5
Gridley-Färbung 64, 94, 125
Griseofulvin und Cephalosporium 144
— und Hormodendrum 134
— und Scopulariopsis 143
Grocott-Gomori-Färbung 39, 124, 127, 128
Grundausrüstung 159
Gymnoascaceae 5, 137

Haar mit Scopulariopsis-Sporen 145
Haarerkrankungen durch Pilze 2
Haarpathogenität und Keratinophilie 36
Haarpilze, Verschleppung durch Tiere 8
Haartest mit Aleurisma sp. 33
—, Aspergillus candidus 33
—, — niger 33
—, — ustus 33
—, Cladosporium species 33
—, Keratinomyces ajelloi 34
—, Mikrosporum gypseum 34
—, Penicillium casei 33
—, — griseofulvum 33
—, — janczewski 33
—, — notatum 33
—, — roqueforti 33
—, Scopulariopsis brevicaulis 33
—, Stemphylium 33

—, Verticillium cinnabarinum 33
Haematoxylin-Eosin-Färbung 55, 75, 76, 79
Haemoptoen als Leitsymptom 46
Hände und Pilzbefall 17
Hale-PAS-Reaktion 79, 122
Hamburger Testagar 33
Hamster, Pathogenitätsprüfung 12
Handmykosen und Schimmelpilze 147
Haplomykose 24
Haplosporangium parvum 138
Hautaspergillose 30, 38, 40, 41
—, disseminiert 40
—, Erregernachweis 38
—, Gesicht 43
—, lokalisierte 40
Hauterkrankungen durch Pilze 2, 3
Haut-Lymphgefäß-Aspergillose 40
Hautpilze, Verschleppung durch Tiere 8
hefeartige Pilze 4
Hefediagnostik 160
Hefen und Schimmel im Nagel 11
Hefewachstum auf Vergleichskulturen 21
Hemispora stellata 2
Hemisporose 2
Herpes simplex-Keratitis mit postoperativer Cephalosporiose 93
Herpobasidium 5
Herpotrichia 4, 5
Heustöcke, pilzbefallene 8
Hexenbesen 5
Hexosaminhaltige Mucopolysaccharide 81
histochemischer Nachweis von Enzymen 78
— —, Kohlenhydrate 78
— —, Lipoide 78, 81, 83
— —, Mucopolysaccharide 78, 81
— —, Proteine 78
histochemisches Verhalten von Aspergillus fumigatus 78
Histologie bei Aspergillom 49
histologische Präparate bei Aspergillose 55
— Untersuchung 123
Histoplasma 6

— capsulatum, Immunisierung 117
Histoplasmose 128
Holobasidiomycetes 5
Holzstücke, pilzbefallene 8
Hormodendrum in Zehennagelmaterial 11
— pedrosoi, befallene Körperteile 2
— —, Cycloheximid 133
— — in Finnland 23
— — auf Grützagar 133
— —, Mikrokultur 133
— und Amphotericin B 134, 135
— und Cladosporium 134
— und Griseofulvin 134
— und Moronal 134, 135
— und Pimaricin 134, 135
Hornhautcephalosporiose 93
Hühnervögel mit Candidamykose 127
Hutpilze 5
Hygiene und Pilzbefall 11
Hyperkeratose und Scopulariopsis brevicaulis 23
Hypocrea 5

immunbiologische Methoden 12
impetiginisierte Dermatomykosen und Schimmel 14
Indiella-Arten 2
Infektkette, ununterbrochene 8
Insekten, pilzkranke 1
invasive Form der Erreger 126, 127
Isaria 5
— cretacea bei Nagelmykose 23

Jod-Kali bei Aspergillose 52
Juckreiz nach Penicillin 18
Judasohr 5

Kalbsklauen als Nährmedium für Scopulariopsis 143
Kalilaugepräparate 160
Kaliumpermanganat-Bäder 149
Kalkbrut 5
Kaninchenaspergillose 111
Kaninchenmucormykose 111
Kaninchen, Pathogenitätsprüfung 12

Sachverzeichnis

Karpfenmykosen 24
Kartoffelkrebs (Synchytrium) 4
Karzinom und Aspergillom 47
Katzenseuche und Aspergillusbefall 106
Kaverne und Aspergillom 47
Keimreservoir, natürliches 8
Keratinomyces 5
— ajelloi im Haartest 34
Keratinophile Schimmelpilze im Tierexperiment 32
Keratinophilie und Haarpathogenität 36
Keratitis durch Aspergillus fumigatus 23
— mykotica 2
Kieferhöhlenaspergillom 71
Kieferhöhlenaspergillose 44, 56
Kimmig-Schrägagar 94
Klimafaktoren 1
Körperregionen und Pilzbefall 17
Kohlenhydrate in Pilzen 78, 81
Kohlhernie 4
Komplementbindungsreaktion 68
Konidienbildung bei Aspergillus 54
— im Film 162
Konidienfärbung 79, 82
Konidienfruktifikation 6
—, zwei verschiedene Arten 8
Konidienrasen 5
Konidienträger 4
Konsolenpilze 5
Konidiophorenfärbung 79, 80, 82
Kortikosteroide als Begünstigung einer Mykose 98
Kräuselkrankheit 5
Krautfäule 4
Krotonöl, Hautreizung 35
Kryptokokkose, Abgrenzung gegen Aspergillose, Mucormykose und Candidamykose 128
Kulturen auf Blutagar 60
— auf Littman-Medium
— auf Mycoselagar-BBL 60
— auf Sabouraud-Agar 60
Kulturfiltrate für Tierversuche 12

Lachsmykosen 25
Laktophenolblau 108

Laktophenol-Wasserblau-Färbung 61, 63, 65
Lebensweise der Pilze 4
Leber-Blinddarmentzündung 127
Leptomitus 4
Leptosphaeria 5
— senegalensis 2
Lipoidnachweis 78
Littman-Medium 60
Luftmyzel 4
Luftsackmykosen bei Pferden 23
Luftsichel bei Bronchial-Carcinom 69
— bei Lungenaspergillose 41
Lungenabszeß bei Gridley-Färbung 80
— und Aspergillom 47
Lungenaspergillose, Einteilung 40
—, Pathogenese 39
— beim Pferd 126
— beim Schwan 78, 120
—, seit Virchow bekannt 29
— und Pseudomonas aeruginosa 60
— und Morbus Boeck 59
— und Staphylococcus aureus 60
—, Untersuchungsmethodik 59
Lungenbefall beim Pferd, durch Aspergillus fumigatus 105
Lungenechinococcus und Aspergillom 47
Lungen-Geotrichose 25
Lungenmykose durch Candida albicans 163
— durch Mucor 24
Lungenresektionspräparat mit Aspergillom 41, 42
Lungentuberkulose und Aspergillom 51
Lymphogranuloma venereum und Myxomyceten 25

Madurella-Arten 2
Maduromykose 2
— durch Aspergillus 40
Mäuse, Pathogenitätsprüfung 12
Mäusehaar und Schimmelpilze 34
Maisbrand 5
Malassezia 6
— furfur 8

── im Gehörgang 85
Maltose-Pepton-Agar 19
Malzagarkultur 7
Massenintoxikation durch verschimmeltes Brot 22
Mastitis durch Candida 127
Meerschweinchenhaar mit Scopulariopsis brevicaulis 36
— und Schimmelpilze 34
Meerschweinchen, Pathogenitätsprüfung 12
Mehltau, falscher 4
Mehltaupilze, echte 5
Mehrfachinfektionen 147
Menschenparasiten, fakultative 4, 5, 9
—, obligate 4, 5, 9
Metachromasie in den Mycelien 81
metachromatische Mycelien in Riesenzellen 121
Methenamin-Silber-Färbung 71, 72, 73, 74, 125
Methylgrünpyronin-Färbung 79
Microascus 5
Mikrokultur von Hormodendrum pedrosoi 133
Mikrosporon bei Mensch und Tier 108
Mikrosporum canis im Gehörgang von Katzen 109
— gypseum im Haartest 34
── und Röntgenweichstrahlen 150
Milieubedingungen 10
Mittelohroperation und Aspergillus niger 56
moniliforme Fäden von Aspergillus 37, 38
Monosporiose 2
— der Hornhaut 94
Monosporium 5
— apiospermum 2
── am Auge 92
── —, Myzetombildung 67
── -Drusen 75
Monoverticillata 18
Morbus Boeck und Aspergillose 59
Moronal bei Aspergillose 129, 130
— bei Candida-Fluor 160
— und Cephalosporium 144

—, Darmflora 164
— bei Glossitis 161
—, Hormodendrum 134
— (= Nystatin = Mycostatin) 164
— und Scopulariopsis 143
— in vitro 146
Mortierella-Mykose 3
— species 3, 4
Mucicarmin-Färbung 79
Mucin-Reaktion 81
Mucopolysaccharidnachweis 78, 80, 81
Mucoraceen, Differenzierung gegen Aspergillaceen 125
—, Infektionen in nordischen Ländern 24
— bei Säugetieren 105
Mucor-Arten 2, 4
— -balanitis 103
— corymbifer = Absidia corymbifera 24
── an den äußeren Genitalien 103
── bei Balanitis 103
── in der Vagina 102
— pusillus als Mykoseerreger 24
── bei Pneumomykosen von Säugern 105
— rhizopodiformis und Röntgenweichstrahlen 150
— Mucor spinosus als Mykoseerreger 24
—, Abort 24
—, am Auge 92
—, Cycloheximid 158
—, Gefäßaffinität 118
— im Gewebe 125
— im Gehörgang 85, 87
—, und Pferd 24
— auf Schleimhaut 106
— in der Vagina 102
„Mucor"-Fäden in der Milz 117
Mucorales 6
Mucorinfektion und Diabetes 15
Mucormykose beim Auerhahn 24
—, befallene Körperteile 2
—, chronisch-granulomatös 118
—, Diabetes mellitus 106
— des Gehirns 24

Sachverzeichnis

— der Genitalien 24
—, Hornhaut 94
— beim Kaninchen 111
— bei Pelztieren 24
—, Lungen 24
— der Maus 124
— der Orbita 96
— beim Pferd 24
— rhinogenen Ursprungs 74
—, Verwechslung mit Aspergillose 72, 74
Mundsoor 163
Muscardine 10
Mutterkorn 5
Mycelfärbung 79, 80, 82
Mycelfragmente in Lungengewebe 39
Myceliophtora 137
— lutea 138
Mycetombildung 2
Mycetom der Lunge 46
Mycoselagar-BBL 60, 63
Mycosphaerella 5
Mycostatin (= Moronal) 164
Mykologie und Allgemeinpraxis 160
mykologische Grundausrüstung 159
Mykose, oberflächliche, durch Scopulariopsis 142
—, sekundäre, Grundkrankheit 3
Mykosen der ableitenden Tränenwege 97
— des Augeninnern 95
— der Orbita 96
— der Sklera 94
—, sekundäre 3
mykostatische Antibiotica 143, 144
Myxomyceten und Lymphogranuloma venereum 25
Myxotrichum 5
Myzetombildung durch Monosporium apiospermum 67

Nabel und Pilzbefall 17
Nährmedien, Allgemeinpraxis 160
—, Biomalzagar 130
—, Blutagar
—, Czapek-Agar 33

—, Difco-Mildew-Testmedium 33
—, Grützagar 133
—, Grütz-Kimmig-Agar 30
—, Kalbsklauen 143
—, Kimmig-Agar 94
—, Littman-Medium 60
—, Mycoselagar-BBL 60
—, Nickerson-Medium 164
—, Sabouraud-Agar 60, 132
Nagel, Hyphen von Cephalosporium 145
Nagelbefall durch Fusarium oxysporum 22
Nagelerkrankungen durch Pilze 2
Nagelextraktion 149
Nagelmaterial, Pilzflora 10, 11
Nagelmykose durch Aspergillus 30
— durch Isaria cretacea 23
Nannizzia 5
Narrentaschen 5
Nasenaspergillose 29
Nasengrubenmykose beim Karpfen 24
Nasennebenhöhlenaspergillose 29, 30
Nasennebenhöhlen und Schimmel 11
Nativpräparat 160
— mit Aspergillusköpfchen 120
Nebenfruchtformen 5
—, Benennung 6
Nectria 5
Neomycinsulfat 19
Neurospora sitophila 2
— — aus Hornhautgeschwür 97
Neutralfette 81
Nickerson-Medium 164
Niere mit Fäden von Absidia corymbifera 117
— mit Mucor 124
Nierenmark mit Aspergillusfäden 113, 114
Ninhydrin-Schiff-Reaktion 79, 81
Nordamerikanische Blastomykose, Abgrenzung gegen Aspergillose, Mucormykose und Candidamykose 128
Nosoparasiten 1, 110
Nucleinsäuren 81

Nystatin bei Keratomykosen durch Hefen 94
— (= Moronal) 164

Oberflächenschimmel 19
Objektglaskultur 64
obligate Parasiten 8
Ohrekzem und Otomykose 14
Ohren und Schimmelpilze 17
Ohrerkrankungen durch Pilze 2
Olpidium 4, 6
Onychomykose durch Scopulariopsis und Cephalosporium 142
Oomycetales 6
Oomycetes 4
Opportunisten 1, 10, 15, 98, 110
Organe, von Pilzen befallen 2, 3
Otitis externa bei Hunden 109
— — infectiosa 87
— — bei Katzen 109
— — und Pilze 85
Otomykose und Aspergillus 40
— und seborrhoisches Ohrekzem 14
Otomykosen 85, 109

Paecilomyces-Arten 3
— im Gehörgang von Katzen 109
—, Variotin aus 42
Paecilomykose 3
Paraben bei Aspergillose 52
Parallelkulturen 65
parasitäre Formen von Aspergillus 37, 38
— Phase 1
Parasitismus, Übergang zum Saprophytismus 162
PAS-Färbung 61, 62, 64, 79, 94, 116
— ohne Erfolg 61, 62, 64
PAS-Grün-Färbung 39
PAS-Haem.-Färbung 39
pathogene Eigenschaften als Artmerkmal 8
Pathogenität, Disposition 15
—, Kriterien 11, 12, 148
—, kritische Beurteilung 1, 18, 19
—, Penicillium-Arten 18
—, Tierversuch 12

— ubiquitärer Pilze 13
Pathogenitätsprüfung im Tierversuch 12, 15
pathologische Veränderungen durch Schimmelpilze 9, 10
Paukenhöhlenaspergillose 89
Pelztiere und Mucor 24
Penicillinallergie 18
Penicillin und Dyshidrosis 18
— und Juckreiz 18
Penicillinbehandlung und Stimulierung von Dermatomykosen 18
Penicilliose 2
Penicillium aurantio-virens 17, 18
— camemberti im Gehörgang 86
— canescens im Gehörgang 86
— casei im Gehörgang 86
— — im Haartest 33
— chermesinum 18
— chrysogenum 18
—, Cycloheximid 158
— citrinum 18
— commune 18
— — im Gehörgang 86
— cyclopium 18
— decumbuns 18
— expansum 18
— — im Gehörgang 86
— granulatum 18
— griseofulvum im Haartest 33
— herquei 18
— implicatum im Gehörgang 86
— janczewski im Haartest 33
— janthinellum im Gehörgang 86
— lanosum 17, 18
— notatum, Erstbeschreibung aus Norwegen 23
— — im Haartest 33
— roqueforti im Haartest 33, 34
— spinulosum 2
— im Gehörgang von Katzen 109
— — — von Menschen 85
—, auf gesunder Haut 16
— bei Hand- und Fußmykosen 147
— bei Luftsackmykosen 23
—, Systematisches 4, 5, 11
— in der Vagina 102

— variabile 18
— viridicatum 18
Penicillium-Arten, allergische Reaktionen 18
—, auf gesunder Haut 18
—, Pathogenität 18
Perameisensäure-Aldehydfuchsin-Färbung 79
perianale Infiltrate bei Aspergillose 99
Pericystis 5
periorbitale Aspergillose 44
Perithecien, behaarte Formen 4
Permanganat-Alcianblau-Färbung 79, 80
Peronospora 4, 6
Perthophyt 4
Peyronellaea species 2
Peyronellaeose 2
Pflanzenparasiten, fakultative 4
—, obligate 4
pflanzenpathogene Pilze 1
Phase, parasitäre 1
—, saprophytäre 1
Phialiden 37
Phialophora 135
—, jeanselmei 2
pH-Milieu 10
Phospholipoidnachweis 81, 82, 83
Phragmobasidiomycetes 5
Phycomycetes 4, 6
Phykomyceten, Verwechslung mit Aspergillus 74
Phykomykosen 2
Phyllachora 5
Phytophthora 4, 6
Pichia 5
Piedraia hortai 2
Piedra nigra 2
Pilze, fakultativ-pathogene 3
— aus Fingernägeln 10
—, hefeartige 4
— im Gehörgang 17
— als Krankheitserreger beim Menschen 2, 3
— — — bei Pflanzen 2, 3
— — — bei Tieren 2, 3, 9
—, niedere 6

—, pflanzenpathogene 1
— und Trichomonaden 161
—, Überwechseln von Insekten auf Tier und Mensch 1
— im Urinsediment 159, 160
—, in Zehennägeln 10, 11
Pilzelemente, Nachweis 78
Pilzendophthalmitis 93
Pilzfärbung, Baker'sche Reaktion 79, 82
—, Brillantkresyl 160
—, Feulgen 79, 81, 125
—, Gallocyanin 79, 82
—, Giemsa 79
—, Gomori 65
—, Gram 61
—, Gridley 64, 79, 94, 125
—, Grocott-Gomori 39, 124, 127, 128
—, Haematoxylin-Eosin 55, 75, 76, 79
—, Hale-PAS-Reaktion 79, 122
—, Laktophenolblau 108
—, Laktophenol-Wasserblau 61, 63
—, Methenamin-Silber 71, 72, 73, 74, 112, 113, 114, 115, 117, 118, 125
—, Methylgrünpyronin 79
—, Mucicarmin 79
—, Ninhydrin-Schiff-Reaktion 79, 81
—, PAS 61, 79, 81, 94, 116
—, PAS-Grün 39
—, PAS-Haemalaun 121
—, Perameisensäure-Aldehydfuchsin 79, 81
—, Permanganat-Alcianblau 79
—, Silber-Reticulin 39
—, Sudan-Schwarz B 79
—, Toluidinblau 79, 81
—, Versilberung 79, 82
Pilzflora in Nagelmaterial 10
Pilzmorphologie und Substrat 56
Pilzmycel im Duodenalsediment 159
Pilzsporen, angeflogene 1
Pimafucin bei Aspergillose 52
Pimaricin, Cephalosporium 144
—, Hormodendrum
—, Scopulariopsis 143
Pinselschimmel 5
Plasmodiophora 4
Plasmopara 6

Pleomorphisierung der Erreger 56
Pneumomycosis aspergillina 129
Pneumomykosen bei Säugern 105
Polymorphie von Aspergillus 74
Polyporaceae 5
Prädisposition 15
„predacious fungi" 6
Prednison bei Aspergillose 44
primäre Mykosen, Spontanheilung 3
primär pathogene Pilze 3
Prostatabefall durch Scopulariopsis 103
Proteingebundene SS- u. SH-Gruppen 79, 81, 82
Proteinnachweis 78
proteolytische Kräfte der Pilze 12
Proteus vulgaris, Stimulans für Aspergillus fumigatus 101
Protomyces 5
Prototunicatae 5
Protozoen, Ähnlichkeit mit Archimycetes 6
Pseudeurotium 5
Pseudomonas aeruginosa bei Lungenaspergillose 60
— — im Gehörgang 87
Pseudomycel bei Candida 126
Pseudomycelbildung 162
Pseudo-Myzetom 66
„Pseudotuberculosis aspergillina" 45
pulmonale Aspergillose 45
Pyrenochaeta romeroi 2
Pythium 4, 6

Ratten, Pathogenitätsprüfung 12
Reisagar 160
Resistenzminderung des Wirtes 10
Respirationstrakt, von Pilzen befallen 2, 3
Rhinosporidium 4, 6
Rhizoctonia 5
Rhizopus auf Schleimhaut 106
— im Gehörgang 85
— im Gewebe 125
—, Lebensweise 4
— in Zehennagelmaterial 11
— arrhizus 23
— — als Mykoseerreger 24

— bovinus als Mykoseerreger 24
— cohnii als Mykoseerreger 24
— nodosus 23
— — als Mykoseerreger 24
Rhodotorula neben Aspergillus 64
Ribonucleinsäuren 82
Riesenzellen mit Pilzelementen 39, 41
Rinderaborte durch Absidia 103
— — Aspergillus 103, 106
— — Mucor 103, 106
Röntgenweichstrahlen und Pilze 150
Roggen, verschimmelt 22
Rostpilze 5
— in Gewebekulturen 8

Sabouraud-Agar 60
Saccharomyces 5
Salicyl-Spiritus bei Verticilliose 108
Salicyl-Vaseline 149
Saprolegnia als Mykoseerreger bei Fischen 24, 25
Saprophytäre Formen von Aspergillus 37, 38
Saprophytismus, Übergang zum Parasitismus 10, 127
„Satelliten-Phänomen" 94
Schildläuse, von Pilzen befallen 5
„Schimmel" 4
Schimmel und atypische Pyodermien 14
— und Candida albicans 11
— und Candida parapsilosis 11
— und chronische Ekzemformen 14
— und Dermatophyten 11
— im Gehörgang 11
— und Hefen 11
— und impetiginisierte Dermatomykosen 14
— in Nasennebenhöhlen 11
— und Trichophyton mentagrophytes 11
— und Trichophyton rubrum 11
Schimmelpilzdermatosen 10, 15
Schimmelpilzdiagnostik 13, 14
Schimmelpilze als Allergene 15
— bei Fußmykosen 147
— bei Handmykosen 147
— in Fingernägeln 10

— in Fußnägeln 10, 11
— im Gehörgang von Katzen und Hunden 109
— in totem Haar 36
— vom Nabel 17
— in Tränenröhrchen 97
— und Pseudomonas aeruginosa 87
— und Röntgenweichstrahlen 150
— und Sproßpilze 147
—, zusammen mit Sproßpilzen und Dermatophyten 149
Schimmelpilztoxikose 106
Schimmelwachstum auf Vergleichskulturen 20, 21
Schleimhautbefall durch Absidia 106
— durch Mucor 106
— durch Rhizopus 106
„Schwärzepilz" Alternaria 108
Schneeschimmel, schwarzer 5
Schwarzkopfkrankheit 127
Scopulariopsidose, befallene Körperteile 2
—, Behandlung 148
— der Haut 103
— als oberflächliche Mykose 142
— der Prostata 103
—, Verwechslung mit Trichophytie 142
Scopulariopsis und Amphotericin B 143
—, Erreger von Dermatomykosen 141
— im Gehörgang von Katzen 109
— und Griseofulvin 143
— bei Hand- und Fußmykosen 147
— in Hautschuppen 142, 143
—, Lebensweise 5
— und Moronal 143
—, Nachweis im Nativpräparat 142
— bei Onychomykose 142
— und Pimaricin 143
—, Sporen im Haar 145
— und Trichophyton rubrum 149
— -Arten 2
— brevicaulis im Haartest 33
— — aus hyperkeratotischen Hautpartien 23
— — im Meerschweinchenhaar 36
— — aus Nägeln 23
— —, Röntgenweichstrahlen 150

— — in Zehennagelmaterial 11
— lutea 138
— species im Gehörgang 86
Seborrhoisches Ohrekzem 14
Seidenraupe, pilzkrank 10
sekundäre Mykosen 3
sekundär pathogene Pilze 3
Selektivnährböden 65, 155
Sensibilisierungsversuche 15
Septobasidium 5
serologische Methoden 12
Serum-Rest-Stickstoff-Auxanogramm 57
sexuelle Phase 6
Siebbeinzellen-Aspergillose 42
Silber-Reticulin-Färbung 39
Sinusitis durch Aspergillus 72
— maxillaris und Aspergillus fumigatus 23
Soorpilz-Flora 163
Sozialhygienische Maßnahmen 8
Spermophthora 5
Spezialisierung auf toten Substraten 8
Sphaerotheca 5
spontane Aspergillose beim Kaninchen 111
— Mucormykose beim Kaninchen 111
Sporangien bei Phycomycetes 6
Sporobolomyces 5
Sporotrichose 128
—, Einteilung wie bei Aspergillose 40
Sporotrichum 137
— carnis 138
—, Lebensweise 5
— merdarium 137
— pannorum 138
— pruinosum 138
Sproßpilze, zusammen mit Dermatophyten und Schimmelpilzen 149
Sputum mit Geotrichum candidum 25
Stärke-Reaktion 79
Staphylococcus aureus und Lungenaspergillose 60
Stemphylium im Gehörgang von Katzen 109
— im Haartest 33, 34, 35

Stoffwechselvorgänge bei Schimmelpilzen 12
Stratographie bei Aspergillom 48, 50
Streptomyces noursei 164
Streptomyceten in totem Haar 36
Substrat und Pilzmorphologie 56
Sudan-Schwarz B-Färbung 79
Supralsalbe, Variotin enthaltend 42
Synchytrium (Kartoffelkrebs) 4, 6
Synopsis der Schimmelpilzinfektionen 1, 2

Talgsekret als Pilznährboden 14
Taphrina 5
Taphrinales 5
Temperaturanpassung der Pilze 10
Terracortril-Salbe und Balanitis 161
Terrainfaktoren 1
Thailandia 5
Thielavia 5
tiefe Mykosen durch Cephalosporium 142
tierexperimentelle Pathogenitätsversuche 15
Tierparasiten, fakultative 4, 5, 9
—, obligate 4, 5, 9
Tierversuche und Pathogenität 12
Tinea nigra 2
— unguium durch Chrysosporium keratinophilum 139
— — durch Chrysosporium pannorum 138
Toleranzgrenze gegenüber fakultativpathogenen Pilzen 3
Toluidinblau-Färbung 79, 81
Tomographie bei Aspergillom 48, 67
Torulopsis dattila neben Aspergillus fumigatus 69
— in der Vagina 161
Toxinbildung durch Aspergillus flavus 106
— — — fumigatus 106
— — — nidulans 106
— — — niger 106
Toxizität von Amphotericin B 130
Tränenröhrchen, Verstopfung durch Schimmelpilze 97

Tränensackentzündung durch Aspergillus 97
— durch Cephalosporium 97
Tremella 5
Tremellales 5
Trichoderma 5
Trichomonaden und Pilze 161
Trichonat bei Aspergillose 129, 130
Trichophytie, Verwechslung mit Scopulariopsidose oder Cephalosporiose 142
Trichophyton im Gehörgang 85
—, Lebensweise 5
— bei Mensch und Tier 108
—, Verwechslung mit Cephalosporium 143
— mentagrophytes, Hemmung durch Cycloheximid 155
— — und Röntgenweichstrahlen 150
— — und Schimmel im Nagel 11
— —, Verwechslung mit Chrysosporium 141
— rubrum und Cephalosporium 14
— — und Schimmel im Nagel 11
— — und Scopulariopsis 149
Tritirachium 5
tuberkuloide Granulome 116
Tuberkulom 67
Typhlohepatitis 127

Ubiquitäre Sporen 11
ubiquitäres Vorkommen von Schimmelpilzen 19
Ulmensterben 5
Unitunicatae 5
Untersuchungsmethoden, immunbiologisch-serologische 12
Untersuchungsmethodik bei Lungenaspergillose 59
Uredinales 5
Uredinella 5
Urinsediment mit Pilzfäden 159
Ustilaginales 5
Ustilago zeae 5

Vagina, Befall durch Mucor corymbifer 102

Sachverzeichnis 183

—, — durch Torulopsis 161
—, Inokulation von Aspergillus 102
—, — von Mucor 102
—, — von Penicillium 102
Vaginalmykosen in der Allgemeinpraxis 160, 161
Vaginalsekret mit Candida 162
Variabilität, natürliche 8
Variotin, Hemmung bei Aspergillus fumigatus 42
vegetatives Pilzwachstum auf dem Luftsack vom Schwan 121
Venenthrombosierung durch Amphotericin B 44
Verdauungstrakt, von Pilzen befallen 2
Vergleichskulturen, Hefewachstum 21
—, Schimmelwachstum 20, 21
Versilberung 79, 82
Verticilliose 2
—, Behandlung mit Salicylspiritus 108
Verticillium-Arten 2
— -Befall der Haut 108
— beim Hund 108
— beim Pferd 108
— cinnabarinum im Haartest 33, 34

— species im Gehörgang 86
Vesikeln 38, 39, 75, 76, 102
Volutella cinerescens 2

Weihwedelähnliche Sporenträger 37
Weißrost (Albugo) 4
Windeldermatitis 163

Xeroformpuder bei Aspergillose 90

Y-förmige Verzweigungen 76, 78

Zehennägel, Pilze daraus isoliert 10, 11
Zeitrafferfilme 162
Zentralnervensystem, Aspergillose 30
—, von Pilzen befallen 2
Ziegenbärte 5
Zökumphlegmone durch Aspergillus unguis 56
Züchtungstemperaturen 12
Zygomycetes 4, 6
Zymonema 137
— dermatitidis 138
— gilchristi 138

MIX
Papier aus verantwortungsvollen Quellen
Paper from responsible sources
FSC® C105338

If you have any concerns about our products,
you can contact us on
ProductSafety@springernature.com

In case Publisher is established outside the EU,
the EU authorized representative is:
**Springer Nature Customer Service Center GmbH
Europaplatz 3, 69115 Heidelberg, Germany**

Printed by Libri Plureos GmbH
in Hamburg, Germany